Neues Leben aus dem Labor

Leona Litterst

Neues Leben aus dem Labor

Biowissenschaftliche und ethische Aspekte der Synthetischen Biologie

Mit einem Geleitwort von
Prof. Dr. Thomas Potthast

Leona Litterst
Tübingen, Deutschland

Dissertation, Eberhard Karls Universität Tübingen, 2016

Der vorliegende Band entstand mit finanzieller Unterstützung des Graduiertenkollegs „Bioethik“ (DFG GRK 889/3) der Deutschen Forschungsgemeinschaft sowie der FAZIT-Stiftung.

ISBN 978-3-658-20584-3 ISBN 978-3-658-20585-0 (eBook)
https://doi.org/10.1007/978-3-658-20585-0

Die Deutsche Nationalbibliothek verzeichnet diese Publikation in der Deutschen Nationalbibliografie; detaillierte bibliografische Daten sind im Internet über http://dnb.d-nb.de abrufbar.

Springer VS

Gedruckt auf säurefreiem und chlorfrei gebleichtem Papier

Springer VS ist Teil von Springer Nature
Die eingetragene Gesellschaft ist Springer Fachmedien Wiesbaden GmbH
Die Anschrift der Gesellschaft ist: Abraham-Lincoln-Str. 46, 65189 Wiesbaden, Germany

Geleitwort

Das vorliegende Buch „'Neues Leben' aus dem Labor? Biowissenschaftliche und ethische Aspekte der Synthetischen Biologie" widmet sich einem der wichtigsten Themen der Biowissenschaften im beginnenden 21. Jahrhundert. Sowohl in der internationalen Fachwelt als auch in Wirtschaft und Öffentlichkeit wird seit gut einem Jahrzehnt breit und kontrovers die folgende Frage diskutiert: Ist die Biologie im Verbund mit anderen Wissenschaften wie der Informatik und mit technowissenschaftlichen Ingenieursdisziplinen in der Lage, im Wortsinne zur „Synthetischen Biologie" zu werden und damit Leben bzw. Lebewesen *de novo* aus dem Labor herstellen zu können? Mit dieser sowohl forschungspraktischen als auch wissenschaftstheoretischen Frage sind zugleich ethische Dimensionen angesprochen: Es ist zu klären, ob bzw. inwieweit die möglichen neuen Handlungsmöglichkeiten auch umgesetzt werden sollen und welche Regeln bei der Entwicklung und dem Ausbau der Synthetischen Biologie gelten sollten. Alle drei Aspekte bilden die Grundfragestellung der vorliegenden Untersuchung, die biowissenschaftlich analysiert und biologietheoretisch sowie wissenschaftsethisch vorgeht – eine beispielgebende interdisziplinäre Arbeit.

Leona Litterst – als Biologin und Absolventin des von der Deutschen Forschungsgemeinschaft (DFG) geförderten Graduiertenkollegs „Bioethik" am Internationalen Zentrum für Ethik in den Wissenschaften (IZEW) der Universität Tübingen bestens qualifiziert – vereint dabei in systematischer Weise die oben genannten Perspektiven auf die Synthetische Biologie.

Im ersten Teil stellt das Buch fünf Hauptforschungsansätze der Synthetischen Biologie detailliert vor, beleuchtet deren Optionen ‚neues Leben' herzustellen und bewertet Nutzen- und Risikopotentiale in ethisch-anthroporelationaler Hinsicht, also hinsichtlich gesundheitlicher, sozialer und umweltschutzbezogener Aspekte. Diese Verbindung ermöglicht eine Technikfolgenabschätzung bzw. -bewertung, zugleich aber weist sie auf zahlreiche noch ausgesprochen ungeklärte Aspekte der Machbarkeit ebenso wie der möglichen Konsequenzen hin. Der Protozellenansatz scheint konzeptionell und technisch der Bereich, in dem es am ehesten tatsächlich um die Schaffung von ‚neuem Leben' gehen könnte. Hier wird die potentiell neue Qualität der Synthetischen Biologie am deutlichsten. Zugleich bleibt die Frage offen, ob die bekannte Komplexität lebender Zellen nicht doch qua ihrer Komplexität eine unüberwindbare Grenze des Versuchs einer echten ‚Neuschaffung' von

Leben darstellt, oder ob die Überwindung dieser Grenze lediglich eine Frage des Fortschritts der Ingenieurbiologie ist.

Methodisch interdisziplinär geht es im zweiten Teil zunächst um zentrale ethische und systematische Aspekte zu Verantwortungsfragen mit Bezug auf einzelne WissenschaftlerInnen, das forschungspolitische und das gesellschaftliche Umfeld. Eng verbunden mit der Verantwortung ist die Idee der Synthetischen Biologie als Spiel, und hierzu wird in dieser Weise erstmals eine differenzierte kritische Würdigung vorgenommen. Das Motto „Wir wollen ja nur spielen" erweist sich als eine Verharmlosung, die der Verantwortung von WissenschaftlerInnen nicht gemäß ist, selbst wenn und weil ein gewisser spielerischer Zug jeder Forschung innewohnt.

Die Systematik des ersten Teils wird dann in der Strukturierung von Forschungsobjekten der Synthetischen Biologie anhand der Kriterien nichtlebend/lebend sowie natürlich/künstlich ertragreich und innovativ weitergeführt, auch was die biologietheoretischen Überlegungen des Lebensbegriffs angeht. Damit verbunden werden ethische Reflexionen angeschlossen, was es bedeutet, aus biozentrischer oder holistischer Perspektive Mikroorganismen als Hauptforschungsobjekte der Synthetischen Biologie direkt moralisch zu berücksichtigen.

Insgesamt wird deutlich, dass die Möglichkeit einer Herstellung von ‚neuem Leben' sowohl die Frage nach der biologischen und technischen Umsetzung als auch die unterschiedlichen Betrachtungsebenen von Grenzen des Lebendigen betrifft. Eröffnet ist zugleich die Suche nach anthropologischer Orientierung im Verständnis von „Leben" insgesamt. Eine Antwort auf solche komplexen Fragen muss berücksichtigen, wie WissenschaftlerInnen und Gesellschaften mit dem Begriff des Lebens, den entstehenden Biofakten, mit zum Teil unklarem oder strittigen biotheoretischen und auch moralischen Status, mit den sich bietenden Chancen, aber auch den möglichen Risiken der Forschungen zur Synthetischen Biologie umgehen wollen.

Sowohl Forschenden in der Synthetischen Biologie als auch allen anderen Interessierten sei das Buch zur Lektüre empfohlen – und dem Werk eine weite Verbreitung gewünscht.

Tübingen, im Juli 2017

Prof. Dr. Thomas Potthast

Danksagung

Bei der vorliegenden Arbeit handelt es sich um eine an der Eberhard Karls Universität Tübingen verfasste Dissertation im Fach Biologie. Das Dissertationsprojekt war in das von der *Deutschen Forschungsgemeinschaft* (DFG) geförderte Graduiertenkolleg „Bioethik – Zur Selbstgestaltung des Menschen durch Biotechniken" (DFG GRK 889/3) am *Internationalen Zentrum für Ethik in den Wissenschaften* (IZEW) der Universität Tübingen eingebettet. Im Anschluss wurde die Arbeit durch ein Stipendium der *FAZIT-Stiftung* gefördert und mit dem Promotionspreis der *Reinhold-und-Maria-Teufel-Stiftung* ausgezeichnet. An dieser Stelle möchte ich mich in besonderem Maße bei der DFG, der FAZIT-Stiftung und der Teufel-Stiftung für die freundliche und großzügige Förderung bedanken. Zudem danke ich der DFG für die Bereitstellung eines Druckkostenzuschusses für das vorliegende Buch.

Mein besonderer Dank gilt meinem Doktorvater Prof. Dr. Thomas Potthast, der mir auf meinem Weg bis zum Abschluss der Promotion mit fruchtbaren Gedanken, neuen Perspektiven sowie kritischen Impulsen ermutigend und unterstützend immer zur Seite stand und so maßgeblich zum Gelingen dieser Arbeit beigetragen hat. Ebenso von Herzen danken möchte ich meiner Zweitgutachterin Prof. Dr. Eve-Marie Engels für ihre zahlreichen Anregungen und ihren wertvollen Rat.

Nicht zuletzt möchte mich bei all jenen Menschen bedanken, die diese Arbeit auf vielfältige Weise bereichert haben: PD Dr. Ralph Bertram und Prof. Dr. Hans-Jörg Ehni für hilfreiche Anmerkungen, Markus Rockhoff und Robert Ranisch für die Unterstützung bei der grafischen Gestaltung der Schaubilder, den ehemaligen Mitgliedern des Graduiertenkollegs „Bioethik" und dem gesamten IZEW für zahlreiche Vorträge, Diskussionen, Fragen und Ideen.

Ganz besonders danke ich meinen Eltern, meinen Großeltern und meiner Schwester, die mich immer unterstützt und gefördert haben.

Tübingen, im März 2017

Leona Litterst

Inhaltsverzeichnis

Abkürzungsverzeichnis

A	Adenin
ABS	Access and Benefit-Sharing
ACT	Artemisinin-Based Combination Therapy
ADHS	Aufmerksamkeitsdefizit-/Hyperaktivitätsstörung
AMD	Altersbedingte Makuladegeneration
bp	Basenpaare
BWÜ	Biologiewaffenübereinkommen; Übereinkommen über das Verbot der Entwicklung, Herstellung und Lagerung bakteriologischer (biologischer) Waffen und von Toxinwaffen sowie über die Vernichtung solcher Waffen
C	Cytosin
CBD	Convention on Biological Diversity
CCL2	CC-Chemokin-Ligand-2
CMC	Critical Micelle Concentration
COMEST	World Commission on the Ethics of Scientific Knowledge and Technology
CSIS	Center for Strategic and International Studies
DARPA	Defense Advanced Research Projects Agency
DFG	Deutsche Forschungsgemeinschaft
DIY-Biologie	Do-It-Yourself-Biologie
DNA	Deoxyribonucleic Acid
DNB	Deutsche Nationalbibliothek
EG	Europäische Gemeinschaft
ENMOD	Convention on the Prohibition of Military or Any Other Hostile Use of Environmental Modification Techniques

EU	Europäische Union
E. coli	Escherichia coli
FBI	Federal Bureau of Investigation
G	Guanin
GenTG	Gesetz zur Regelung der Gentechnik
GenTSV	Gentechnik-Sicherheitsverordnung
GVO	Gentechnisch veränderter Organismus
HGP	Humangenomprojekt
iGEM	international Genetically Engineered Machine
IVF	In-Vitro-Fertilisation
JCVI	J. Craig Venter Institut
LH	Luteinisierendes Hormon
MAGE	Multiplex Automated Genomic Engineering
Mbp	Megabasenpaare
MIT	Massachusetts Institute of Technology
mRNA	messenger RNA
M. genitalium	Mycoplasma genitalium
M. mycoides	Mycoplasma mycoides
NAS	National Academy of Sciences
NIH	National Institutes of Health
PCA	Polymerase Cycling Assembly
PCR	Polymerase Chain Reaction
PEG	Polyethylenglykol
PID	Präimplantationsdiagnostik
PSII	Photosystem II
REACH	Registration, Evaluation, Authorisation and Restriction of Chemicals

RNA	Ribonucleic Acid
rRNA	ribosomale RNA
S. cerevisiae	Saccharomyces cerevisiae
S. oneidensis	Shewanella oneidensis
T	Thymin
TESSY	Towards a European Strategy for Synthetic Biology
TET	Tetrazyklin
tRNA	Transfer-RNA
U	Uracil
VEGF	Vascular Endothelial Growth Factor
WHO	World Health Organisation
XB1, XB2	Erste und zweite Konferenz zur Xenobiologie

Abbildungs- und Tabellenverzeichnis

Abbildungen

Tabellen

1 Einleitung

1.1 Problemaufwurf, Vorgehensweise und Ziel der Arbeit

Unterschiedliche wissenschaftliche Fachbereiche wie die Gentechnologie, die Chemie, die Informationstechnologie und die Ingenieurwissenschaften bereiteten in den letzten Jahren die Grundlagen für die Etablierung eines neuen interdisziplinären Teilbereiches der Biologie: die Synthetische Biologie, mit der inzwischen große wissenschaftliche, technische und anwendungsbezogene Erwartungen verknüpft sind. Als Teilgebiet der Biologie hat auch die Synthetische Biologie „Leben" zum Gegenstand ihrer Untersuchungen. Sie kann jedoch im engeren Sinn als Bioingenieurwissenschaft verstanden werden (vgl. Billerbeck & Panke 2012; Köchy 2012b), da Leben nicht länger nur analysiert und beschrieben wird, sondern – zumindest programmatisch – vielmehr nach ingenieurtechnischen Prinzipien als kontrollierbar und machbar begriffen wird. So soll „künstliches Leben" erzeugt und sogar die *De-novo*-Synthese von Organismen möglich gemacht werden.

Im Kontext von „neuem Leben" aus dem Labor, das heißt einer Synthese von Leben aus nichtlebenden Teilen, könnte sich die Synthetische Biologie somit als neue paradigmatische Forschung erweisen, die weit über die Biologie hinausreicht (vgl. u.a. Potthast 2009). Der Begriff „Paradigma" (von gr. paradeigma, *Beispiel*) wurde maßgeblich von Thomas S. Kuhn (1962) geprägt. Ihm zufolge werden Phasen des normalen Fortschritts in den Wissenschaften durch revolutionäre Phasen, die einen Paradigmenwechsel bewirken, vorübergehend durchbrochen. Ein Wissenschaftsparadigma könne demnach als Rahmen aufgefasst werden, in dem neue Weltanschauungen und Denkweisen hervorgebracht werden. Da zumeist einige Anhänger am alten Paradigma festhalten, komme es im Zuge einer unabdingbaren Revolution zur Ablösung des alten Paradigmas durch ein neues. Insofern sind nach Kuhn (ebd.) konkurrierende Paradigma inkommensurabel, da ein neues Paradigma das alte ersetzt (vgl. Gethmann 1995, S. 609-611). Mit Blick auf diese Annahmen sowie Ludwig Flecks (1935) These, dass Wissenschaft kein Monolith aus geteilten Theorien und Techniken sei, sondern vielmehr eine Ansammlung verschiedener Denkweisen, die erst Theorien und Techniken formen, verwies Potthast (2009) darauf, dass, neben dem Anspruch Leben technisch herzustellen, auch die Interdisziplinarität der Synthetischen Biologie, also die Vereinigung verschiedener separater Weltanschauungen aus der Biologie, Ingenieurwissenschaft, Mathematik, Chemie usw., als ein neues Paradigma aufgefasst werden könnte. Er nimmt zudem Bezug auf die von Lakatos (1976) formulierte These, Wissenschaft verfüge über einen „stabilen Kern“ und sei in der Peripherie flexibel. In diesem Kontext wäre nicht von stattfindenden Revolutionen zu sprechen, sondern vielmehr von Darwins Evolutionstheorie als Kernstück der Biologie und einem voranschreitenden Wechsel an der Peripherie, wie er unter anderem durch die Synthetische Biologie stattfindet. Darüber hinaus könne die bisweilen inflationäre Verwendung des Paradigma-Begriffs in den Naturwissenschaften auch mit einer unterschiedlichen Auffassung von „Revolution“ einhergehen. Dennoch stelle sich nach Potthast (2009) in diesem Kontext auch die Frage nach der Neuheit des Forschungsfeldes und ob sich tatsächlich eine wissenschaftliche Revolution und damit ein Paradigmenwechsel vollziehe. Er hält aufgrund der Übergangsphase, in der sich die Synthetische Biologie (auch aktuell) befindet, für nicht abschätzbar, ob mit ihrem Aufkommen tatsächlich ein Paradigmenwechsel in der Biologie eingeleitet wird. Schließlich könne die Vorgabe eines Paradigmenwechsels in Bezug auf die Synthetische Biologie auch dazu dienen, das Interesse der Öffentlichkeit und der zahlungskräftigen Förderer zu wecken, ohne, dass grundsätzlich Neues betrieben wird. Angesichts dieser Problematik hält er eine ausführliche und umfassende Diskussion zu Grundlagen, Techniken und Implikationen der Synthetischen Biologie für unabdingbar.

Ziel dieser Arbeit ist es, diese offenen Fragen zur Synthetischen Biologie eingehend zu untersuchen. Die Arbeit ist in zwei Hauptteile gegliedert. Im ersten Teil stelle ich die Herangehensweisen und Implikationen der heterogenen Forschungsansätze der Synthetischen Biologie detailliert und systematisch dar. Auf dieser Grundlage, die den wissenschaftlichen Stand der Forschung beschreibt, werde ich dann im zweiten Teil bedeutende ethische und systematische Aspekte der Synthetischen Biologie analysieren und rekonstruieren. Allerdings bewertet bereits der erste Teil Chancen und Risiken jedes einzelnen Forschungsbereichs, da ein enger Bezug hergestellt werden muss zwischen den einzelnen Forschungsfeldern und ihren Besonderheiten einerseits und den konkreten Chancen und Risiken andererseits, die sich jeweils aus diesen ergeben. Daher ist es sinnvoll, diese ethische Bewertung direkt im Anschluss an die Darstellung der einzelnen Forschungsansätze anzuschließen. Beide Teile sind folglich als in gegenseitiger Ergänzung und als aufeinander Bezug nehmend zu verstehen.

Im Einzelnen werde ich, nach einer kurzen historischen Skizze (Kapitel 1.2) und einem Durchgang bisheriger Definitionsansätze sowie der Formulierung einer Arbeitsdefinition (Kap. 1.3), im ersten Teil dieser Arbeit die biowissenschaftlichen Grundlagen der Synthetischen Biologie und somit den aktuellen Stand der Forschung darlegen. Nach Köchy (2012a) bestehen verschiedene Klassifikationsmöglichkeiten für die Forschungsansätze der Synthetischen Biologie, unter anderem nach konkreten Forschungszweigen, Verfahrenstypen, Anwendungsbezügen, üblichen Anwendungsbereichen der Biotechnologie, Komplexitätsebene der Forschungsobjekte, biologischer Komplexität, Naturferne, technischer Zielsetzung, ingenieurwissenschaftlichen Konzepten sowie nach Paradigmen und Leitbildern (vgl. Köchy & Hümpel 2012, S. 14: Tab. 1). Eine gängige Klassifikation der Synthetischen Biologie nach Verfahrenstypen ist die Unterscheidung in *Top-down-* bzw. *Bottom-up*-Ansätze (vgl. Boldt et al. 2009, S. 21-25). Beim *Top-down*-Verfahren werden bereits bestehende natürliche Systeme „von oben nach unten" reduziert. Beim entgegengesetzten *Bottom-up*-Ansatz werden Systeme „von unten nach oben", das heißt von Grund auf, zusammengesetzt. Zwar ist dieses Klassifikationssystem sehr gut geeignet, um Forschungsansätze nach ihrer Herangehensweise bzw. „Richtung" des technischen Eingriffs in Organismen zu unterscheiden, jedoch ist es für eine Kategorisierung der Hauptforschungsansätze der Synthetischen Biologie, die keiner dieser Herangehensweisen konkret zugeordnet werden können, nur bedingt zweckmäßig. Ich werde daher lediglich im Kontext der Forschungsansätze, für die der Verweis auf die Herangehensweise der technischen Zurichtung im Besonderen relevant ist, Bezug auf diese Unterscheidung nehmen.

Grundsätzlich werde ich in dieser Arbeit eine Klassifikation der Hauptforschungsansätze der Synthetischen Biologie nach konkreten Forschungszweigen vornehmen. Dieses Klassifikationssystem hat sich bereits allgemein durchgesetzt und ist weitgehend verbreitet. Es hat den Vorteil, dass alle Teilgebiete der Forschung angemessen und gleichwertig erfasst, unterschieden und verglichen werden können. Auch können Forschungszweige, die nur im weiteren Sinne der Synthetischen Biologie zugeordnet werden können, mit diesem Klassifikationssystem von den Hauptforschungsbereichen abgegrenzt werden.

Im Rahmen der eingehenden Betrachtung des aktuellen Stands der Forschungen wird sich zeigen, dass sich trotz des offensichtlichen Bedarfs einer einheitlichen Fassung des Begriffs „Synthetische Biologie", die einzelnen Forschungsansätze derzeit deutlich voneinander unterscheiden. So werden bislang unter dem Begriff „Synthetische Biologie" ausgesprochen heterogene Ansätze subsumiert, die nicht einheitlich bewertet werden können. In der Untersuchung werde ich das Forschungsfeld daher nicht als einfach abzugrenzenden, homogenen Forschungsbereich behandeln, sondern die sehr heterogenen Ansätze im Einzelnen differenziert herausarbeiten und bewerten. Demnach werde ich die derzeit unter dem Begriff „Synthetische Biologie" zusammengefassten Ansätze in fünf Hauptforschungszweige unterscheiden: 1) den Minimalorganismenansatz, 2) den Ansatz zur Neusynthese von DNA-Abschnitten und Genomen, 3) den Ansatz zur umfangreichen genetischen Modifikation von Organismen, 4) den Ansatz zur Erzeugung paralleler organismischer Welten sowie 5) den Protozellenansatz. Diese verschiedenen Ansätze werde ich detailliert untersuchen, indem ich die Ziele und Visionen, die unterschiedlichen Techniken und Anwendungen sowie bestehende Verbindungen untereinander ausführe. Hierauf folgt jeweils eine Untersuchung der Forschungszweige nach deren Darstellung in der Öffentlichkeit über die Medien, deren Neuheit im Vergleich zur klassischen Gentechnik sowie deren potentiellen Chancen und Risiken im Rahmen rechtlicher Regularien (Kap. 2.1 bis 2.5). Dabei wird sich der Forschungszweig zur Erzeugung von Protozellen als bislang aussichtsreichster Ansatz zur künstlichen Herstellung von Organismen von Grund auf aus nichtlebenden Stoffen herausstellen (Kap. 2.5 und 5).

Zudem werde ich drei eher im weiteren Sinne der Synthetischen Biologie zuzurechnende Forschungszweige exemplarisch herausgreifen und beleuchten, darunter die Suche nach bislang unbekannten Organismen, das DNA-Origami sowie den Ansatz der „Wiedererweckung" von Urzeit-Lebewesen und die „Evolutionsmaschinen". Dies soll eine Annäherung an die Grenzen des Forschungsfeldes ermöglichen (Kap. 2.6). Im Anschluss werde ich Einblicke in die sich aktuell formierenden Bewegungen der *Do-It-Yourself*-Biologie (DIY) und des *Biohacking* geben (Kap. 2.7). Die Ergebnisse der Untersuchungen dieser biowissenschaftlichen Aspekte der Synthetischen Biologie werde ich in einem Zwischenfazit zusammenfassen (Kap. 2.8).

Den zweiten Teil dieser Arbeit werde ich mit einer Ausarbeitung zur Verantwortung im Wissenschaftsbereich der Synthetischen Biologie beginnen. Hierbei werde ich die Ergebnisse der detaillierten Untersuchung von Teil I zu potentiellen Chancen und Risiken der einzelnen Forschungsansätze mit umfassenderen Anschauungen zur Verantwortung im Wissenschaftsbereich der Synthetischen Biologie zusammenführen. Ein differenzierter sachlicher Diskurs, in den insbesondere die Wissenschaftler[1] selbst, aber auch weitere Verantwortungsträger einbezogen sind, wird sich heute und in Zukunft als wesentlich für einen verantwortungsvollen Umgang mit der Synthetischen Biologie erweisen (Kap. 3).

Diese Untersuchung wird als Grundlage für die hieran anschließende Auseinandersetzung mit der Synthetischen Biologie als bloßes und/oder gefährliches „Spiel" dienen. Der vermeintliche Spielcharakter verschiedener Forschungsansätze der Synthetischen Biologie wird sich dabei als Akteurskonzept herausstellen, durch das sowohl die voranschreitende Ökonomisierung als auch potentielle Risiken aus dem Blick geraten können (Kap. 4).

In den beiden darauffolgenden Kapiteln stehen der Lebensbegriff (Kap. 5) und der Naturbegriff (Kap. 6) im Fokus meiner Betrachtungen. In diesem Kontext werden insbesondere Fragen nach dem Lebens- und Naturverständnis im Bereich der

---

[1] Aus Gründen der besseren Lesbarkeit werde ich in dieser Arbeit zumeist die männliche Schreibweise verwenden. Ich möchte jedoch an dieser Stelle ausdrücklich darauf hinweisen, dass die Verwendung der männlichen Form explizit alle Geschlechter miteinbezieht und insofern geschlechtsunabhängig gemeint ist.

Synthetischen Biologie, Fragen nach einer möglichen, bislang als visionär geltenden Erzeugung „neuen Lebens“ aus dem Labor sowie die Möglichkeit einer Systematisierung von Forschungsobjekten der Synthetischen Biologie, in Anlehnung an die Klassifikation der Biofakt-Typen nach Karafyllis (2006), im Vordergrund stehen.

Die in diesem Rahmen vorgenommene Kategorisierung der Forschungsobjekte der Synthetischen Biologie, anhand der Kriterien „lebend“, „nichtlebend“, „natürlich“ sowie „künstlich“, wird es dann ermöglichen, deren moralischen Status in den verschiedenen Ansätzen der Naturethik zu bestimmen. Es wird sich zeigen, dass den unterschiedenen Forschungsobjekten in den verschiedenen Ansätzen der Naturethik eine je unterschiedliche moralische Berücksichtigungswürdigkeit zukommt. Entsprechend ergeben sich unterschiedliche Regeln für den Umgang mit ihnen, aber auch Gemeinsamkeiten der ethischen Beurteilungen und Handlungsanweisungen. Insbesondere die in dieser Arbeit begründete Kategorisierung möglicher zukünftig *de novo* erzeugter Organismen als lebende Wesen künstlichen Ursprungs wird sich dabei als relevant für die ethische Beurteilung dieser Forschungsobjekte erweisen (Kap. 7).

Im Fazit führe ich schließlich die Ergebnisse dieser Arbeit sowie die entsprechenden Herausforderungen im Kontext der Synthetischen Biologie noch einmal zusammen (Kap. 8).

1.2 Die geschichtliche Entwicklung der Synthetischen Biologie

Als Forschungsgebiet besteht die Synthetische Biologie seit ungefähr dem Jahr 2000. Obwohl sie demnach ein sehr junges Forschungsfeld ist, wurde die konzeptionelle Basis schon vor längerer Zeit gelegt. Im Folgenden werde ich die geschichtliche Entwicklung, die unmittelbar zur Entstehung der Synthetischen Biologie in ihrer heutigen Form beigetragen hat, aufzeigen.

Vormals stellte die Analyse von Vorhandenem innerhalb der Biologie (von gr. βίος, *Leben* und λόγος, *Lehre*) die vorrangige Methode des Erkenntnisgewinns dar. Im neuen Forschungsfeld der Synthetischen Biologie liegt der Schwerpunkt hingegen, wie der Name andeutet, vielmehr auf der Synthese (von gr. σύνθεσις, *Zusammensetzung, Verknüpfung*), also der Zusammenführung von Teilen zu einer neuen Einheit. Die Synthese ist der Analyse entgegengesetzt und ergänzt somit programmatisch die bisherige Herangehensweise der Biologie.

Synthetisch bedeutet weiterhin „künstlich (durch Synthese) hergestellt“ (Brockhaus 2003, S. 1007). Der in dieser Kombination entstehende Begriff der „Synthetischen Biologie“ als Wissenschaft von den künstlich hergestellten Lebewesen verweist deutlich auf den Anspruch, Formen des Lebens künstlich zu erzeugen. Die Synthetische Biologie kann folglich in Analogie zur Synthesechemie gesehen werden, die mit der künstlichen Herstellung von Harnstoff im Jahr 1828 durch Friedrich Wöhler eingeleitet wurde (Wöhler 1828). Bis zu dieser Zeit galt die Synthese organischer Stoffe als nicht möglich. Emil Fischer (1907, 1924) entwickelte bereits zu Beginn des 20. Jahrhunderts die Vision einer chemisch-synthetischen Biologie, die eine chemische Synthese von Leben ermöglichen sollte. Synthetische Verbindungen sollten den Stoffwechsel von Organismen derart beeinflussen, dass dieser industriell nutzbar gemacht werden könne.

Die Synthetische Biologie wurde neben der Synthesechemie von zahlreichen weiteren Disziplinen geprägt. Im Jahre 1952 konnten Alfred Hershey und Martha Chase (1952) nachweisen, dass die Desoxyribonukleinsäure (DNA) Träger der Erbinformation ist. Bereits ein Jahr später wurde die molekulare Doppelhelix-Struktur der DNA durch Rosalind Franklin (Franklin & Gosling 1953), Maurice Wilkins (Wilkins et al. 1953) sowie James Watson und Francis Crick (Watson & Crick 1953) aufgeklärt. Diese beiden Entdeckungen begründeten nicht nur die Molekularbiologie, sondern legten den historischen Grundstein für die Entwicklung vieler weiterer naturwissenschaftlicher Disziplinen. Die Entschlüsselung des genetischen Codes in den 1960er Jahren (vgl. Nirenberg 2004) sowie die Entdeckung der Restriktionsendonukleasen in den 1970er Jahren (Linn & Arber 1968) ermöglichten schließlich die Entstehung der Gentechnologie und der Biotechnologie. Ab den 1980er Jahren konnten nicht nur Mikroorganismen gentechnisch verändert werden, sondern auch Pflanzen und Tiere. Die Gentechnologie bildet damit eine der grundlegenden Disziplinen, aus denen die Synthetische Biologie hervorgegangen ist. Die DNA-Sequenzierung, die im Jahre 1977 etabliert wurde (Maxam & Gilbert 1977; Sanger et al. 1977), optimierte die Analyse technisch veränderter Gene und ganzer Genome von Organismen und ermöglichte unter anderem die vollständige Entschlüsselung des menschlichen Genoms im Jahr 2001 (Lander et al. 2001; Venter et al. 2001).

Darüber hinaus trugen die Systembiologie (*systems biology*), durch die systemische Ausrichtung, sowie die Molekularbiologie, durch die Entwicklung neuer Techniken auf molekularer Basis, maßgeblich zur Entstehung der Synthetischen Biologie bei. Auch die Nanotechnologie, die gezielte Veränderungen von Atomen und Molekülen ermöglicht, und die Informationstechnologie, aus der die globale Vernetzung sowie die Möglichkeit virtuelle Modelle zu bilden hervorgingen, prägen und prägten die überwiegend technische Ausrichtung der Synthetischen Biologie. Zudem haben auf die Biologie übertragene ingenieurwissenschaftliche Prinzipien, wie die Modularisierung und die Standardisierung, Einfluss auf die Entwicklung des Forschungsbereichs als Bioingenieurwissenschaft (siehe Kapitel 2).

Demzufolge stammen viele der im Bereich der Synthetischen Biologie wirkenden Wissenschaftler ursprünglich nicht aus der Biologie, sondern aus anderen

Wissenschaftsbereichen, die das Feld bis heute prägen, insbesondere der Chemie, den Ingenieurwissenschaften, der Physik und der Informationstechnologie.

Das junge, sich rasch entwickelnde Forschungsfeld der Synthetischen Biologie ist folglich stark vernetzt mit den Disziplinen, aus denen es hervorging und ist von diesen, insbesondere von der Gentechnologie und der Biotechnologie, mitunter nur schwer abzugrenzen. Im nächsten Abschnitt werde ich daher bisherige Begriffsbestimmungen der Synthetischen Biologie beleuchten und in diesem Kontext eine vorläufige Definition für diese Arbeit erstellen.

1.3 Zur Definition des Begriffs „Synthetische Biologie“

Eine allgemein anerkannte Definition des Begriffs „Synthetische Biologie“ liegt derzeit nicht vor. Mögliche Gründe hierfür könnten das frühe Entwicklungsstadium und das rasche Voranschreiten des Feldes sein. Zudem erschwert die Heterogenität der Forschungsansätze, die derzeit unter dem Begriff „Synthetische Biologie“ vereint werden, eine exakte Begriffsfassung. Ich werde folglich in diesem Abschnitt bisherige Begriffsbestimmungen der Synthetischen Biologie beleuchten und auf dieser Basis eine vorläufige Arbeitsdefinition herausarbeiten.

Im Jahre 1912 führte Stéphane Leduc in seinem Werk „La Biologie Synthétique“ erstmals den Begriff „Synthetische Biologie“ ein (Leduc 1912). Leducs Verständnis von Synthetischer Biologie basierte auf seinen Untersuchungen zur Osmose sowie zu kristallinem Wachstum von pflanzenartigen Gebilden in „chemischen Gärten“. Diese Experimente standen zwar bereits im Kontext der Vision einer Urzeugung, der Begriff wurde aber, aufgrund der rein chemischen Versuchsanordnungen, nicht identisch mit heutigen Begriffsauffassungen verwendet.

Die Bezeichnung „Synthetische Biologie“, wie sie heute verstanden wird, wurde vor allem durch Eric Kool und seine Ausführungen über den Einbau künstlicher chemischer Komponenten in biologische Systeme im Jahr 2000 geprägt (vgl. Rawls 2000). Aufgrund der Gemeinsamkeiten der neuen Fachrichtung mit der Synthesechemie kritisiert Schwille (2013a) jedoch die Verwendung der unstimmigen Bezeichnung „Synthetische Biologie“ im Deutschen. In Analogie zur Synthesechemie müsse die Bezeichnung „Synthesebiologie“ den derzeit verwendeten Anglizismus ablösen, da dieser zudem nicht mit anderen Begriffen wie Molekularbiologie oder Systembiologie harmoniere.

Nach Schmidt (2012) ist der Begriff „Synthetische Biologie“ auch als *catch-* oder *buzzword* bedeutend, denn „Begriffsfestlegungen sind stets normativ“ (Schmidt 2012, S. 29). Mit ihm werde eine Festlegung vorgenommen, die ein- oder ausschließe, Hoffnungen und Befürchtungen nähre und Forschungskorridore verschließe oder eröffne (ebd., S. 29-30). Diese Überlegungen sowie die noch offene Frage, ob es sich bei der Synthetischen Biologie um ein interdisziplinäres

Feld oder bereits um eine Disziplin handelt (vgl. Lam et al. 2009, S. 24), verweisen ebenso auf das frühe Stadium, in dem sich der Forschungsbereich derzeit befindet.

Aufgrund der Interdisziplinarität wird zur Verortung des Forschungsfeldes häufig eine Abgrenzung von den Forschungsbereichen unternommen, die zur Entstehung der Synthetischen Biologie beigetragen haben. Hierbei sind insbesondere mögliche Unterschiede und Gemeinsamkeiten der Forschungszweige der Synthetischen Biologie zur klassischen Gentechnik relevant (vgl. Boldt et al. 2009; Engelhard 2011; s. Kap. 2).

Nach Köchy (2012a) sind für die Synthetische Biologie jedoch bereits jetzt eine Vielzahl an Kennzeichnungen auszumachen, darunter die interdisziplinäre Ausrichtung, die Vernetzung mit den Ingenieurwissenschaften, die Eingriffstiefe, die Entfernung von natürlichen Vorbildern sowie die systemische und konstruierende Ausrichtung. Als charakteristisch für den neuen Forschungsbereich werden häufig auch spielerische und künstlerische Elemente angeführt (vgl. Engelhard 2011; s. Kap. 4).

Derzeit besteht eine Vielzahl unterschiedlicher Begriffsbestimmungen von „Synthetischer Biologie“, von denen einige in einer Stellungnahme der *Europäischen Kommission* aus dem Jahr 2014 aufgeführt sind (European Commission 2014, S. 55-60). Mit Blick auf die Durchführbarkeit von Technikfolgenabschätzungen und die Möglichkeit neuer Entwicklungen des Feldes, schlägt die *Europäische Kommission* folgende Definition vor:

> „SynBio is the application of science, technology and engineering to facilitate and accelerate the design, manufacture and/or modification of genetic materials in living organisms.“ (European Commission 2014, S. 27)

Diese Begriffsbestimmung bezieht sowohl die Veränderung als auch die Konstruktion genetischen Materials in Organismen ein. Zudem verweist sie deutlich auf den Anwendungsaspekt bzw. die ingenieurwissenschaftliche Perspektive der Synthetischen Biologie. Nicht eindeutig in die Definition einbezogen sind jedoch der Nachbau biologischer Systeme und Strukturen sowie die Beschäftigung mit nichtgenetischem Material. Allerdings wird darauf verwiesen, dass sich diese Arbeitsdefinition mit einer zukünftig möglichen Entwicklung des Verständnisses der Synthetischen Biologie ebenfalls ändern kann.

Aus den aktuell zahlreich vorliegenden Definitionen zur Synthetischen Biologie hat sich folglich die des TESSY12-Projekts der *Europäischen Union* (EU) aus dem Jahre 2008 als richtungsweisend herausgestellt:

> „Synthetic Biology aims to engineer and study biological systems that do not exist as such in nature, and use this approach for achieving better understanding of life processes, generating and assembling functional modular components, developing novel applications or processes.“ (Gaisser et al. 2008, S. 4)

Auch in dieser Begriffsbestimmung wird deutlich auf das Ziel des Konstruierens neuartiger biologischer Systeme, die so in der Natur nicht vorkommen, verwiesen. Auf Basis dieser Erkenntnisse sollen ein besseres Verständnis von Lebensprozessen gewonnen, der Weg für neue Anwendungen geebnet und modulare Komponenten generiert werden, wobei auch hier die enge Verknüpfung des neuen Forschungsfeldes mit den Ingenieurwissenschaften verdeutlicht wird. Jedoch ist auch in diese Begriffsfassung ein Schwerpunkt der Forschung zur Synthetischen Biologie nicht aufgenommen worden, nämlich der Nachbau von Organismen, biologischen Systemen und Strukturen, wie es beispielsweise der Protozellenansatz zum Ziel hat (s. Kap. 2.5).

Bislang konnte somit keine der vorgeschlagenen Definitionen als allgemeingültig etabliert werden. Die Gemeinsamkeiten und Unterschiede zu angrenzenden Forschungsbereichen sowie die spezifischen Kennzeichnungen der Synthetischen Biologie ermöglichen jedoch eine vorläufige Eingrenzung des Feldes in dieser Arbeit. Dabei können grundlegende Gemeinsamkeiten der verschiedenen Definitionsansätze festgehalten und durch wesentliche Aspekte ergänzt werden. Dies führt zu folgender vorläufiger Definition von „Synthetischer Biologie“, die dieser Arbeit zugrunde liegen soll:

> „Synthetische Biologie ist ingenieurwissenschaftlich ausgerichtet sowie anwendungsbezogen und hat den Nachbau, die umfangreiche Veränderung bzw. die Herstellung von Organismen, biologischen Systemen oder Systembestandteilen zum Ziel.“

Teil I: Biowissenschaftliche Aspekte der Synthetischen Biologie

2 Darstellung und Einzelbewertung der Forschungsfelder der Synthetischen Biologie

In Kapitel 1.3 habe ich folgende Arbeitsdefinition von „Synthetischer Biologie" aufgestellt und der Arbeit zugrunde gelegt:

> „Synthetische Biologie ist ingenieurwissenschaftlich ausgerichtet sowie anwendungsbezogen und hat den Nachbau, die umfangreiche Veränderung bzw. die Herstellung von Organismen, biologischen Systemen oder Systembestandteilen zum Ziel."

Auf dieser Grundlage können derzeit mehrere äußerst heterogene Forschungsansätze anhand eines Klassifikationssytems nach Forschungszweigen unterschieden werden: 1) der Minimalorganismenansatz, 2) die Neusynthese von DNA-Abschnitten und Genomen, 3) die umfangreiche genetische Modifikation von Organismen, 4) die Erzeugung „paralleler organismischer Welten" und 5) der Protozellenansatz.

Aufgrund ihrer Verschiedenheit sind diese Ansätze jedoch nicht einheitlich zu untersuchen und zu bewerten. Folglich stelle ich in diesem Kapitel die heterogenen Herangehensweisen und Implikationen dieser verschiedenen Forschungsansätze der Synthetischen Biologie differenziert heraus und bewerte sie im Einzelnen. Die Einzelanalyse der Ansätze in dieser Arbeit soll dabei der Heterogenität des Forschungsfeldes gerecht werden und einen Ein- und Überblick über die verschiedenen Bereiche, die derzeit zur Synthetischen Biologie gezählt werden, ermöglichen.

Zudem beleuchte ich exemplarisch gewählte, eher an den Grenzen zur Synthetischen Biologie zu verortende Forschungsbereiche, darunter die Suche nach unbekannten Organismen, das DNA-Origami sowie die „Wiederbelebung" von Urzeit-Lebewesen und die „Evolutionsmaschinen". Dies soll einen Einblick in die Forschungsansätze gewähren, die auf Basis der Arbeitsdefinition zwar nicht als Hauptforschungszweige zu kategorisieren sind, aber dennoch in einem weiteren Sinne der Synthetischen Biologie zugeordnet werden können.

Grundlagenforschung und Anwendungen der Forschungsansätze

Zu Beginn der folgenden Untersuchung werde ich für jeden Forschungsansatz der Synthetischen Biologie im Einzelnen den aktuellen Stand der wissenschaftlichen Grundlagenforschung und der Anwendungen aufzeigen. Hierbei werde ich insbesondere die verschiedenen Ziele, Visionen, Techniken, derzeitige und zukünftige

Anwendungen sowie mögliche Überschneidungen mit anderen Ansätzen des Forschungsfeldes ausführen.

Es wird sich zeigen, dass die Forschung im Bereich der Synthetischen Biologie gegenwärtig hauptsächlich auf Mikroorganismen und einzelne Zellen als direkte Forschungsobjekte beschränkt ist. Dennoch ist es denkbar, dass die Techniken der Synthetischen Biologie in Zukunft vermehrt auf komplexere Lebewesen und sogar den Menschen ausgeweitet werden.

Darüber hinaus wird deutlich, dass in den meisten Ansätzen der Synthetischen Biologie die vorherrschenden ingenieurtechnischen Prinzipien, wie die Modularisierung und die Standardisierung auf die Biologie übertragen werden sollen. Unter *Modularisierung* wird dabei ein schrittweises Zerlegen und Konstruieren von Teilen verstanden. Technische Produkte sind zumeist modular aufgebaut, wobei die einzelnen Module konstruiert und zusammengesetzt werden und so ein größeres Element hervorgebracht wird. Dementsprechend ist der ingenieurtechnische Ansatz der Synthetischen Biologie bestrebt, auch die Biologie als modular zu beschreiben, von molekularen Bausteinen über Gene und Proteine bis hin zu ganzen Zellen. Mikroorganismen und einzelne Zellen sollen auf diese Weise nach ingenieurtechnischen Vorgaben kontrollierbar und für spezifische Zwecke zielgerichtet und möglichst effizient genutzt werden. Die *Standardisierung*, als zweites ingenieurwissenschaftliches Prinzip, wird im Bereich der Synthetischen Biologie ebenfalls auf biologische Zusammenhänge übertragen. Ziel der Standardisierung im Feld der Synthetischen Biologie ist es, Module nicht nur in einem bestimmten Organismus oder Zusammenhang auf eine spezifische Weise einsetzen zu können, sondern in möglichst vielen Organismen und molekularen Systemen (vgl. Schwille 2013b, S. 10-11).

Zudem wird sich herausstellen, dass sich im Bereich der Synthetischen Biologie zwar zukünftig erfolgsversprechende Marktpotentiale abzeichnen, jedoch derzeit zumeist die Grundlagenforschung im Vordergrund steht und erst wenige Anwendungen aus spezifischen Forschungsansätzen auf dem Markt zu finden sind. Da die Synthetische Biologie dennoch als eine Technologie hoher strategischer und ökonomischer Bedeutung gilt, wird sie derzeit mit erheblichen finanziellen Mitteln gefördert. Insbesondere in Forschungsarbeiten aus den Bereichen Umweltschutz, Energie, chemische Industrie sowie neuartige Materialien wird investiert (Gent & Roth 2012, S. 5-6; Hümpel & Diekämper 2012, S. 275: Abb. 7). Im Vergleich zu den nationalen Fördermitteln, die in den USA für die Forschung im Bereich der Synthetischen Biologie zur Verfügung gestellt werden, fallen Fördermittel der *Europäischen Kommission* deutlich geringer aus: Von 2008 bis 2014 investierten die USA ca. 820 Millionen US-Dollar in die Forschungsförderung der Synthetischen Biologie, davon im Jahr 2014 den größten Anteil von 100 Millionen US-Dollar von der *Defense Advanced Research Projects Agency* (DARPA), einer

Behörde des US-Verteidigungsministeriums, für Forschungsprojekte zu Verteidigungszwecken. Weniger als 1% der gesamten Fördermittel wurden für die Risikoforschung und ca. 1% für Forschungsprojekte zu ethischen, rechtlichen und sozialen Aspekten der Synthetischen Biologie investiert. Anteilig an der Gesamtsumme, die die USA, die *Europäische Kommission* und Großbritannien an Forschungsmitteln für die Synthetische Biologie im Jahr 2014 zur Verfügung stellten, war mit 71,41 % der Anteil der USA erheblich höher gegenüber Großbritannien mit 19,15 % und der *Europäischen Kommission* mit 9,44 %. Allerdings werden die meisten EU-Projekte nur teilweise durch die *Europäische Kommission* gefördert und durch Drittmittel unterstützt (Wilson Center 2015).

Darstellung der Forschungsansätze in der Öffentlichkeit

An die Ausführungen zu Grundlagenforschung und Anwendungen der Synthetischen Biologie anschließend, werde ich spezifisch für jeden Forschungsansatz dessen mediale Darstellung in der Öffentlichkeit untersuchen. Im Allgemeinen ist das Thema „Synthetische Biologie" im öffentlichen Diskurs derzeit wenig präsent (Schrauwers & Poolman 2013, S. XVII-XIX). In einer Umfrage der Leopoldina und IfD Allensbach aus dem Jahr 2015 gaben 82 % der befragten Deutschen an, kaum etwas über Synthetische Biologie zu wissen und somit weder den Begriff zu kennen, noch großes Interesse an diesem Forschungszweig zu haben (Leopoldina & IfD Allensbach 2015, S. 13-14 und 45, Grafik: „Die meisten schätzen den eigenen Wissensstand realistisch als gering ein"). Eine Möglichkeit für das bislang geringe Interesse der Öffentlichkeit an Synthetischer Biologie könnten derzeit noch wenig vorhandene marktreife Anwendungen sein. Denn das Interesse von Journalisten und der Bevölkerung an wissenschaftlicher Forschung steigt, wenn diese sowohl neu als auch anwendungsbezogen, das heißt nahe an den Problemen und Anliegen der Bevölkerung, ist (vgl. Kronberger et al. 2009, S. 21). Das Forschungsfeld Synthetische Biologie wird aktuell jedoch weitgehend als abstraktes Thema fernab von Alltagsbezügen wahrgenommen (ebd.; Leopoldina & IfD Allensbach 2015, S. 13-14 und 24).

Im Jahr 2009 wurden in Deutschland zwei Buchpublikationen zum Thema „Synthetische Biologie" veröffentlicht, im Jahr 2010 waren es vier und 2011 drei (Hümpel & Diekämper 2012). Im Jahr 2012 sind zwei, im Jahr 2013 fünf, 2014 eine und 2015 fünf Buchpublikationen auf dem deutschen Markt hinzugekommen.[2] Öffentliche Veranstaltungen zur Synthetischen Biologie in Deutsch-

[2] Am Beispiel der Vorgehensweise bei Hümpel & Diekämper (2012) habe ich eine Recherche relevanter deutscher Buchpublikationen im öffentlich zugänglichen Online-Katalog der *Deutschen Nationalbibliothek* (DNB) durchgeführt: Im erweiterten Suchmodus erfolgte die Eingabe „Synthetische Biologie" als Titel im Gesamtbestand der DNB für die Materialarten Blindendrucke, Bücher, Online-

land fanden, nach Hümpel und Diekämper (ebd., S. 268: Abb. 4, S. 278: Abb. 8 und S. 285), im Jahr 2009 zweimal statt, 2010 fünfmal und 2011 gab es sechs Veranstaltungen. Hümpel und Diekämper (ebd.) halten das Thema Synthetische Biologie demnach in der öffentlichen Berichterstattung für unterrepräsentiert.

Nach Lehmkuhl (2011, S. 20-26) sind in Bezug auf die Synthetische Biologie nur zwei Perioden der fokussierten medialen Berichterstattung bedeutsam, und zwar im Januar 2008 und Ende Mai 2010. Beide Male bewirkten Forschungsprojekte des Synthetischen Biologen J. Craig Venter die mediale Aufmerksamkeit (s. Kap. 2.2).

Obwohl es in den letzten Jahren zu einem Anstieg an Publikationen zur Synthetischen Biologie kam, nahm die öffentliche Bedeutung des Forschungsfelds demnach nur geringfügig zu. Die Synthetische Biologie stieß, im Vergleich zu öffentlich diskutierten Forschungsfeldern wie der Nanotechnologie oder der Forschung zu embryonalen Stammzellen, in der medialen Berichterstattung – mit Ausnahme der oben genannten Fälle – also bislang auf wenig Aufmerksamkeit (vgl. Hampel 2012; Lehmkuhl 2011, S. 20-26). Öffentliche Diskurse zur Synthetischen Biologie sind somit eher selten und die Diskussionen verbleiben überwiegend im wissenschaftlichen Umfeld (vgl. Hampel 2012; Schrauwers & Poolman 2013, S. XVII-XIX).

Nach Schmidt (2013, S. 44-46) reagieren manche Wissenschaftler aufgrund der gegenwärtigen Unmöglichkeit eine Aussage bezüglich des zukünftigen Potentials der Synthetischen Biologie für die Bioökonomie treffen zu können sehr zurückhaltend bezüglich Prognosen. Andere Forscher, allen voran der Synthetische Biologe J. Craig Venter, geben jedoch gewagte Vorhersagen bezüglich des zukünftigen Nutzens ab und setzen das Forschungsfeld Synthetische Biologie hierdurch medial in Szene (s. Kap. 2.2). Dies geschieht wohl nicht zuletzt, weil trotz der aktuell wenig vorhandenen marktreifen Anwendungen aus dem Bereich der Synthetischen Biologie, und somit ohne praktischen Beleg für die Nützlichkeit, Gelder für die Forschung eingeholt werden müssen.

Als eine der Hauptvisionen der Synthetischen Biologie gelten das computergestützte Design und die anschließende maschinelle Herstellung eines Wunschorganismus. Nach Diekämper (2012, S. 218-222) ist das öffentliche Bild der Synthetischen Biologie demnach nicht von der Wirklichkeit, sondern von deren Möglichkeiten geprägt. So sei das öffentliche Interesse nicht dem Sein, sondern der „Denkbarkeit des Wollens" gewidmet. Mit derlei technofuturistisch geprägten Diskursen, wie sie aktuell in der Synthetischen Biologie und anderen Technologien stattfinden, werden nach Coenen (2011, S. 232) Entwicklungen beworben,

---

Ressourcen, Elektronische Datenträger und Medienkombinationen jeweils für die Jahre 2012 bis 2015. Bei Mehrfachnennungen von Titeln wurden diese nur einfach gezählt.

die real kaum begründbar sind: Hierbei werde mit Hoffnungen gespielt, was die realen Chancen und Herausforderungen aus dem Blick geraten lasse. So werden Visionen in den Fokus der Diskussionen gerückt, anstatt aktuelle Entwicklungen zu beleuchten. Forschungsbereiche, die demgegenüber keine entsprechenden Visionen bedienen könnten, gingen bei der Politik, den Investoren und der Öffentlichkeit unter. Dies könne laut Coenen (ebd.) auch Einfluss auf die Forschungsförderung nehmen und schließlich zu Fehlkalkulationen mit öffentlichen Geldern führen.

Was ist neu?

Bezüglich der medialen Berichterstattung und der Inszenierung einiger Wissenschaftler in den Medien erscheint das qualitativ Neue der Synthetischen Biologie offensichtlich (vgl. Köchy 2012a; Köchy & Hümpel 2012, S. 11-14). So konstatiert Craig Venter:

> „Während das Industriezeitalter zu Ende geht, erleben wir den Anbeginn einer neuen Ära der biologischen Gestaltung. Die Menschheit steht im Begriff, in eine neue Phase der Evolution einzutreten." (Venter 2014, S. 16)

Nach Schmidt (2012, S. 30) führt insbesondere das Künstlichkeitsverständnis, das die Synthetische Biologie durch Nicht-Natürlichkeit der Objektsysteme bestimmt, zur Hypothese eines Epochenbruchs. Konträr hierzu konstatieren Vertreter der Kontinuitätsthese zwar eine quantitative Erweiterung der Verfahren und Methoden der bereits bestehenden Gen- und Zelltechnologien, nicht aber eine qualitative. Nach Köchy (2012a; vgl. Köchy & Hümpel 2012, S. 11-14) bleibt die wissenschaftliche Beurteilung der Neuheit der Synthetischen Biologie derzeit offen.

Engelhard (2011) stellt jedoch vier charakteristische Merkmale der Synthetischen Biologie heraus, die diese von der klassischen Gentechnik abgrenzen: methodische, konzeptionelle und kulturelle Unterschiede sowie Unterschiede in der qualitativen und quantitativen Eingriffstiefe. Dabei bezieht sie „klassische Gentechnik" auf gentechnische Methoden und Anwendungen der ersten Generation, beispielsweise das Einschleusen einzelner Gene in Pflanzen zur Erzeugung transgener Organismen, die hierdurch resistent gegen Schädlinge werden. Die veränderte qualitative Eingriffstiefe bezieht sich auf Techniken des Eingreifens in Organismen, die eine neue Qualität darstellen, beispielsweise die Erzeugung orthogonaler Biosysteme oder die Xenobiologie. Im Gegensatz hierzu bezieht sich die quantitative Eingriffstiefe auf die Anzahl der Veränderungen, beispielsweise das Einbringen einzelner Gene in Organismen zur Erzeugung eines einzelnen spezifischen Stoffwechselprodukts in der klassischen Gentechnik, im Vergleich zur Etablierung ganzer Stoffwechselwege durch das Einbringen mehrerer Gene, wie dies manche Ansätze der Synthetischen Biologie zum Ziel haben.

Allerdings verweist Engelhard (ebd.) darauf, dass der Wechsel von klassischer Gentechnik zu Synthetischer Biologie nicht in jedem Fall durch eine scharfe Linie zu markieren sei, sondern manche Ansätze in bestimmten Bereichen auch beiden Forschungszweigen zugeordnet werden können. Zudem nähern sich einige Ansätze der modernen Gentechnik und der Synthetischen Biologie aktuell und zukünftig immer weiter an, wodurch die Unterscheidungsmerkmale abgeschwächt werden könnten. Derzeit seien im Vergleich zwischen klassischer Gentechnik und Synthetischer Biologie dennoch Unterschiede auszumachen.

Da in Engelhards Untersuchung die Synthetische Biologie eher als homogenes Feld behandelt wird und auf einzelne Forschungszweige nicht spezifisch eingegangen wird, werde ich der Frage nachgehen, was an den einzelnen Forschungsansätzen der Synthetischen Biologie individuell als neu aufgefasst werden kann. Anhand der von Engelhard postulierten vier Merkmale der Synthetischen Biologie werde ich prüfen, ob bzw. inwiefern sich die Forschungsansätze der Synthetischen Biologie jeweils im Einzelnen von der klassischen Gentechnik unterscheiden.

Darüber hinaus werde ich der Frage nachgehen, ob mit den jeweiligen Ansätzen eventuell zukünftig lebende Organismen von Grund auf künstlich hergestellt werden können. Organismen, die durch *De-novo*-Synthese erzeugt würden, wären dabei mit dem Begriff „neues Leben“ zu bezeichnen (s. Kap. 5.4.2).

Chancen und Risiken bezüglich rechtlicher Rahmenbedingungen

Laut einer Umfrage der Leopoldina und IfD Allensbach plädieren 42% der deutschen Bevölkerung dafür, Forschungsfelder selbst bei nur geringem Risikopotential aufzugeben. Die Mehrheit der Befragten bringt dem Begriff „Synthetische Biologie“, trotz fehlenden Wissens über dieses Forschungsgebiet, spontan Antipathie entgegen und assoziiert mit dem Begriff unter anderem „Risiko und Gefahr“ (Leopoldina & IfD Allensbach 2015, S. 49, Grafik: „Risikoaversion“ und S. 46, Grafik: „Spontane emotionale Reaktion auf Schlüsselbegriffe“).

Die Definition des Risikobegriffs nach Bonß (1995) als „Entscheidungen unter Unsicherheiten“ setzt die subjektbezogene Entscheidung für eine Unsicherheit voraus, in Abgrenzung zur Gefahr, die vielmehr subjekt- und situationsunabhängig ist. Gefahren werden demnach als entscheidungsunabhängig verstanden und als grundsätzlich negativ bewertet. Handlungsabhängige Risiken hingegen können nicht nur als Bedrohung, sondern auch als Chance verstanden werden. Auch im Forschungsbereich der Synthetischen Biologie rücken mit den Risiken zugleich die Chancen der Techniken in den Fokus. Trotz der eher desinteressierten Haltung der deutschen Bevölkerung gegenüber Synthetischer Biologie im Allgemeinen (lediglich 10% der Befragten zeigen ausgeprägtes Interesse am Forschungsbereich) zeigen demnach 32% der Befragten intensives Interesse an der Herstellung künstlicher Zellen zur Bekämpfung von Krankheiten als konkretes Anwendungsbeispiel (Leopoldina & IfD Allensbach 2015, S. 52, Grafik: „Bei Konkretisierung des Nutzens deutlich größeres Interesse").

Nach Birnbacher und Wagner (2003, S. 435-446) lassen sich erfahrungsgemäß viele Risiken und Chancen neuer Verfahren, Produkte und Entwicklungen zwar erst in einem späteren Stadium des Gebrauchs erkennen. Dennoch könnten bereits frühzeitig Fragen formuliert werden, beispielsweise wann genug Wissen vorhanden sei, um das Feld zu beschränken (Kaebnick 2012, S. 56). Allerdings ist anzumerken, dass die Beurteilung von Chancen und Risiken eines Forschungsbereichs von verschiedenen Beteiligten, wie der Wissenschaft, anderen gesellschaftlichen Akteuren und der allgemeinen Öffentlichkeit, durchaus unterschiedlich ausfallen kann (Deutscher Ethikrat 2014).

Aufgrund der Heterogenität der Forschungszweige der Synthetischen Biologie ergeben sich zudem unterschiedliche Risiko- und Sicherheitsfragen sowie Chancen für die einzelnen Ansätze der Synthetischen Biologie. In diesem Kontext beleuchte ich potentielle Risiken und Chancen der Forschungszweige im Einzelnen mit Blick auf die in Deutschland und teilweise international gültigen rechtlichen Rahmenbedingungen.

Derzeit wirft die Forschung im Bereich der Synthetischen Biologie bezüglich möglicher Risiken weitreichende Sicherheitsfragen aus den Bereichen *Biosafety* und *Biosecurity* auf. Unter *Biosafety* werden Maßnahmen zum Schutz vor ungewollten Risiken für den Menschen und die Natur verstanden, die beispielsweise im Labor oder nach beabsichtigter oder unbeabsichtigter Freisetzung von synthetisch-biologisch veränderten Organismen in die Umwelt auftreten können. Neben zu Versuchszwecken in das Freiland ausgebrachten, synthetisch-biologisch veränderten Organismen und Laborunfällen, wird hierbei auch die sogenannte *Do-It-yourself*-Bewegung (DIY) der Biologie als potentieller Risikofaktor diskutiert (s. Kap. 2.7). Unsachgemäße Handhabung und mangelhafte Sicherheitsmaßnahmen könnten zu unvorhersehbaren Schäden für Mensch und Umwelt führen. Zur Eindämmung dieser Risiken soll eine eigene Sicherheitstechnik der Synthetischen Biologie etabliert werden. So soll der Ansatz zur Erzeugung von orthogonalen Biosystemen, der Xenobiologie und des „Spiegel-Lebens" die Errichtung eines „genetischen Schutzwalls" ermöglichen, um die Ausbreitung synthetisch-biologisch veränderter Organismen zu kontrollieren bzw. zu verhindern (s. Kap. 2.4). *Biosecurity* betrifft hingegen Maßnahmen zum Schutz vor gezielter missbräuchlicher Verwendung der Techniken der Synthetischen Biologie, beispielsweise in Form von Bioterrorismus. Hier rücken insbesondere die Techniken zur DNA-Synthese in den Fokus (s. Kap. 2.2).

Rechtlich unterliegt die Forschung im Bereich der Synthetischen Biologie in Deutschland derzeit dem deutschen Gesetz zur Regelung der Gentechnik (GenTG), das im Jahre 1990 erlassen wurde, sowie dem Chemikalienrecht, speziell der

Verordnung (EG) 987/2008 zur Registrierung, Bewertung, Zulassung und Beschränkung chemischer Stoffe (REACH). Zusätzlich gelten insbesondere die Gentechnik-Sicherheitsverordnung (GenTSV) sowie mehrere EU-Richtlinien. Diese Rechtsnormen regulieren die Nutzung der Gentechnik, die Sicherheitsanforderungen an gentechnisches Arbeiten sowie die Freisetzung von *gentechnisch veränderten Organismen* (GVO). Zur Diskussion steht, ob das derzeit geltende deutsche GenTG für die verschiedenen Ansätze der Synthetischen Biologie angepasst werden muss (vgl. Engelhard 2010).

Zur Eindämmung *Biosecurity*-relevanter Risiken bestehen auf internationaler und europäischer Ebene die Biowaffenkonvention sowie weitere Übereinkommen (s. Kap. 2.2). Diese Regulierungen werden jedoch bezüglich der Synthetischen Biologie zum Teil als unzureichend bewertet (vgl. Giersch & Schmidt 2010).

Vergleichbar mit dem vorübergehenden Moratorium in der Gentechnologie und der Einführung von Kontrollauflagen und Richtlinien in Laboren im Zuge der internationalen Asilomar-Konferenz im Jahre 1975, könnte zudem über den Beschluss von Moratorien für spezifische Forschungsansätze der Synthetischen Biologie diskutiert werden (vgl. Engelhard 2010; s. Kap. 2.3 und 2.4).

Schließlich stellt sich, wie bereits in der Gentechnologie, die Frage nach Patentrechten für synthetisch-biologisch veränderte Organismen und genetische Elemente (s. Kap. 2.2). Darüber hinaus werden neben rechtlichen Regularien auch stärkere Selbstverpflichtungen für wissenschaftlich Forschende und die Industrie gefordert (vgl. Giersch & Schmidt 2010; s. Kap. 2.2.8).

2.1 Der Minimalorganismenansatz

Neben den zum Überleben der Zelle notwendigen Genen verfügen Mikroorganismen über zusätzliche Gene für spezifische Funktionen, beispielsweise zur Abwehr lebensfeindlicher Substanzen oder zur Fortbewegung. Im Laufe der Evolution bildeten sich verschiedene Organismen mit je unterschiedlichen zusätzlichen Genen aus, die die jeweilige Einzigartigkeit des Organismus mit bedingen.

Der Forschungsbereich an Minimalorganismen ist ein *Top-down*-Verfahren, mit dem Organismen erzeugt werden sollen, die nur über das minimale, zum Überleben in einer bestimmten Umgebung notwendige Genom verfügen. Alle nicht-essentiellen Gene dieser Zelle sollen identifiziert und eliminiert werden:

> „A minimal genome is generally defined as the smallest set of genes that allows for replication of the organism in a particular environment." (Cho et al. 1999, S. 2087)

Ein Organismus, der auf sein minimales Genom reduziert wurde, wird entsprechend als Minimalorganismus bezeichnet.

2.1.1 Ziele

Das wesentliche Ziel dieses Forschungsansatzes, die Erzeugung eines Organismus mit minimalem Genset durch Reduktion von nichtessentiellen Genen, soll es einerseits ermöglichen, so nah wie möglich an die Grenze zwischen Leben und Nichtleben zu gelangen und andererseits die so entstehenden Minimalorganismen standardisiert verfügbar machen. Da in Minimalorganismen komplexe Zellvorgänge auf die notwendigsten Prozesse reduziert werden sollen, stellen sie eine ideale Basis zur Gewinnung umfassender Erkenntnisse vieler Stoffwechselprozesse dar. Minimalzellen sollen demnach in der Grundlagenforschung auch zu neuen Erkenntnissen über die essentiellen Gene eines Organismus führen.

Ein Forschungsprojekt im Bereich des Minimalorganismenansatzes hat beispielsweise zum Ziel, einen minimalisierten Laborstamm des Bakteriums *Escherichia coli* bereitzustellen. Dieser könnte als Modellorganismus bestimmte Vorzüge gegenüber seinen Vorgängern aufweisen. So verfügt er möglicherweise über ein stabileres Genom und eine bessere Wachstumsrate sowie Proteinexpression (Posfai et al. 2006). Von Interesse ist auch die Frage, welche Gene über horizontalen Gentransfer von Minimalzellen möglicherweise aus der Umgebung aufgenommen werden können (Kolisnychenko et al. 2002, s. Kap. 2.3.8).

Langfristiges Ziel des Minimalorganismenansatzes ist die Nutzung von Minimalzellen als Plattform zur Einbringung genetischer Elemente, wie BioBricks, artifizielle genetische Schaltkreise oder orthogonale Biosysteme (s. Kap. 2.3 und 2.4). Diese sollen zur Erzeugung bestimmter Produkte oder zur Ausführung bestimmter Funktionen verwendet werden. Ein Problem bei der Umsetzung war bislang, dass alle zusätzlichen und für das gewünschte Produkt unnötigen Zellprozesse, die über die lebenserhaltenden Funktionen hinausreichen, störend auf die Abläufe in einer Zelle wirken können. Insbesondere steigt der Energieverbrauch der Zelle durch nichtessentielle metabolische Prozesse an und ungewollte Nebenprodukte können mit dem erwünschten Produkt wechselwirken. In Minimalzellen sollen der Energieverlust sowie alle Störungen der zielführenden Prozesse auf ein Minimum reduziert werden können.

Ein weiteres Ziel des Minimalorganismenansatzes ist es, durch Vergleiche der essentiellen Genome von Archaeen, Bakterien und Eukaryonten die Rekonstruktion des Genoms eines letzten gemeinsamen Vorfahren der Lebewesen zu ermöglichen (Koonin et al. 1997). Die Forschung zu Minimalgenomen soll zu neuen Erkenntnissen zum Ursprung des Lebens, zur bakteriellen Evolution sowie zur Kontrolle des bakteriellen Stoffwechsels führen. Hierdurch wäre auch ein besseres Verständnis komplexerer Organismen möglich (Cho et al. 1999).

Prominent für den Forschungsbereich an Minimalorganismen ist das Minimalgenomprojekt des *J. Craig Venter Instituts* (JCVI). Das JCVI ist nach eigenen Angaben eine *not-for-profit* Forschungseinrichtung in Rockville, Maryland und

La Jolla, Kalifornien. Es wurde von dem Synthetischen Biologen Craig Venter im Jahre 2006 gegründet und beschäftigt derzeit mehr als 250 Mitarbeiter, darunter die Wissenschaftler Hamilton Smith, Clyde Hutchison, John Glass und Daniel Gibson. Ausgewiesenes Ziel ist es, die Genomik-Forschung weiter zu entwickeln und deren Implikationen für die Gesellschaft zu erforschen (J. Craig Venter Institute 2016a).

Das Minimalgenomprojekt des JCVI hat ebenfalls zum Ziel, die minimale genetische Ausstattung ausfindig zu machen, die zur Aufrechterhaltung der Lebendigkeit eines Mikroorganismus in einer bestimmten Umgebung notwendig ist. Eng verknüpft mit der Forschung zu Minimalzellen ist die vom JCVI im Jahr 2010 erstmals durchgeführte Neusynthese des vollständigen und funktionsfähigen Genoms eines Bakteriums (Gibson et al. 2010; s. Kap. 2.2), nach deren Abschluss Gibson bekannt gab:

> „We can now begin working on our ultimate objective of synthesizing a minimal cell containing only the genes necessary to sustain life in its simplest form. This will help us better understand how cells work.“ (Gibson in: J. Craig Venter Institut 2010a)

Die Kombination der beiden Forschungsansätze soll zukünftig die Erzeugung des Minimalorganismus *Mycoplasma laboratorium* ermöglichen, indem ein auf seine essentiellen Gene reduziertes Genom des Bakteriums Mykoplasma neusynthetisiert und wieder in Mykoplasmenzellen transplantiert werden soll (Glass et al. 2006; Jewett & Forster 2010).

2.1.2 Visionen

Der Minimalorganismenansatz soll demnach ein umfassenderes Verständnis von Zellvorgängen ermöglichen. Die wissenschaftlichen Kenntnisse über die Vorgänge in Zellen sind aufgrund der enormen Komplexität dieser Prozesse bislang noch lückenhaft, jedoch unabdingbar für eine der großen Visionen des Forschungsfeldes: die *umfassende* externe Kontrolle von Zellprozessen. Die Reduktion des Genoms stellt hierfür eine Voraussetzung dar:

> „Further refinements and deletions could eventually result in a greatly simplified cell that displays fully predictable reactions and programmable functions.“ (Kolisnychenko et al. 2002, S. 646)

Die zweite große Vision dieses Forschungsansatzes ist der Entwurf eines gewünschten Organismus *in silico*, quasi am Reißbrett, und dessen anschließende Synthese mit Hilfe von Maschinen. In einem derart generierten Mikroorganismus sollen spezifische Zellprozesse *vollständig* kontrolliert ablaufen, um beispielsweise bestimmte Proteine herzustellen oder vom Organismus gewünschte Funktionen ausführen zu lassen.

Dieser programmatische Anspruch ist jedoch eher als visionär aufzufassen. Auch wenn eine *gewisse* Planbarkeit und Kontrolle möglich ist, entziehen sich Lebewesen dennoch, anders als Maschinen oder technische Produkte, einer *vollständigen* externen Kontrolle. Viele Lebensprozesse sind nicht exakt vorhersagbar oder planbar (s. Kap. 2.3.8 und 5.3).

Neben einem tieferen biologischen Verständnis soll der Forschungsansatz zu Minimalorganismen jedoch auch Antworten auf die bedeutende Frage „Was ist Leben?" liefern:

> „We are now in a position to approach this problem by rephrasing the question 'What is life?' in genomic terms: 'What is a minimal set of essential cellular genes?'" (Hutchison et al. 1999, S. 2165)

So berührt der Minimalorganismenansatz mit der Frage, in welchem Umfang biologische Teilstrukturen aus einer Zelle entfernt werden können, um diese dennoch als lebendig zu begreifen, unmittelbar die Problematik der Grenzziehung zwischen Leben und Nichtleben sowie der (Un-)Möglichkeit einer umfassenden Definiton von „Leben" (vgl. Budisa 2012, S. 99-108; s. Kap. 5).

2.1.3 Techniken

Zur Erzeugung eines Minimalgenoms sind Kenntnisse über die essentiellen Gene eines Organismus eine notwendige Bedingung. Hierzu ist es möglich, Vergleiche der Genome verschiedener Organismen anzustellen, um so die in allen Organismen vorkommenden essentiellen Gene zu identifizieren. Ein weiterer vielversprechender Ansatz zur Identifizierung der essentiellen Gene eines Organismus ist die Analyse der Genprodukte, die für basale Zellvorgänge essentiell sind. Auch werden Gene gezielt ausgeschaltet (*knock-out*) oder aus dem Genom entfernt, um herauszufinden, welche Gene für das Überleben einer Zelle notwendig sind. Bei dieser *Top-down*-Technik *in vivo* sollen bereits bestehende Genome auf das minimale Genset reduziert werden (Jewett & Forster 2010).

Die Identifizierung des minimalen Gensets von *Mycoplasma genitalium* begann im Jahre 1995 am JCVI mit der vollständigen Sequenzierung des Genoms dieses Bakteriums (Fraser et al. 1995).

Aufgrund ihrer geringen Größe eignen sich Mykoplasmengenome besonders zur Erzeugung von Minimalgenomen. Mykoplasmen sind zellwandlose, intra- und extrazelluläre, parasitäre Bakterien, die bei komplexeren Lebewesen diverse Krankheiten verursachen können. *M. genitalium* beispielsweise ist ein Pathogen des menschlichen Urogenitaltraktes. Es verfügt mit ungefähr 0,58 Mbp Länge und 482 proteincodierenden Genen über die kleinste bekannte Erbinformation eines zur Selbstreplikation befähigten und in Reinkultur kultivierbaren Organismus (vgl. Glass et al. 2006).

Im selben Jahr wurde ein zweites bakterielles Genom vollständig sequenziert. Es handelte sich dabei um das 1,83 Mbp umfassende Genom von *Haemophilus influenza*, einem kleinen, gramnegativen Bakterium, dessen natürlicher Wirt der Mensch ist (Fleischmann et al. 1995).

Dessen entschlüsselte 1703 proteincodierenden Sequenzen wurden im Jahr 1996 mit den 468 proteincodierenden Genen von *M. genitalium* verglichen, von denen angenommen wurde, dass sie das minimale Genset bilden. Wahrscheinlich stammen beide Organismen von einem gemeinsamen Vorfahren ab und haben sich vor etwa 1,5 Milliarden Jahren voneinander getrennt entwickelt. Bei diesem Vergleich konnten Mushegian und Koonin (1996) 256 essentielle Gene identifizieren, darunter 234 orthologe Gene von *M. genitalium* und *H. influenzae* und 22 nicht-orthologe Gene. Unter den essentiellen Genen fanden sich unter anderem 95 Translations-Gene, 18 Replikations-Gene, nur neun Transkriptions-Gene sowie 34 Gene zur Aufrechterhaltung der Energieversorgung.

Hutchison et al. (1999) verwendeten im Jahr 1999 die Technik der sogenannten Transposon-Mutagenese zur experimentellen Bestimmung der nichtessentiellen Gene von *M. genitalium*. Transposons sind spezifische Nukleinsäuremoleküle, die sich im Genom stabil oder „springend" integrieren und vererbt werden. Sie verfügen über keine spezifischen Integrationsstellen im Genom. Somit wird durch die unspezifische Integration eines Transposons die jeweilige Sequenz eines Gens unterbrochen und dessen normale Funktion unterbunden (Campbell et al. 2003, S. 403-405 und 422-423).

In der Untersuchung (Hutchison et al. 1999) wurde nach Schnittstellen zwischen spezifisch für den Versuch eingefügten Transposons und dem bakteriellen Genom gesucht. Die Integration eines Transposons in ein Gen bewirkte die Unterbrechung der Gensequenz, sodass das Protein nicht mehr exprimiert werden konnte. Ein Überleben der Zelle ließ darauf schließen, dass das betreffende Gen nicht essentiell sein kann. Die Ergebnisse deuteten darauf hin, dass 265 bis 350 der proteincodierenden Gene von *M. genitalium* unter Laborbedingungen essentiell sind.

Im Jahr 2004 postulierten Gil et al. (2004) ein insgesamt 206 proteincodierende Gene umfassendes Genset eines hypothetischen minimalen bakteriellen Genoms, sofern alle für das Überleben des Bakteriums notwendigen Nährstoffe vorhanden und umweltbedingter Stress unterbunden war. Die Analyse basierte auf vergleichenden, computerbasierten Untersuchungen von acht Bakteriengenomen.

Glass et al. (2006) publizierten 2006 die Ergebnisse einer erweiterten Studie, in der erneut die Technik der Transposon-Mutagenese zur experimentellen Bestimmung der nichtessentiellen Gene von *M. genitalium* verwendet wurde. Die Ergebnisse deuteten darauf hin, dass 387 der insgesamt 482 proteincodierenden

Gene sowie 43 RNA-codierende Gene das essentielle Genset von *M. genitalium* bilden. Es konnten 100 nichtessentielle Gene identifiziert werden.

Neben Mycoplasma werden weitere Mikrorganismen zur Erzeugung von Minimalorganismen herangezogen, beispielsweise Bacillus (MiniBacillus 2016). Darüber hinaus legten Kolisnychenko et al. (2002) Forschungsergebnisse zu einem minimalen *E. coli*-Stamm vor. *E. coli* ist ein fakultativ anaerober, metabolischer Opportunist, der in verschiedenen natürlichen Habitaten, beispielsweise in Flüssen oder im Boden, aber auch im Intestinaltrakt von Tieren und Menschen, teilweise auch als Pathogen, vorkommen kann. Verschiedene *E. coli*-Stämme variieren in ihren Nischen- und Wirtspräferenzen und diese Variationen spiegeln sich im Genset wieder. Die Genomgröße von *E. coli* K-12 Stamm MG1655 beträgt 4,6 Mbp (Blattner et al. 1997). Zur Reduktion des *E. coli*-Genoms wurden große sogenannte genomische Inseln aus *E. coli* eliminiert. Genomische Inseln sind DNA-Abschnitte des Genoms, die nicht hochkonserviert sind und durch horizontalen Gentransfer übertragen werden. Sie beinhalten häufig verborgene Prophagen, Transposons, Gene unbekannter Funktion und defekte Gene. Genomische Inseln sind demnach „entbehrliche Gene", die in Stämmen für den Laborgebrauch nicht essentiell bzw. sogar unerwünscht sind, da sie das Genom teilweise mutagenisieren oder innerhalb der Population transponieren. Vergleichende Genomanalysen zwischen vollständig sequenzierten *E. coli*-Stämmen ließen die Hypothese zu, dass Gene und genomische Inseln, die nicht in allen Stämmen vorkommen, nicht essentiell sind. Diese nichtessentiellen Gene sowie Gene, die nur unter spezifischen Umweltbedingungen exprimiert werden, wurden aus dem Genom eliminiert. Insgesamt wurden 12 genomische Inseln erfolgreich aus dem Genom entfernt, was in einer um 8,1% reduzierten Genomgröße bzw. einer 9,3%igen Reduktion der Anzahl der Gene und der Elimination von 24 der 44 transposablen Elemente von *E. coli* resultierte. Im Anschluss an die Reduktion des Genoms konnte keine Veränderung in der Wachstumsrate der Zellen auf einem Minimalmedium festgestellt werden, was die nichtessentielle Funktion der eliminierten Inseln bestätigte (Kolisnychenko et al. 2002).

An den bisherigen Ausführungen wird jedoch ein Umstand deutlich: „die" Minimalzelle bzw. „das" minimale Genset wird es wohl nicht geben. In Abhängigkeit der experimentellen Ziele und der Umweltbedingungen, beispielsweise des Nährmediums, könnten sich verschiedene Gene als essentiell herausstellen. Somit wäre zukünftig eher eine Vielzahl an möglichen Minimalzellen denkbar (vgl. Budisa 2012; Mushegian 1999).

2.1.4 Anwendungen

Zwar ist die Minimalorganismenforschung im Bereich der kommerziellen Anwendungen von großem Interesse, dennoch sind derzeit noch wenige Produkte auf dem Markt zu finden. Der Fokus liegt aktuell noch auf der Grundlagenforschung und hier besonders auf der Identifizierung der essentiellen Gene verschiedener Organismen. In den meisten Studien dieses Forschungsbereichs werden derzeit vorwiegend Humanpathogene untersucht, häufig mit dem Ziel, essentielle Gene, die als Angriffsstellen für Antibiotika verwendet werden können, zu ermitteln (vgl. Glass et al. 2006).

Die Eliminierung von Genen ist zudem der bislang effektivste Weg, um sicher zu gehen, dass unerwünschte Nebenprodukte in biotechnologischen Produkten, beispielsweise in Impfstoffen und Medikamenten, ausgeschlossen werden können (Kolisnychenko et al. 2002, S. 641).

Das Unternehmen *Scarab Genomics* bietet derzeit den Bakterienstamm „Clean Genome *E. coli*" an, bei dem über 20% der 4300 Gene, darunter nichtessentielle Gene, potentiell pathogene Gene, viele genomische Inseln und alle Insertionssequenzen eliminiert wurden (Scarab Genomics 2016). Aufgrund der nachgewiesenen Stabilität, Wachstumsrate und Proteinproduktion könnten minimale *E. coli*-Stämme zukünftig die derzeitigen kommerziellen Bakterienstämme ersetzen (Jewett & Forster 2010).

2.1.5 Bezüge zu anderen Ansätzen der Synthetischen Biologie

Wie oben bereits ausgeführt, soll durch Kombination des Minimalorganismenansatzes mit dem Forschungsansatz zur Neusynthese von Genomen zukünftig die Erzeugung des Minimalorganismus *M. laboratorium* bewerkstelligt werden (Glass et al. 2006; s. Kap. 2.2).

Die Forschung zu artifiziellen genetischen Elementen wie den BioBricks oder artifiziellen genetischen Schaltkreisen eröffnet zudem zukünftig einen weiteren wichtigen Bereich, der mit dem Minimalorganismenansatz verbunden werden kann. Die Minimalzellen dienen hierbei als Plattform, in die gewünschte, genetische Elemente eingebracht werden können. Neben der Analyse bestimmter Gene und deren Produkte können auf diese Weise auch gewünschte Aufgaben von Organismen ausgeführt oder bestimmte Produkte hergestellt werden (s. Kap. 2.3 und 2.4).

Zudem besteht ein deutlicher Zusammenhang zwischen dem Minimalorganismenansatz und dem Protozellenansatz bezüglich des Forschungsziels, da mit beiden Ansätzen der Grenze zwischen Leben und Nichtleben möglichst nah gekommen werden soll. Während jedoch der Minimalorganismenansatz dieses Ziel mittels *Top-down*-Verfahren „von oben nach unten" durch die Reduktion bereits vorhandener Gene eines Organismus anstrebt, soll es der Protozellenansatz ermöglichen, einen lebensfähigen Organismus genau entgegengesetzt, „von unten nach oben" mittels *Bottom-up*-Verfahren, durch eine *De-novo*-Synthese der zellulären Komponenten zu erzeugen (s. Kap. 2.5).

Des Weiteren bestehen Bestrebungen, bislang unbekannte Organismen zu entdecken, spezifisch einzelne Gene und Gene, die für ganze Stoffwechselwege codieren, aus ihnen zu isolieren und in Minimalorganismen einzubringen. Auch auf diesem Wege sollen Zellen mit spezifischen Eigenschaften und Funktionen erzeugt werden, um diese biotechnologisch nutzbar zu machen (s. Kap. 2.6).

2.1.6 Darstellung des Ansatzes in der Öffentlichkeit

In einer Medienanalyse kamen Cserer und Seiringer (2009) zu dem Schluss, dass das Thema „Minimalorganismen" zu den sieben Hauptthemen der deutschsprachigen medialen Berichterstattung zur Synthetischen Biologie in den Jahren 2004 bis 2008 gezählt werden kann. Da das Thema jedoch nur den vorletzten Rang erreichte, wird deutlich, dass diesem Forschungsbereich, im Vergleich zu anderen Hauptthemen der Synthetischen Biologie, ein eher geringes mediales Interesse zukam. Nach Cserer und Seiringer (ebd., S. 30: Fig. 1) lieferte die Suche nach relevanten Medienberichten für das Stichwort „Minimalorganismus" in den Jahren 2004 und 2005 lediglich einen Artikel. Im darauffolgenden Jahr stieg die Anzahl auf zwei Artikel an und im Jahr 2007 wurden sechs Artikel veröffentlicht. Im Jahr 2008 sank die Zahl wieder auf zwei Artikel.

Eine Möglichkeit zur Erklärung des bislang geringen medialen Interesses am Minimalorganismenansatz könnten derzeit noch fehlende marktreife Anwendungen aus diesem Forschungsbereich sein. Zudem könnte eine Ursache für die spezifisch gesunkene Anzahl an Veröffentlichungen im Jahr 2008 die in diesem Jahr fokussierte Aufmerksamkeit der medialen Berichterstattung auf die wissenschaftliche Publikation der Neusynthese des Genoms von *M. genitalium* sein. So findet sich zum Stichwort „Venter – Mycoplasma genitalium" in den Jahren 2004 bis 2007 kein einziger Artikel, im Jahr 2008 waren es jedoch 31 (ebd.).

Forscher des Minimalorganismenansatzes greifen zur Beschreibung von Organismen sowie deren Prozesse und Bestandteile häufig auf technisch-ingenieurwissenschaftliche Metaphern zurück. Zudem besteht häufig eine auf die Gene determinierte Sichtweise auf Lebewesen. Lebende Zellen werden als „Chassis" bezeichnet, die mit genetischen Modulen ausgestattet werden sollen. Dabei ist „Chassis" ein aus der Kraftfahrzeugtechnik entlehnter Begriff, der die tragenden Teile eines Kraftwagens, das sogenannte Fahrgestell, bezeichnet. Auch in der Elektrik und Elektrotechnik wird der Begriff verwendet. Hier bezeichnet er den Rahmen bzw. das Montagegestell elektronischer Apparate (Brockhaus 2003, S. 178). Der Synthetische Biologe Knight beispielsweise beschreibt die Zelle als „Gerüst", in das künstlich hergestellte Systeme integriert werden können (Knight in: Schrauwers & Poolman 2013, S. 97). Diese gendeterministische und technische Sichtweise auf die Biologie spiegelt sich auch in der medialen Berichterstattung wieder. So zählte „Basic equipment for Life" zu den im Kontext der Synthetischen

Biologie meist verwendeten Begriffen in der deutschsprachigen Berichterstattung in den Jahren 2004 bis 2008 (Cserer & Seiringer 2009, S. 30: Fig. 2).

2.1.7 Was ist neu?

Wie oben bereits erläutert, stellt Engelhard (2011) als vier charakteristische Merkmale der Synthetischen Biologie methodische, konzeptionelle und kulturelle Unterschiede sowie Unterschiede in der qualitativen und quantitativen Eingriffstiefe heraus, die diese von der klassischen Gentechnik abgrenzen. Aufgrund der Heterogenität der Hauptforschungsansätze der Synthetischen Biologie ist anhand der von Engelhard postulierten Merkmale im Folgenden spezifisch zu prüfen, inwiefern sich der Minimalorganismenansatz von der klassischen Gentechnik unterscheidet. Zudem werde ich der Frage nachgehen, ob mit dem Minimalorganismenansatz „neues Leben“ im Sinne einer *De-novo*-Synthese ganzer Zellen erzeugt werden kann.

Die Identifizierung der essentiellen Gene von Organismen soll die Voraussetzungen dafür schaffen, dass Genome und ganze Organismen standardisiert werden können, um diese anschließend gezielt mit genetischen Modulen zu erweitern. Langfristig soll es der Minimalorganismenansatz in Kombination mit anderen Ansätzen der Synthetischen Biologie ermöglichen, Organismen mit neuen Eigenschaften zu konstruieren, die zuvor am Computer wunschgemäß „designt“ wurden und so nicht in der Natur vorkommen. Hieran zeigt sich erneut, dass innerhalb des Forschungsbereichs an Minimalorganismen ingenieurwissenschaftliche Prinzipien wie die Modularisierung und die Standardisierung auf die Biologie übertragen werden. Leben wird wie ein technisches Produkt als herstellbar und vollständig kontrollierbar verstanden. Diese zentralen ingenieurwissenschaftlichen Prinzipien lassen die methodischen Unterschiede dieses Forschungsbereichs im Vergleich zur klassischen Gentechnik erkennen.

Am Wechsel der Visionen, von der Manipulation hin zur Konstruktion (vgl. Boldt & Müller 2008; Engelhard 2011, S. 49-54; Witt 2012, S. 13-26), wird zudem der konzeptionelle Unterschied des Minimalorganismenansatzes gegenüber der klassischen Gentechnik deutlich. Allerdings decken sich diese Visionen, die zukünftig die Konstruktion von Organismen „vom Reißbrett“ ermöglichen sollen, kaum mit dem aktuellen Forschungsstand. Wie bereits in der klassischen Gentechnik steht hier bislang die Manipulation, in Form von Reduktion der vorhandenen Gene, im Vordergrund.

Bezüglich der qualitativen Eingriffstiefe weist der Minimalorganismenansatz demnach keine deutlichen Unterschiede zur klassischen Gentechnik auf, da keine neue Qualität des Eingreifens ausgemacht werden kann. Allerdings kann mit Blick auf die quantitative Eingriffstiefe des Ansatzes ein Unterschied zur klassischen Gentechnik festgestellt werden. So übersteigt die umfangreiche Reduktion von

Genen zur Erzeugung eines Organismus mit minimalem Genset quantitativ deutlich die bisherigen gentechnologischen Methoden der Entfernung oder des Abschaltens einzelner Gene.

Aufgrund des Zusammenfließens verschiedener Fachbereiche im Forschungsfeld des Minimalorganismenansatzes kann zudem ein Wechsel in der Forschungskultur ausgemacht werden. Hierbei sind insbesondere die ingenieurwissenschaftliche und die informationstechnologische Perspektive ausgeprägt. Explizit spielerische Elemente sind beim Ansatz zur Erzeugung von Minimalorganismen hingegen weniger auszumachen.

Zusammenfassend bestehen methodische, konzeptionelle und kulturelle Unterschiede sowie Unterschiede bezüglich der quantitativen Eingriffstiefe des Minimalorganismenansatzes im Vergleich zur klassischen Gentechnik. Demnach weist dieser Ansatz durchaus neue charakteristische Merkmale im Vergleich zur klassischen Gentechnik auf. Allerdings sind auch Gemeinsamkeiten des Forschungsbereichs mit der klassischen Gentechnik auszumachen. So weist der Minimalorganismenansatz mit Bezug auf die qualitative Eingriffstiefe keine wesentlichen Unterschiede zu gentechnologischen Methoden auf, ebenso stehen spielerische Elemente bei diesem Forschungszweig nicht explizit im Vordergrund.

Schließlich ist zu untersuchen, ob mit dem Minimalorganismenansatz eventuell zukünftig lebende Organismen *de novo* hergestellt werden können, die mit dem Begriff „neues Leben" zu bezeichnen wären. Anhand der bisherigen Ausführungen wurde deutlich, dass zur Erzeugung eines Minimalorganismus auf bereits bestehende biologische Strukturen und Zellen natürlichen Ursprungs zurückgegriffen wird und diese genetisch reduziert werden. Folglich wird mit dem Minimalorganismenansatz kein „neues Leben" im Sinne einer *De-novo*-Synthese von Organismen aus nichtlebenden Stoffen erzeugt. Der Forschungsbereich ist somit aktuell weniger als „revolutionärer Durchbruch" (vgl. Potthast 2009; Grunwald 2012, S. 81-85), sondern vielmehr als „evolutionärer Fortschritt" (vgl. ebd.) zu verstehen.

2.1.8 Chancen und Risiken bezüglich rechtlicher Rahmenbedingungen

Wie in den Abschnitten Ziele, Visionen und Anwendungen bereits ausgeführt, soll es der Ansatz zur Erzeugung von Minimalorganismen im Bereich der Grundlagenforschung zukünftig einerseits ermöglichen, die essentiellen Gene als minimales Genset eines Organismus zu ermitteln und andererseits Kenntnisse über die Funktionen bislang unbekannter Gene zu erlangen. So könnten Untersuchungen bestimmter Gene von humanpathogenen Organismen auch Informationen zu neuen Angriffsstellen für Antibiotika bereithalten und neue Therapien gegen bakterielle Krankheiten zur Verfügung gestellt werden. Ein weiteres Ziel ist die Gewinnung eines umfassenden Verständnisses von Zellvorgängen, um eine möglichst vollständige, externe Kontrolle von zellulären Prozessen zu ermöglichen. Mikroorganismen sollen dann nach ingenieurtechnischen Vorgaben standardisiert und möglichst effizient nutzbar gemacht werden. Hierbei ist auch die Kombination des Minimalorganismenansatzes mit anderen Techniken der Synthetischen Biologie von Bedeutung. Mit Minimalzellen sollen Plattformen für den Einbau zusätzlicher genetischer Elemente zur Verfügung gestellt werden können (s. Kap. 2.2 und 2.3).

Dabei weisen minimalisierte Bakterienstämme gegenüber den bisher verwendeten Laborstämmen Vorteile bei der biotechnologischen Verwendung auf. So können komplexe, zumeist unerwünschte oder sogar störende Wechselwirkungen von Genprodukten auf ein Minimum reduziert werden.

Zukünftige Chancen liegen somit insbesondere in der Verwendung von Minimalzellen zur Insertion von genetischen Elementen wie BioBricks oder artifiziellen genetischen Schaltkreisen. Die mit zusätzlichen genetischen Elementen ausgestatteten Zellen könnten Produkte, beispielsweise industrielle Chemikalien und Medikamente erzeugen, therapeutisch im Menschen eingesetzt werden oder Umwelttoxine vernichten (s. Kap. 2.3). Für Letzteres müsste unter anderem der Einbau solcher genetischen Elemente erfolgen, die die sensorische Erkennung spezifischer Stoffe, deren Aufnahme bzw. Abbau oder die Fortbewegung der Zellen steuern. Derart umfangreiche Veränderungen sind in nicht-minimalisierten Zellen aufgrund komplexer Wechselwirkungen von Genprodukten der eingebrachten Elemente mit Produkten von bereits vorhandenen Genen kaum realisierbar.

Craig Venter (Interview in: Mejias 2010) begreift als Hauptproblem unserer Zukunft die Bedrohung der Umwelt und möchte deshalb Rettungsmaßnahmen entwickeln. Er begann im Jahr 2009 mit seinem Unternehmen *Synthetic Genomics Incorporated* (SGI) und dem Ölunternehmen *ExxonMobil* als Investor ein Projekt zur Generierung von Biotreibstoffen. Zu Beginn war vorgesehen, gentechnisch veränderte Algen natürlichen Ursprungs zur Produktion des Treibstoffs in großindustriellem Maßstab einzusetzen. Aufgrund mangelnder Verfügbarkeit geeigneter Algen natürlichen Ursprungs wurde das Projekt im Jahr 2011 mit dem Ziel novelliert, Minimalzellen zum Zweck der Treibstoffproduktion auszurüsten (vgl. Fritsche 2013, S. 150-151; s. Kap. 2.3.4).

James Collins (in: Keim 2008) konstatierte allerdings im Jahr 2008, dass noch ein Drittel der Gene des Genoms von *E. coli* in ihrer Funktion unbekannt sind und bei der Mehrheit der bereits bekannten Gene Erkenntnisse über die funktionalen Zusammenhänge fehlen. Anwendungen der Forschung zu Organismen mit neuen Eigenschaften, wie die Treibstoffproduktion, werden zwar proklamiert, dennoch sind aus der Bioingenieurperspektive viele Funktionen und Prozesse bislang unverstanden.

Neben diesen sich bietenden Chancen wirft die Minimalorganismenforschung zugleich Sicherheitsfragen des *Biosecurity*-Bereichs auf. Neue Kenntnisse zu Funktionen bislang unbekannter Gene könnten im Bereich der Minimalorganismenforschung auch Informationen zu Genen bereitstellen, die für diverse Krankheiten beim Menschen und anderen Lebewesen ursächlich sind. Demnach könnte der Ansatz in Verbindung mit anderen Forschungszweigen der Synthetischen Biologie nicht nur in neuen Therapeutika und Impfstoffen, sondern auch in der Entwicklung neuer biologischer Waffen und möglichen bioterroristischen Anschlägen resultieren (s. Kap. 2.2, 2.3 und 2.4).

Darüber hinaus werden mit dem Minimalorganismenansatz auch *Biosafety*-relevante Sicherheitsfragen tangiert (s. Kap. 2.3 und 2.4). Zur Eindämmung der Risiken, die nach einer Freisetzung von synthetisch-biologisch veränderten Organismen aus dem Labor auftreten können, beispielsweise der Verdrängung in einem Ökosystem bereits etablierter Arten, wird für Experimente im Bereich der Minimalorganismen bislang auf Methoden der Technikfolgenabschätzung aus der Gentechnologie zurückgegriffen. Hierbei wird vor Beginn eines Experiments zunächst eine Einschätzung über die Gefährlichkeit des geplanten GVO erstellt. Dabei dient ein Vergleich der manipulierten Organismen mit natürlichen Vorbildern als Orientierung. Anhand dieser Einschätzung wird entschieden, ob das Experiment durchgeführt werden darf. Falls es durchgeführt wird, muss darüber entschieden werden, in welchem Labortyp (Sicherheitsstufe S 1-4, GenTG § 7 sowie GenTSV §§ 4-7) das Experiment stattfinden muss und ob die GVO freigesetzt werden dürfen (vgl. Engelhard 2010, S. 18-20).

Wie bereits erläutert, geht der Minimalorganismenansatz bezüglich der quantitativen Eingriffstiefe über bisherige gentechnologische Methoden hinaus. Da Minimalorganismen jedoch als Organismen natürlichen Ursprungs aufzufassen sind, die mit gentechnischen Verfahren auf ein minimales Genset reduziert werden, wird zum Teil davon ausgegangen, dass diese nicht unbedingt als risikoreicher einzuschätzen sind als bestimmte GVO (vgl. Cho et al. 1999). Auf Basis dieser Annahme werden die bisherigen Verfahren zur Risikoabschätzung im Bereich der Gentechnik für die Forschung zu Minimalorganismen als ausreichend angesehen. Diese Einschätzung wird unterstützt durch die Annahme, dass die Zellen aufgrund ihrer genetischen Reduktion nur unter spezifischen Laborbedingungen lebensfähig sein sollen und außerhalb des Labors in kürzester Zeit absterben würden (vgl. Schrauwers & Poolman 2013, S. 86-88). Dieser Prozess soll als Sicherheitstechnik im Falle einer ungewollten Freisetzung von Minimalorganismen greifen. Für die Forschung im Labor wären die potentiellen Risiken dabei als eher gering einzuschätzen, da die Zellen von der Umwelt räumlich isoliert sind und jederzeit vernichtet werden könnten. Zudem existieren Sicherheitstechniken, die bereits in anderen Forschungsbereichen zum Einsatz kommen.

Hierunter fallen beispielsweise die Auxotrophie, bei der das Überleben der Organismen von exogen applizierbaren Stoffen abhängig gemacht wird, die in der Umwelt nicht ausreichend vorhanden sind und zugeführt werden müssen oder das Einbringen genetischer Schalter in das Genom der Organismen, die diesen lediglich eine begrenzte Lebenszeit ermöglichen (vgl. Budisa 2012; DFG et al. 2009; Schmidt 2010).

Nach Engelhard (2010, S. 18-20) steigt jedoch der Unsicherheitsfaktor bei Vorhersagen über die Biosicherheit synthetisch-biologisch veränderter Organismen mit zunehmender Eingriffstiefe und Komplexität der Veränderungen. Zudem ist fraglich, ob die häufig postulierte Annahme einer geringen Komplexität von Minimalzellen als realistisch einzuschätzen ist (vgl. Budisa 2012, S. 91-94; Yus et al. 2009). Stellen sich Minimalzellen möglicherweise als komplexer heraus als bislang angenommen, könnte auch das Risiko, das von Minimalorganismen nach einer Freisetzung ausgeht, größer sein, als vermutet (Kaebnick 2012, S. 52-56).

Derzeit ist nicht ausreichend geklärt, inwiefern unterschiedliche Minimalorganismen in verschiedenen Habitaten eventuell überlebensfähig sind. Eine einmal durchgeführte Freisetzung der Organismen ist jedoch nicht mehr rückgängig zu machen.

Zudem werden, aufgrund der größeren quantitativen Eingriffsmöglichkeit in das Genom von Organismen, die sich mit den Techniken ergibt, Vorhersagen derart komplex, dass Entscheidungen nur mehr unter großer Ungewissheit getroffen werden können. Für Organismen natürlichen Ursprungs, deren Genom mit Techniken der Synthetischen Biologie auf die essentiellen Gene reduziert wurde und die in Folge dessen als Minimalorganismen bezeichnet werden können, ist demnach anzunehmen, dass das GenTG zusammen mit der GenTSV und der EU-Richtlinie 2009/41/EG über die Anwendung genetisch veränderter Organismen im geschlossenen System derzeit nicht mehr greift (vgl. Engelhard 2010, S. 21-22).

Im GenTG festgehalten ist das sogenannte *Vorsorgeprinzip* (*engl.* Precautionary Principle, vgl. Andorno 2004). Es besagt, dass Schutzmaßnahmen zu ergreifen sind, wenn Schäden für die menschliche Gesundheit und/oder die Umwelt durch unerwünschte Auswirkungen von Forschungen anzunehmen sind, aber noch keine wissenschaftlichen Daten hierzu vorliegen. Auch in weiteren nationalen und internationalen Gesetzeswerken ist das Prinzip verankert, beispielsweise im deutschen Bundesimmissionsschutz- und Atomgesetz, dem Recht der EU und der USA. Die Art der Umsetzung des Prinzips ist aufgrund der inhaltlichen Unbestimmtheit im Gesetz und des Bedeutungsspektrums letztlich jedoch Ermessenssache der Entscheidungsträger. So kann das Vorsorgeprinzip in einem eher schwachen Sinn lediglich legitimiert sein, jedoch in einem starken Sinn sogar geboten (vgl. Boschert 2005).

Aufgrund der großen Unsicherheit der Prognose sollte beim Minimalorganismenansatz daher verstärkt das Vorsorgeprinzip angewendet werden. Demnach sind Minimalorganismen solange als potentiell gefährlich einzuschätzen, bis weitergehende Kenntnisse vorliegen. Nichtregierungsorganisationen, beispielsweise *Testbiotech*, fordern aufgrund mangelnder Möglichkeiten der Rückholbarkeit den Verzicht der Ausbringung von synthetisch-biologisch veränderten Organismen und Genen in das Freiland (Then 2010).

Vor einer möglichen Freisetzung von Minimalorganismen sollte die weitere Erforschung der Risiken für den Menschen und die Umwelt erfolgen. Hierzu bieten sich beispielsweise Versuchsmodelle an, die spezifische Ökosysteme in kleinerem Maßstab nachbilden. In diesen können die möglichen Auswirkungen einer Freisetzung von Minimalorganismen zunächst experimentell erprobt werden (vgl. Tucker & Zilinskas 2006, S. 43-44). Zudem ist die Entwicklung neuer Sicherheitstechniken spezifisch für synthetisch-biologisch veränderte Organismen unerlässlich (s. Kap. 2.4).

2.2 Die Neusynthese von DNA-Abschnitten und Genomen

Der Forschungsansatz zur Neusynthese von DNA-Abschnitten und Genomen hat zum Ziel, größere DNA-Abschnitte bis hin zu vollständigen und funktionsfähigen Genomen von Organismen von Grund auf zusammenzusetzen und in Empfängerorganismen zu transplantieren.

Die erste vollständige Synthese eines funktionsfähigen bakteriellen Genoms gelang dem Team um Craig Venter im Mai 2010 mit dem für die Synthetische Biologie prominenten Forschungsprojekt: die Erzeugung des Bakterienstammes *Mycoplasma mycoides* JCVI-syn1.0 (abgeleitet von J. Craig Venter Institute-syn1.0; Gibson et al. 2010). Bei der Durchführung wurde die bakterielle DNA zum Teil chemisch synthetisiert, zum Teil von Mikroorganismen zusammengesetzt und schließlich in Empfängerzellen transplantiert. Die Neusynthese des Genoms von *M. mycoides* markiert allerdings nur einen Zwischenschritt im Minimalgenomprojekt des JCVI, das die Erzeugung des Minimalorganismus *Mycoplasma laboratorium* zum Ziel hat. Hierfür soll zukünftig nicht mehr das gesamte bakterielle Genom, sondern nur das minimale Genom des Organismus aus kurzen DNA-Bausteinen zusammengesetzt und in bereits vorhandene Zellen transplantiert werden (Glass et al. 2006; s. Kap. 2.1).

Andere Forschungsprojekte haben zum Ziel, lange DNA-Stränge rein chemisch, also ohne den Einsatz von Mikroorganismen, zu synthetisieren. Dies soll mit Hilfe von Maschinen, sogenannten DNA-Synthetisierern, ermöglicht werden.

2.2.1 Ziele

Derzeitiges Nahziel des JCVI ist es, mit Hilfe der Forschung zur Neusynthese von Genomen neue Erkenntnisse über den Aufbau von Zellen und den Funktionen von bislang unbekannten Genen zu erlangen:

> „However, learning to write genetic code is crucial to truly understanding some of the most fundamental aspects of life." (J. Craig Venter Institute 2010c, S. 1)

Die Erzeugung von *M. mycoides* JCVI-syn1.0 bildet dabei einen Zwischenschritt bei der Erzeugung einer Minimalzelle und des Minimalorganismus *M. laboratorium* (Glass et al. 2006; Jewett & Forster 2010; s. Kap. 2.1):

> „To produce a synthetic cell, our group had to learn how to sequence, synthesize, and transplant genomes. Many hurdles had to be overcome, but we are now able to combine all of these steps to produce synthetic cells in the laboratory. [...] We can now begin working on our ultimate objective of synthesizing a minimal cell containing only the genes necessary to sustain life in its simplest form. This will help us better understand how cells work." (Gibson in: J. Craig Venter Institute 2010a)

2.2.2 Visionen

Eine der Hauptvisionen des Ansatzes zur Neusynthese von DNA-Abschnitten und Genomen ist das computergestützte Design eines beliebigen Genoms, um einen gewünschten Organismus „vom Reißbrett" zu entwerfen und herzustellen. Nach der Konzipierung des Genoms am Computer soll der Organismus im Labor von einer Maschine zusammengebaut werden. Das JCVI möchte diese Vision schon bald Realität werden lassen:

> „Sequencing genomes has now become routine, giving rise to thousands of genomes in the public databases. In essence, scientists are digitizing biology by converting the A, C, T, and G's of the chemical makeup of DNA into 1's and 0's in a computer. But can one reverse the process and start with 1's and 0's in a computer to define the characteristics of a living cell? We set out to answer this question." (J. Craig Venter Institute 2010b)

Allerdings mangelt es derzeit an grundlegendem Wissen über die komplexen, funktionalen Zusammenhänge eines Organismus. Der Synthetische Biologe Drew Endy ist dennoch der festen Überzeugung, dass es irgendwann möglich sein wird, einen Organismus vom Reißbrett aus zu entwerfen und chemisch zu synthetisieren. Laut Endy speise man dann über einen Computer Informationen über den gewünschten genetischen Code ein und eine Maschine baut den Organismus von Grund auf zusammen:

> „Das ist das Rezept: Man nimmt die Grundbausteine und konstruiert das genetische Material. Man nimmt seinen Laptop und tippt die Buchstaben ein, und schon hat man seinen Organismus." (Endy in: Schrauwers & Poolman 2013, S. 116)

Hierbei ist allerdings darauf hinzuweisen, dass allein mit einem DNA-Synthetisierer noch kein komplexer Organismus zusammengefügt werden kann. Bestenfalls könnte ein Genom auf gewünschte Weise synthetisiert werden. Lebensprozesse basieren jedoch auf äußerst komplexen Vorgängen und Zusammenhängen, denen eine derart starke Simplifizierung nicht gerecht wird.

2.2.3 Techniken

Die Vorarbeiten für das Forschungsprojekt zur Neusynthese des Genoms von *M. mycoides* wurden im Jahre 1995 eingeleitet, als das Forscherteam des JCVI mit der Arbeit am Minimalorganismenansatz begann (s. Kap. 2.1). Zu Beginn wurde an *Mycoplasma genitalium* geforscht, dessen Genom vorab sequenziert wurde (Fraser et al. 1995).

Smith et al. (2003) publizierten dann die Ergebnisse zur Assemblierung des 5.386 bp langen Genoms des Bakteriophagen φX174. Das hierfür verwendete Verfahren wird *Polymerase Cycling Assembly* (PCA) genannt und ist eine Abwandlung der *Polymerase Chain Reaction* (PCR). Die PCA ermöglicht es, größere DNA-Fragmente aus kürzeren Oligonukleotiden zu assemblieren. Auf diese Weise konnten wesentliche Erkenntnisse zur Assemblierung ganzer Genome aus kurzen DNA-Bausteinen gewonnen werden.

Im Jahre 2008 konnte das vollständige Genom von *M. genitalium* aus 25 synthetisch hergestellten, überlappenden DNA-Fragmenten in der Hefe *Saccharomyces cerevisiae* stabil assembliert werden (Gibson et al. 2008a, 2008b). Nach anschließender Transplantation des Genoms in Rezipientenzellen konnte allerdings keine Replikation nachgewiesen werden.

Bereits ein Jahr zuvor war das vollständige native Genom des Stammes *M. mycoides* in Zellen von *M. capricolum* übertragen worden. Das Ersetzen des vollständigen Genoms ermöglichte es erstmals, eine bakterielle Spezies in eine andere umzuwandeln (Lartigue et al. 2007). Obwohl das Genom von *M. mycoides* mit 1,08 Mbp etwa doppelt so groß ist wie das von *M. genitalium*, wurden die Versuche mit *M. genitalium* aufgrund der langsamen Wachstumsrate dieser Art eingestellt. Die Forschungen wurden mit *M. mycoides* als Donorzelle und *M. capricolum* als Rezipientenzelle weitergeführt (Gibson et al. 2010).

Am 21. Mai 2010 veröffentlichte das Forscherteam des *„JCVI synthetic genomics"*-Projekts die Ergebnisse der Neusynthese eines vollständigen, funktionsfähigen Genoms von *M. mycoides* unter dem Titel „Creation of a Bacterial Cell Controlled by a Chemically Synthesized Genome" in der Fachzeitschrift *Science* (ebd.). Bei diesem *Bottom-up*-Verfahren wurde das 1,08 Millionen Basenpaare umfassende Erbgut des Laborstammes *M. mycoides* Subspezies *capri GM12* aus chemischen Bausteinen von Grund auf synthetisiert. Der so entstandene Bakterienstamm wurde *M. mycoides* JCVI-syn1.0 genannt.

Auf Basis der bekannten Genomsequenz von *M. mycoides* wurden kurze Oligonukleotide, sogenannte spezifische DNA-Kassetten von 1.080 bp Länge, vom DNA-Synthese-Unternehmen *Blue Heron Biotechnology* chemisch assembliert und mittels PCR-Technik vervielfacht. Die DNA-Kassetten waren mit Überlappungen von 80 bp an den Enden ausgestattet, wodurch die Assemblierung zu längeren DNA-Stücken unterstützt wurde. Da eine chemische Synthese im Allgemeinen nur für DNA-Fragmente mit bis zu 10.000 bp Länge fehlerfrei eingesetzt werden kann, verwendete das Team schließlich die Bäckerhefe *S. cerevisiae*, um die DNA-Fragmente zu einem vollständig neusynthetisierten Genom von 1.077.947 bp zusammenzusetzen. Das Genom wurde in drei Schritten mittels Transformation und homologer Rekombination in den Hefezellen assembliert. Das künstlich hergestellte bakterielle Erbgut wurde im Anschluss aus der Hefe isoliert und in eine Empfängerzelle des Bakterienstammes *M. capricolum* übertragen. Hierzu wurde eine Technik verwendet, die der somatischen Protoplastenfusion an Pflanzen aus den 1970er Jahren ähnelt (Gamborg 1975). Diese Technik konnte nur angewendet werden, da Mykoplasmen nicht über eine Zellwand, sondern lediglich über eine Zellmembran verfügen. Durch chemische Behandlung mit Polyethylenglycol (PEG) wurden die Membranen von jeweils zwei Mykoplasmenzellen miteinander verschmolzen. Dabei konnte das neusynthetisierte Genom aus der Umgebung in die Zelle aufgenommen werden. Bei der anschließenden Zellteilung entstanden unter anderem auch Zellen, die ausschließlich über das neusynthetisierte Genom verfügten. Die so gewonnenen *M. mycoides* JCVI-syn1.0-Zellen waren zur Replikation fähig. Die synthetisch hergestellte DNA wurde in der Zelle in mRNA transkribiert, welche in neue Proteine translatiert wurde. Diese ersetzten nach einigen Generationen die gesamten ehemaligen Zellproteine von *M. capricolum* (Gibson et al. 2010; J. Craig Venter Institute 2010a).

Die einzelnen Schritte der Neusynthese und Transplantation des Genoms von *M. mycoides* JCVI-syn1.0 im Überblick (J. Craig Venter Institute 2010c):

1. Zu Beginn wurden spezifische DNA-Kassetten von 1.080 bp Länge von einem DNA-Synthese-Unternehmen angefertigt. Die Fragmente waren mit Überlappungen von 80 bp an den Enden ausgestattet, um die Bildung längerer DNA-Stücke zu unterstützen.

2. In einem Dreierschritt wurde anschließend, unter der Verwendung von Hefezellen, das bakterielle Genom gebildet. Es wurden insgesamt 1.078 DNA-Kassetten mit je 1.080 bp Länge eingesetzt.
   a. Im ersten Schritt wurden jeweils 10 DNA-Kassetten gleichzeitig verwendet, um 110 Segmente mit je 10.000 bp Länge zu bilden.
   b. Im zweiten Schritt wurden jeweils 10 Segmente mit 10.000 bp Länge zu 11 Fragmenten mit je 100.000 bp zusammengesetzt.
   c. Zuletzt wurden alle 11 Fragmente, als zusätzliches Chromosom der Hefezellen, zu einem kompletten Genom assembliert.

3. Das vollständige, neusynthetisierte Genom von *M. mycoides* wurde anschließend aus den Hefezellen isoliert und in eine restriktionsdefiziente *M. capricolum*-Rezipientenzelle transplantiert. Die eingebrachte DNA war durch die vorherige Entfernung spezifischer Gene von *M. capricolum* vor der Zerstörung durch zelleigene Restriktionsenzyme geschützt worden. Bei der anschließenden Inkubation wurden lebende Zellen von *M. mycoides* kultiviert, in welchen ausschließlich DNA des neusynthetisierten Genoms vorzufinden war.

Das Forscherteam fügte an einigen Stellen in das Genom zusätzliche, von der Wildtyp-DNA abweichende Sequenzabfolgen ein. Diese als „Wasserzeichen" bezeichneten Sequenzen dienten zur Unterscheidung des synthetisierten Erbguts vom Wildtypgenom und sollten eine Zuordnung der Zellen, zu dem Labor indem sie hergestellt worden waren, ermöglichen. Unabhängig von den herkömmlichen DNA-Codonen, die für die verschiedenen Aminosäuren codieren (s. Kap. 2.4.2), wurde für die Wasserzeichen ein zusätzlicher, spezifischer Triplett-Code entwickelt, um Ziffern, Wörter und ganze Sätze in der DNA zu verschlüsseln (J. Craig Venter Institute 2010a).

Zur Generierung dieses zusätzlichen Codes wurde jedem Buchstaben des Alphabets sowie dem Leerzeichen ein spezifischer, von den Forschern festgelegter Triplett-Code zugewiesen (beispielsweise wurde dem Buchstaben „B" das Triplett-Codon „AGT" zugeteilt, das eigentlich die Aminosäure Serin codiert, und das Triplett-Codon „ATA", das eigentlich die Aminosäure Isoleucin codiert, wurde dem „Leerzeichen" zugeordnet). Durch Aneinanderreihung dieser Basenabfolgen in der zugewiesenen Reihenfolge konnten schließlich Wörter und ganze Sätze gebildet werden, die auf diese Weise in das Genom eingebracht wurden. Über die Sequenzierung des Genoms und die richtige Zuordnung dieser Triplett-Codonen zu den Buchstaben des Alphabets, konnte der Code von Wissenschaftlern anderer Labore geknackt werden. Die im Genom versteckten Botschaften konnten so entziffert werden (Darstellung nach CoGepedia 2016).

Neben den Namen von 46 Autoren und Mitarbeitern wurden auch drei kurze Sätze im Genom codiert, deren Dechiffrierung Folgendes zu Tage brachte: ein Zitat des Physikers und Nobelpreisträger Richard Feynman: „What I cannot build, I cannot understand", ein Auszug aus der Biografie des Physikers J. Robert Oppenheimer, geschrieben von Kai Bird und Martin J. Sherwin: „See things not as they are, but as they might be" und das Zitat: „To live, to err, to fall, to triumph, to recreate life out of life" vom irischen Schriftsteller James Joyce (J. Craig Venter Institute 2010a.). Letzteres hatten Venter und sein Team allerdings ohne Genehmigung verwendet. Hierdurch kam es zu einer Verletzung des Urheberrechts und zu einer Abmahnung seitens der Nachlassverwalter des bereits verstorbenen Autors (vgl. Fritsche 2013, S. 153). Zusätzlich zu den Namen der Mitarbeiter und den genannten Zitaten wurde eine E-Mail-Adresse des JCVI im Genom verschlüsselt. An diese sollte dasjenige Forscherteam schreiben, das den neuen Code zuerst entschlüsseln konnte (J. Craig Venter Institute 2010a).

Die etwa 15 Jahre andauernden Vorarbeiten sowie die Entwicklung etlicher neuer Techniken zeigen in aller Deutlichkeit, wie aufwendig die Durchführung des Projekts zur Erzeugung von *M. mycoides* JCVI-syn1.0 war. An dem Projekt war ein Team von insgesamt 24 Forschern beteiligt und es wurden Gesamtkosten von rund 40 Millionen Dollar aufgewendet (vgl. Fritsche 2013, S. 144; Sleator 2010).

Die Kombination des Ansatzes der Neusynthese von Genomen mit dem Minimalorganismenansatz führte im Jahr 2016 zur Erzeugung von *M. mycoides* JCVI-syn3.0, dessen neusynthetisiertes Genom auf 531 kbp mit 473 Genen reduziert werden konnte. Hiervon sind noch 149 Gene von unbekannter Funktion. Einige der Gene von JCVI-syn3.0 sind zwar für das Überleben des Bakteriums nicht notwendig, sorgen jedoch für ein stabiles Wachstum. Der Minimalorganismus *M. mycoides* JCVI-syn3.0 kann demnach als Kompromiss zwischen einem Organismus mit geringer Genomgröße und geeigneter Wachstumsrate verstanden werden (Hutchison et al. 2016).

Neben dem JCVI publizierten weitere Forschungsgruppen wissenschaftlich bedeutende Ergebnisse im Forschungsbereich zur Neusynthese von Genomen, die ebenfalls die öffentliche Aufmerksamkeit auf sich zogen. Im Jahr 2002 gelang es dem Forscherteam um den Wissenschaftler Wimmer, das die Kinderlähmung verursachende Poliovirus zu rekonstruieren (Cello et al. 2002). Die DNA sei dabei auf Basis der Sequenz synthetisiert worden, die im Internet frei verfügbar eingesehen werden kann und die für die Assemblierung notwendigen Oligonukleotide wurden dem Labor von einem kommerziellen Unternehmen zugesendet (vgl. Tucker & Zilinskas 2006, S. 27-28).

Drei Jahre später gelang es Taubenberger et al. (2005; Tumpey et al. 2005), die DNA der Influenza-A-Viren, die die Spanische Grippe verursacht hatten, aus Proben von verstorbenen Patienten voll funktionsfähig zu synthetisieren. Das Virus hatte in den Jahren 1918 bis 1920 grassiert und eine Pandemie verursacht, die Millionen Todesopfer forderte. Die vollständige Gensequenz dieses für den Menschen hoch pathogenen Virus wurde in *Nature* und *Science* publiziert.

Ein wesentliches Ziel des Forschungsansatzes zur Neusynthese von Genomen ist darüber hinaus die Synthese von längeren DNA-Strängen ohne den Einsatz von Mikroorganismen. Das vom Wissenschaftler Knight gegründete Unternehmen *GinkgoBioworks* arbeitet derzeit in Kooperation mit der Entwicklungsgesellschaft *Scottish Enterprise Life Sciences* an einem Prototyp eines neuen DNA-Synthetisierers (vgl. Schrauwers & Poolman 2013, S. 109-115). Mit Hilfe dieser Maschine soll es zukünftig möglich werden, auch lange DNA-Stränge, bis hin zu ganzen Genomen, rein chemisch zu synthetisieren.

2.2.4 Anwendungen

Die fortschreitende Entwicklung neuer Sequenziertechniken in den letzten Jahren ließ die Kosten für Sequenzierungen drastisch sinken und ermöglicht heute deutlich schnellere Ergebnisse. Weltweit gab es bereits im Jahr 2013 ungefähr 70 DNA-Syntheseunternehmen. Diese liefern chemisch synthetisierte, kurze DNA-Stücke auf Bestellung. Die rein chemische Synthese längerer DNA-Stränge ist derzeit noch nicht zuverlässig durchführbar, da es hierbei häufig zum Einbau falscher Nukleotide kommt. Bislang muss zusätzlich auf Mikroorganismen zurückgegriffen werden, um chemisch synthetisierte DNA-Oligomere zu längeren DNA-Stücken und ganzen Genomen zusammenzusetzten (vgl. ebd.).

Gibson et al. (2010, S. 56) prognostizieren, dass die Kosten für die DNA-Synthese zukünftig in etwa vergleichbar mit der Senkung der Kosten für die DNA-Sequenzierung in den letzten Jahren sinken werden. Die gesunkenen Kosten sowie die fortschreitende Automatisierung werden dann zukünftig zahlreiche Anwendungen im Bereich der *synthetic genomics* ermöglichen (s. Kap. 2.2.9). Auch im Forschungsbereich zur Neusynthese von Genomen beherrschen somit zwar zahlreiche Ideen und Visionen für neue Anwendungen das Feld, jedoch sind bislang keine konkreten Anwendungen auf dem Markt. Der Schwerpunkt liegt auch in diesem Forschungsbereich derzeit auf der Grundlagenforschung.

2.2.5 Bezüge zu anderen Ansätzen der Synthetischen Biologie

Derzeit mangelt es noch erheblich an Wissen über die funktionalen Zusammenhänge biomolekularer Vorgänge in Organismen. Ziel ist es, mit Hilfe der Forschungen zur Neusynthese von DNA-Abschnitten und Genomen, neue Erkenntnisse über den Aufbau von Zellen und den Funktionen von bislang unbekannten Genen zu erlangen (vgl. Smith et al. 2003; Schrauwers & Poolman 2013, S. 76-78).

Diese sollen auch die Forschung zu Minimalorganismen vorantreiben. Durch Kombination des Minimalorganismenansatzes mit dem Forschungsansatz zur Neusynthese von DNA-Abschnitten und Genomen soll, wie oben beschrieben, zukünftig die Erzeugung des Minimalorganismus *M. laboratorium* bewerkstelligt werden (Glass et al. 2006; s. Kap. 2.1).

Zudem steht der Forschungsansatz zur Neusynthese von DNA-Abschnitten und Genomen im Kontext zum Forschungsbereich der *Bottom-up*-Synthese von Protozellen. Der Protozellenansatz beschränkt sich dabei allerdings nicht auf die *De-novo*-Synthese von Genomen, sondern strebt den Aufbau vollständiger lebender Zellen aus nichtlebenden Bausteinen an (s. Kap. 2.5).

2.2.6 Darstellung des Ansatzes in der Öffentlichkeit

Bereits im Jahre 2008 zogen die wissenschaftlichen Publikationen, die die Neusynthese des Genoms von *M. genitalium* bekannt gaben (Gibson et al. 2008a, 2008b), ein mediales Echo nach sich, das Schlagzeilen mit Begriffen wie „künstliches Leben" oder „synthetische Zelle" hervorbrachte. Der Forschungsansatz der Neusynthese von Genomen bildete in diesem Jahr das Hauptthema der deutschsprachigen medialen Berichterstattung zur Synthetischen Biologie (Cserer & Seiringer 2009, S. 30: Fig. 1).

Die stichprobenartige Suche nach relevanten Medienberichten für das Stichwort „successful transplantation of synthetic bacteria chromosom" in der Analyse von Cserer und Seiringer (ebd.), lieferte bereits im Jahr 2007 insgesamt 14 Artikel in der deutschsprachigen Berichterstattung. Im Jahr 2008 ergab das Stichwort „Synthetic DNA or Life" 22 Veröffentlichungen und das Stichwort „Venter – Mycoplasma genitalium" 31 Beiträge. Im Vergleich hierzu wurden im Jahr 2008 nur insgesamt 12 Artikel zum Thema Synthetische Biologie und zwei spezifisch zu „Safety & Risks" publiziert.

Die Medienanalyse von Gschmeidler und Seiringer (2012, S. 166: Tab. 1) erzielte ein ähnliches Ergebnis. So waren in den Jahren 2004 bis 2009 insgesamt 104 Publikationen zum Thema „Synthetic DNA/RNA" in deutschsprachigen Medien veröffentlicht worden, was einem Anteil von 45% aller zur Synthetischen Biologie publizierten Artikel entspricht.

Die wissenschaftliche Publikation (Gibson et al. 2010) sowie die Pressemitteilung des JCVI (2010a) über die Erzeugung von *M. mycoides* JCVI-syn1.0 im Jahre 2010 lösten eine zweite Welle der Aufmerksamkeit für die Synthetische Biologie in der Öffentlichkeit aus. Nach einer Studie von Lehmkuhl (2011, S. 20-26) wurde das Thema Synthetische Biologie insbesondere in diesen beiden Perioden, im Januar 2008 und Ende Mai 2010, fokussiert von der deutschen Presse aufgegriffen. Demnach erschienen in ausgewählten Pressetiteln innerhalb einer Woche 24 bzw. 33 Artikel, die über die Forschungsprojekte berichteten. Dabei wurden nicht einzelne Artikel oder Analysen zur Thematik veröffentlicht, sondern von fast allen Pressetiteln zur selben Zeit berichtet.

Zwei häufig im Zusammenhang mit dem Forschungsbereich zur Neusynthese von Genomen genannte Metaphern sind „Playing God“ und „Creation“. In den von Cserer und Seiringer (2009, S. 30: Fig. 2) zur Untersuchung herangezogenen Artikeln wurden diese Metaphern insgesamt 55 Mal verwendet. Sie bildeten somit die am dritthäufigsten verwendeten Metaphern im Kontext der Synthetischen Biologie. Demgegenüber wurden die Begriffe „Frankenstein/Monster/Aliens“ in nur 14 Artikeln genannt und somit in der deutschsprachigen medialen Berichterstattung vergleichsweise wenig verwendet.

Schummer (2011, S. 113-124) konstatiert, dass die Berichterstattungen verschiedener Länder, als Reaktion auf die Pressemitteilung über die Erzeugung von *M. mycoides* JCVI-syn1.0, die unterschiedlichen religiösen Traditionen der Länder widerspiegeln. So stand insbesondere das Thema der Lebensherstellung im Fokus der Publikationen. Die Berichterstattung in Deutschland bediente sich in ihren Schlagzeilen vorrangig der religiösen Metapher „Gott spielen“. Ebenso nahmen die katholischen Länder Irland, Schottland, Spanien, Belgien und Italien, aber auch England, Australien, Neuseeland und Kanada Bezug auf diese religiöse Metapher. Die eher konfessionslosen Niederlande hingegen, aber auch Russland verwendeten vorwiegend säkulare Metaphern, die sich auf „Frankenstein“ bezogen. Die Berichterstattung in US-Pressetiteln sowie in Schweden, Dänemark, Frankreich und der Schweiz fiel, nach Schummer (ebd.), hingegen nüchtern aus und fokussierte sich auf die wissenschaftliche Leistung des Forschungsprojekts. In Bulgarien und Griechenland wurde darüber hinaus auf die „Büchse der Pandora“ bzw. den Homer'schen „Sack des Aiolos“ verwiesen. Insbesondere Schlagzeilen islamischer Länder brachten starke moralische Kritik am Forschungsprojekt hervor. Während auch im hinduistischen Indien die Metapher „Gott spielen“ im Vordergrund stand, wurde in buddhistischen Ländern, wie China und Japan, häufig die westliche Kritik am „Gott spielen“ diskutiert.

Die Erzeugung von *M. mycoides* JCVI-syn1.0 gilt somit weltweit als Paradebeispiel der Synthetischen Biologie für die Herstellung von „künstlichem Leben“. Dies ist nicht zuletzt auf die Darstellung des Projektes in der Öffentlichkeit zurückzuführen. In der Presseerklärung bezeichnete das JCVI (2010a) die Forschungsergebnisse als die Erzeugung einer „ersten selbstreplizierenden synthetischen bakteriellen Zelle“ (*orig.* „First Self-Replicating Synthetic Bacterial Cell“). Der Titel des wissenschaftlichen Fachartikels „Creation of a Bacterial Cell Controlled by a Chemically Synthesized Genome“ (Gibson et al. 2010) brachte hingegen deutlicher zum Ausdruck, dass nicht etwa eine komplette „synthetische Zelle“ erzeugt, sondern vielmehr nur das Genom einer Zelle von Grund auf zusammengesetzt wurde. Zwar stellt diese Synthese des Genoms von *M. mycoides* zweifelsohne eine herausragende wissenschaftliche sowie technische Leistung dar, sie rechtfertigt jedoch nicht die Rede von einer vollständigen „künstlichen Zelle“ (vgl. Schummer 2011, S. 113-124; Budisa 2012, S. 88; s. Kap. 2.2.7). Dennoch halten Venter und sein Team an der Bezeichnung „synthetic cell“ fest:

> „We refer to such a cell controlled by a genome assembled from chemically synthesized pieces of DNA as a 'synthetic cell', even though the cytoplasm of the recipient cell is not synthetic. [...] The properties of the cells controlled by the assembled genome are expected to be the same as if the whole cell had been produced synthetically (the DNA software builds its own hardware).“ (Gibson et al. 2010, S. 55-56)

Nach Schummer (2011, S. 113-124) überzeugte das JCVI mit diesem rhetorischen Kniff der „Als-ob-Synthese“ zwar keine Wissenschaftler, erreichte jedoch viele Journalisten und somit eine breite Öffentlichkeit.

Schmidt (2013, S. 44-46) konstatiert, dass das bislang ungewisse zukünftige Potential der Synthetischen Biologie bei einigen Wissenschaftlern zu einer gewissen Zurückhaltung bezüglich Prognosen führt. Andere hingegen bedienen sich vielversprechender Visionen, um die Vorzüge der Synthetischen Biologie herauszustellen. Ein prominentes Beispiel hierfür ist Craig Venter. Die Darstellung seiner Forschungsarbeiten in der Öffentlichkeit ist dabei direkt verbunden mit der medialen Inszenierung der Person Venter selbst. So kann das starke mediale Echo der Projekte des JCVI auch auf die Prominenz seiner Persönlichkeit zurückgeführt werden: Nach Gschmeidler und Seiringer (2012, S. 166) wurde Venter in den Jahren 2004 bis 2009 in insgesamt 43% der Artikel zur Synthetischen Biologie genannt. Aufgrund seiner Bedeutung für die Synthetische Biologie werde ich im Folgenden, im Rahmen eines kurzen Exkurses, das Leben und das wissenschaftliche Wirken des Synthetischen Biologen J. Craig Venter beleuchten.

2.2.7 Exkurs: J. Craig Venter

Leben und wissenschaftliches Wirken

Der US-amerikanische Wissenschaftler John Craig Venter gilt als prominentester *visible scientist* (nach Goodell 1977) der Synthetischen Biologie. Die Sequenzierung des menschlichen Genoms sowie die Neusynthese des Genoms von *M. mycoides* machten ihn über die wissenschaftlichen Grenzen hinaus weltweit bekannt. Venter (2008) publizierte im Jahr 2008 seine Autobiografie unter dem englischen Originaltitel *A Life Decoded. My Genome: My Life*. Das Werk ist im Jahr 2009 unter dem Titel *Entschlüsselt. Mein Genom, mein Leben* auch auf Deutsch erschienen (Venter 2009).

Craig Venter wurde am 14. Oktober 1946 in Salt Lake City, Utah geboren. Er hat einen älteren und einen jüngeren Bruder sowie eine jüngere Schwester. In seinem autobiografischen Werk beschreibt sich Venter selbst in seiner Kindheit und Jugend als Entdecker und Abenteurer:

> „Schon als ich zwei Jahre alt war, trat die Eigenschaft zutage, die meinen Erfolg vielleicht mehr charakterisiert als jede andere: die Risikobereitschaft." (Venter 2009, S. 21)

Als seine liebsten Spielplätze gibt er den Flughafen und die Eisenbahnschienen an und beschreibt sich selbst als wagemutig, neugierig und kämpferisch. Zu diesen Eigenschaften käme allerdings noch ein weiterer Charakterzug hinzu:

> „Wenn ich eine andere entscheidende Eigenschaft nennen soll, die bereits frühzeitig zu erkennen war, so ist es mein unersättlicher Drang, Dinge zu bauen [...]." (Venter 2009, S. 23-24)

Er schildert eine seit seiner Kindheit bestehende Bastelleidenschaft, die er im häuslichen Garten in „Bauprojekten" ausleben konnte:

> „Während meinen Altersgenossen in der Schule die Kreativität ausgetrieben wurde, tat ich alles, was in meiner Macht stand, um Material in die Finger zu bekommen und damit Dinge aus dem Nichts aufzubauen." (Venter 2009, S. 24)

So baute er diverse Fahrzeuge wie Bollerwagen, Seifenkisten oder Rodelschlitten und im Jahre 1957 sein erstes eigenes Boot. Seine Leidenschaft zu Booten und Bootsfahrten führte dazu, dass markante Wendepunkte seines Lebens meist mit größeren Bootstouren verbunden waren. Venter betont, dass diese drei Charaktereigenschaften, seine schon früh ausgeprägte Risikobereitschaft, seine Bastelleidenschaft und sein Freiheitsdrang, auch seinen späteren wissenschaftlichen Werdegang formten.

In der High-School wurde Schwimmen zum „beherrschenden Element" in Venters Leben. Zunehmend bemühte er sich in Schwimmwettkämpfen seinen älteren Bruder zu übertrumpfen, in dessen Schatten er sich stehen sah. Dies sei ihm immer häufiger gelungen:

> „Gewinner zu sein, war für mich eine neue Erfahrung, und zwar eine, die süchtig machte." (Venter 2009, S. 32)

Als zu dieser Zeit die politische Lage in Südostasien eskalierte, wurde Venter einberufen. Er verpflichtete sich über einen Zeitraum von drei Jahren für die Schwimmmannschaft der Navy. Als sich im August 1964 die Kriegsanstrengungen verstärkten, wurden alle militärischen Sportmannschaften aufgelöst. Venter konnte jedoch im Anschluss eine Sanitätsausbildung in der Navy absolvieren.

Von 1967 bis 1968 war Venter als Sanitäter in Vietnam tätig. Er beschreibt die Erfahrungen, die er in dieser Zeit sammelte, als äußerst prägend für sein weiteres Leben:

> „Sie halfen mir, mich von einem orientierungslosen Jüngling in einen Mann zu verwandeln, der versessen darauf ist, das innerste Wesen des Lebendigen zu verstehen.“ (Venter 2009, S. 61)

Im Jahre 1968 heiratete Venter seine erste Frau Barbara Rae, mit der er einen gemeinsamen Sohn hat. Nachdem er das College of San Mateo besucht hatte, schrieb er sich an der University of California in San Diego ein. Hier begannen seine ersten Forschungen zu Adrenalin und Herzzellen unter der Leitung des Biochemikers Nathan O. Kaplan. Im Dezember 1975 schloss Venter mit der Promotion ab. Er übersprang die Postdoc-Zeit und hatte ab dem Jahre 1976 eine Dauerstelle an der medizinischen Fakultät der State University of New York in Buffalo. Hier forschte er an Neurotransmitterrezeptoren.

Als im Jahr 1980 seine erste Ehe endete, heiratete Venter im darauffolgenden Jahr seine damalige Doktorandin Claire M. Fraser. Allerdings wurde auch diese Ehe später geschieden. Venter heiratete erneut, und zwar seine Mitarbeiterin Heather Kowalski, mit der er bis heute verheiratet ist.

Ab 1982 arbeitete Venter als stellvertretender Direktor der Abteilung für molekulare Immunologie am *Roswell Park Cancer Institute* in Buffalo. Ein Jahr später nahm er eine Stelle an den *National Institutes of Health* (NIH) in Bethesda an. Diese ersten Arbeiten in einer für ihn neuen Forschungsrichtung, der Molekularbiologie, beschreibt er als einen Wendepunkt in seiner Karriere. Die Disziplin faszinierte ihn so sehr, dass er sich von seiner bisherigen Arbeit verabschiedete und sich der Genomforschung zuwandte.

Im Jahr 1998 gründete Venter das Unternehmen *Celera Genomics*. Mittels privater Finanzierung sollte das menschliche Genom vollständig sequenziert werden. Sein Vorhaben stand somit unmittelbar in Konkurrenz zum staatlich finanzierten *Humangenomprojekt* (HGP). Zur Bewerkstelligung dieses enorm aufwendigen Projektes setzte Venter vor allem auf mehrere parallel arbeitende, für diese Zeit neue Sequenziermaschinen.

Im Jahr 1993 trat der Nobelpreisträger Hamilton Smith dem Wissenschaftlerteam um Venter bei. Ihnen gelang im Jahre 1995 mit der Sequenzierung des Erbguts von *Haemophilus influenza* die erste vollständige Genomentschlüsselung eines Organismus (Fleischmann et al. 1995). Im Anschluss sequenzierten sie zudem die Genome von *M. genitalium* (Fraser et al. 1995) und *Drosophila melanogaster* (Adams et al. 2000).

Schließlich wurde im Jahr 2001 die gelungene Sequenzierung des menschlichen Genoms sowohl vom Team um Venter im Fachblatt *Science* (Venter et al. 2001) als auch vom staatlich finanzierten HGP in *Nature* (Lander et al. 2001) veröffentlicht. Für sein Vorgehen beim Wettlauf um die Sequenzierung des menschlichen Genoms erntete Venter jedoch nicht nur Ansehen, sondern auch starke Kritik. So habe das *Celera*-Projekt unter anderem auf Daten des staatlichen Programms zurückgegriffen, die in der öffentlichen Datenbank *GenBank* kostenlos hinterlegt wurden. Venters Ergebnisse seien jedoch *vice versa* dem staatlich finanzierten HGP nicht zugutegekommen, weshalb ihm auch Betrug vorgeworfen wird (vgl. Reynolds 2000).

Für diese erste Sequenzierung des menschlichen Genoms wurde die DNA verschiedener Menschen verwendet, darunter auch die von Smith und Venter. Die erste vollständige Sequenzierung des Genoms eines einzelnen Menschen, und zwar die DNA von Craig Venter selbst, wurde im Jahre 2007 veröffentlicht (Levy et al. 2007).

Anhand seiner Genom-Sequenz liest Venter ihm zukommende körperliche und charakterliche Eigenschaften ab, die er in seinem autobiografischen Werk erläutert. Hier erfährt der Leser unter anderem, dass Venter unter Asthma leidet und das Risiko an einer Alzheimererkrankung oder an einer Makuladegeneration zu erkranken, für ihn erhöht sei. Venter entnimmt seinen Genen zudem, dass er über eine hohe Lebenserwartung verfüge und nur durchschnittliche „Risikogene" trage. Diese könnten demnach nicht ausreichender Grund für seine Abenteuerlust sein. Für seine rebellische und ungehorsame Art sei daher eine *Aufmerksamkeits-defizit-/Hyperaktivitätsstörung* (ADHS) ursächlich, die in seiner Kindheit jedoch noch nicht diagnostiziert werden konnte. Das Unterkapitel seiner Autobiografie, in dem er die Zusammenhänge zwischen seiner Genausstattung und einer möglichen ADH-Erkrankung beschreibt, trägt den Titel *Meine Gene sind schuld* (Venter 2009, S. 29).

Auch seine ersten sexuellen Begegnungen und den Verrat seines Vaters, als dieser von den heimlichen Treffen mit dem Mädchen erfährt, kommentiert Venter mit den Worten: „Für alles kann ich das Y-Chromosom verantwortlich machen [...]" (ebd., S. 35). Allerdings erklärt er an späterer Stelle in seinem Buch, dass er sich nicht die vereinfachte Vorstellung eines Gendeterminismus zu eigen gemacht habe und nicht davon ausginge, dass sein Lebenslauf aufgrund seiner genetischen Information voraussagbar sei.

Nach Abschluss des Forschungsprojektes zur vollständigen Sequenzierung des menschlichen Genoms widmete sich Venter verstärkt dem Minimalgenomprojekt (s. Kap. 2.1). Ein Teilschritt gelang dem Forscherteam im Mai 2010 mit der Erzeugung des Bakterienstammes *M. mycoides* JCVI-syn1.0 (Gibson et al. 2010).

Schon zu Beginn seiner wissenschaftlichen Karriere arbeitete Venter zusätzlich als Berater für Biotechnologie- und Pharmaunternehmen. Im Jahr 1992 gründete er *The Institute for Genomic Research* (TIGR), das im Jahr 2006 mit dem JCVI zusammengelegt wurde. Venter unterhielt zudem Partnerschaften mit weiteren Unternehmen, beispielsweise *Human Genome Sciences* (HGS). Im Jahr 1998 gründete er das Unternehmen *Celera Genomics*, aus dem er 2002 jedoch ausstieg. Daraufhin rief er das Unternehmen SGI ins Leben. Über dieses sollen zukünftige

Forschungen, beispielsweise zur Lösung der Energieprobleme der Erde mit Hilfe von Mikroorganismen, finanziert und vermarktet werden (s. Kap. 2.1, 2.3 und 2.6).

Venters jüngstes Unternehmen *Human Longevity, Inc.* (HLI) besteht seit dem Jahr 2013. Mit diesem will er die weltweit größte Sammlung menschlicher Geno- und Phänotypen in einer DNA-Datenbank errichten. Auf Basis der Datenbank sollen altersbezogene, degenerative Krankheiten erkannt und konkrete Empfehlungen für ein gesünderes menschliches Leben gegeben werden. Die gesunde, produktive Lebensspanne des Menschen soll dadurch ausgeweitet werden. Zusätzlich sollen das Mikrobiom, das heißt die gesamte DNA aller in und auf einem individuellen Menschen lebender Mikroorganismen, sowie das Metabolom, also die Gesamtheit aller Metaboliten des Körpers eines Menschen, möglichst vieler Menschen entschlüsselt werden. Diese gesammelten Daten könnten durch Mustererkennung, anhand von Vergleichen, Aussagen über Krankheitsursachen ermöglichen. Anschließend sollen sie in Form von personalisierter Medizin, beispielsweise zur Bekämpfung von Krebs, Diabetes, Fettsucht, Herz- und Leberkrankheiten oder Demenz, eingesetzt werden (Human Longevity 2016).

J. Craig Venter: Wissenschaftler, Ökonom und Medienstar

Craig Venter gilt als einer der prominentesten Wissenschaftler unserer Zeit. In den Jahren 2007 und 2008 wurde er auf die „Time"-Liste der 100 einflussreichsten Persönlichkeiten der Welt gesetzt (Time100 2007 und 2008). Er ist einer der meist zitierten Wissenschaftler und publizierte mehr als 280 Forschungsartikel. Zudem empfing er zahlreiche Ehrengrade und wissenschaftliche Auszeichnungen und ist Mitglied renommierter wissenschaftlicher Organisationen, wie der *National Academy of Sciences* und der *American Society for Microbiology* (J. Craig Venter Institute 2016b).

Venter selbst reiht sich gerne ein in die Linie der großen Naturwissenschaftler vergangener Zeiten. An einer Stelle in seinem Buch zieht er Vergleiche zwischen Louis Pasteurs Gründung des privaten *Instituts Pasteur* im Jahre 1888 und der Gründung seines Unternehmens TIGR. An anderer Stelle beschreibt er den Korridor seines Büros, in dem gerahmte Kopien verschiedener Zeitschriftenartikel an der Wand hängen. Insbesondere verweist er auf ein Titelblatt des Wochenendmagazins *USA Today*: Es zeigt ihn selbst, im Schneidersitz hockend, mit Bildern von Kopernikus, Galilei, Newton und Einstein um ihn schwebend. Der Artikel trägt den Titel *Will this MAVERICK unlock the greatest scientific discovery of his age? Copernicus, Newton, Einstein and VENTER?* (vgl. Gillis 1999).

Auch Vergleiche zwischen Charles Darwins Reisen auf der *HMS Beagle* und Venters Forschungsreisen zur Erkundung der Mikroorganismen in den Meeren auf seiner privaten Segeljacht *Sorcerer* lässt sich Venter gefallen – sogar den passenden Bart habe er sich hierfür wachsen lassen (vgl. Schrauwers & Poolman 2013, S. 144; Shreeve 2004).

Venter selbst stellt keine geringen Ansprüche an sich und seine Forschungen und so schließt seine Autobiografie mit den Worten:

> „[…] Von dort aus möchte ich die Küste verlassen und in unbekannte Gewässer vordringen, in eine neue Phase der Evolution bis hin zu dem Tag, an dem eine auf DNA basierende Spezies sich an einen Computer setzen und eine andere entwerfen kann. Das möchte ich zeigen: Die Software des Lebens verstehen wir erst dann völlig, wenn wir echtes künstliches Leben erzeugen. Auf diese Weise möchte ich herausfinden, ob ein entschlüsseltes Leben wirklich ein verstandenes Leben ist." (Venter 2009, S. 538)

Über und mit Craig Venter gibt es mittlerweile unzählige Zeitungsartikel, Interviews und Dokumentationen. Zudem ist er einer von sehr wenigen Forschern, die bereits zu ihrer wissenschaftlich aktiven Zeit eine Autobiografie veröffentlicht haben. Aufgrund seines offenen Umgangs mit den Medien, wie der öffentlichen Bekanntmachung seiner genetischen Ausstattung, wird Venter bisweilen als „wissenschaftliche Rampensau" (Fritsche 2013, S. 132) betitelt. Seine Öffentlichkeitsarbeit im Rahmen der Sequenzierung des menschlichen Genoms wurde zudem von Seiten des konkurrierenden staatlichen HGP scharf kritisiert. Diese hielten ihm vor, sich mit einer Pressekampagne einen Vorteil verschafft und erbarmungslos die Weltpresse auf seine Seite gezogen zu haben (Venter 2009, S. 442-443).

Ebenso medienwirksam verfuhr Venter bei der Forschung zur Neusynthese des Genoms von *M. mycoides*. Wie oben bereits erwähnt, bezeichnete er diese in der Pressemitteilung als Erzeugung einer „synthetischen Zellen" (J. Craig Venter Institute 2010a). Seine Forschungsprojekte brachten ihm in der Öffentlichkeit daher Titel wie „Gen-Pionier" (Ostwald 2011), „Herr der Gene" (Charisius 2010a) und „neuer Frankenstein" (Belt 2009; Briseño 2010) ein (s. Kap. 4.4).

Allerdings sind derartige Inszenierungen für die wissenschaftliche Reputation von Forschenden langfristig zumeist eher kontraproduktiv, da sie an der Ernsthaftigkeit der Wissenschaftlichkeit zweifeln lassen. Venter muss daher die Gradwanderung zwischen öffentlich wirksamer PR-Arbeit und ernstzunehmender Wissenschaft ausbalancieren. Da seine Forschungsvorhaben zudem erhebliche ethische Fragen aufwerfen, gab Venter bereits verschiedene ethische Gutachten in Auftrag (Cho et al. 1999; Garfinkel et al. 2007; vgl. J. Craig Venter Institute 2010a; s. Kap. 3.3.1).

Nach eigenen Angaben sollen Venters Arbeiten positive Resultate für die Gesellschaft sicherstellen (J. Craig Venter Institute 2010a). Jedoch setzt er sich auch mit diesen Vorhaben in der Öffentlichkeit nicht nur als Wissenschaftler, sondern zudem als besorgter Umweltschützer in Szene:

„Vor zehn Jahren, nachdem wir das erste menschliche Genom entziffert hatten, habe ich meinem Forschungsteam drei Ziele gesetzt. Erstens sollte die Arbeit am menschlichen Genom fortgesetzt werden, um eine komplette Version vorlegen zu können. Das haben wir 2007 getan. Zweitens sollten wir mehr übers Hauptproblem unserer Zukunft, die Bedrohung der Umwelt, in Erfahrung bringen und Rettungsmaßnahmen entwickeln. Und drittens sollten wir an den Punkt kommen, das erste synthetische Leben herzustellen. Alle drei Forschungsgebiete stehen in Bezug zueinander, und dass wir dabei so viel erreichen konnten, ist für mein Team ein gutes Gefühl und für mich auch. Unser Ziel bleibt es, dass diese Instrumente zum Wohl der Menschheit eingesetzt werden." (Venter, Interview in: Mejias 2010)

Allerdings können die petrochemische Industrie und die Treibstoffproduktion nicht nur zum Nutzen der Gesellschaft angewendet werden, sondern bieten darüber hinaus auch einen enormen wirtschaftlichen Absatzmarkt. Venter tritt daher zuweilen auch als hart kalkulierender Ökonom in der Öffentlichkeit auf. Denn die mediale Inszenierung und die öffentliche Aufmerksamkeit, die ihm dabei zu Teil werden, kann nicht zuletzt auch die Profitabilität späterer Anwendungen seiner Forschungsergebnisse auf dem Biotechnologiemarkt steigern. Venter (2009, S. 251) selbst bekräftigt in seiner Autobiografie, dass er nicht, wie manche anderen Wissenschaftler, von der kommerziellen Vermarktung seiner Forschung angewidert sei. Seine wissenschaftlichen Erkenntnisse eröffneten schließlich auch die Möglichkeit in der Welt etwas Gutes zu tun. Auch betont er, dass bei der Sequenzierung des menschlichen Genoms stets die Forschung im Vordergrund stand. Ziel sei es gewesen, Krankheiten zu verstehen und heilen zu können und es wäre dabei nicht etwa um einen Wettlauf gegangen. Konträr hierzu beschreibt er jedoch auch, wie selbst seine Gegner einräumen mussten, dass er aus dieser Runde des öffentlichen Konflikts als Sieger hervorgegangen sei (ebd., S. 390). Tatsächlich konnte Venter den „Krieg um die Gene des Menschen" (Cook-Deegan 1994, S. 220 und 226) mit etwas Vorsprung gegenüber dem staatlichen HGP gewinnen, denn: „[...] Craig Venter ist ein Gewinnertyp," (Fritsche 2013, S. 134) wie Fritsche betont. Und dabei behält er sowohl den ideellen als auch den finanziellen Gewinn fest in seinem Blick.

Nach dem „großen Gen-Goldrausch" (Venter 2009, S. 263) und der gelungenen Sequenzierung des menschlichen Genoms beantragte Venter schließlich provisorisch Patente auf etliche Gene. Er selbst sieht sich durch die Begriffsschaffung der „Venter-Patente" von seinen Kritikern zur „Galionsfigur" und dem „Sündenbock" für die Kommerzialisierung der Forschung degradiert (ebd., S. 212). An einer Stelle in seinem Buch beklagt er die Situation zum „Hauptdarsteller einer Seifenoper" geworden zu sein, in der er als „Bösewicht" in der Öffentlichkeit inszeniert werde (ebd., S. 287).

Nach Lehmkuhl (2011, S. 37-38) wird Venter von Widersachern im negativen Sinn als „PR-Stratege" oder „Provokateur", als „Stalinist des Lebens" und sogar als „Hitler, als Wissenschaftler ohne Moral“ bezeichnet, um seine Glaubwürdigkeit zu diskreditieren. Zum Teil wird er auch als „größenwahnsinnig“ charakterisiert oder als „Darth Venter“ betitelt, was auf die Filme der Reihe *StarWars* Bezug nimmt und eine Verbindung zur „dunklen Seite der Macht“ zum Ausdruck bringen soll. Venter (2009, S. 197 und 275) selbst bestätigt in seiner Autobiografie, dass er zwar manchmal zu Recht der mangelnden Sensibilität beschuldigt worden sei. Dennoch stellt er anhand einer Sequenz seines Genoms fest, dass er nicht der „böse Bube der Biologie“ sei, den seine Kritiker häufig aus ihm machten. Er neige wenig zu antisozialem Verhalten, da er aufgrund seiner Gene äußerst gut mit Stress umgehen könne.

Im öffentlichen Licht erscheint Venter demnach facettenreich: vom Spitzenforscher und Überflieger, zum „unheimlichen Frankenstein“, bis hin zum hartgesottenen Ökonomen, rücksichtslosen Unternehmer und „bösen Buben“ der Wissenschaft. Es vereinen sich drei Rollen, die des Wissenschaftlers, des Ökonomen und des Medienstars, in einer Person. Eine Studie von Rödder (2009, 2010), die Interviews mit Genomforschern in Deutschland, Frankreich, Großbritannien und den Vereinigten Staaten untersuchte, thematisiert sowohl Venters Rolle als *visible scientist* als auch sein Vorgehen als Ökonom. Aktivitäten eines Wissenschaftlers in der Öffentlichkeit seien, so Rödder, prinzipiell begründungsbedürftig, da die Forschungsleistung einzelner Wissenschaftler rein über die öffentliche Aufmerksamkeit nicht bewertet werden könne. Zur weiteren Beurteilung seien eine solide Reputation und eine leitende Position in einer Forschungseinrichtung notwendig. Nur unter diesen Bedingungen sei die Glaubwürdigkeit eines *visible scientist* ausreichend sichergestellt. Zudem wirke sich eine mediale Präsenz auch auf die wissenschaftliche Reputation aus, die jedoch nur fachspezifisch beurteilt werden sollte. Aus Furcht um die Reputationsautonomie zeigten andere Wissenschaftler daher ein grundsätzliches Unbehagen gegenüber den *visible scientists*. Die Prägung der öffentlichen Debatten durch die Eigenlogik der Massenmedien steigere dieses Unbehagen, denn einen höheren Bekanntheitsgrad erreiche man hier am besten über wissenschaftlich zweifelhafte Behauptungen. Rödder (ebd.) zufolge habe sich Craig Venter allerdings über diverse Fachpublikationen eine solide Forschungsreputation erworben und sei daher für die meisten Wissenschaftler kein „Feuilletonwissenschaftler“ oder gar „Schaumschläger“, auch wenn er „hohe Wellen schlägt“. Seine Strategie, die Entschlüsselung des menschlichen Genoms mit privaten Geldern zu finanzieren und die Genomdaten zu kommerzialisieren, werde zwar von den meisten Wissenschaftlern scharf verurteilt; seine öffentliche Bekanntheit beruhe jedoch auch auf seinem fachlichen Können und stoße auf Seiten anderer Wissenschaftler zumeist nur auf Stilkritik.

Diese Untersuchung zeigt demnach, dass Craig Venter zwischen den Rollen des Wissenschaftlers, Ökonomen und Medienstars gekonnt wechselt und mit ihnen spielt. Sein Facettenreichtum polarisiert zwar deutlich, übt aber auch eine gewisse Faszination aus, die ihm nicht nur die Aufmerksamkeit seiner Kritiker und Unterstützer, sondern auch die einer weltweiten Öffentlichkeit garantiert und so auch seine Forschungserfolge befördert.

2.2.8 Was ist neu?

Anhand der von Engelhard (2011) beschriebenen spezifischen Merkmale der Synthetischen Biologie werde ich im Folgenden nun ebenfalls untersuchen, was im Forschungsbereich der Neusynthese von Genomen als neu im Unterschied zur klassischen Gentechnik ausgemacht werden kann.

Die derzeitige Forschung zur Synthese langer DNA-Stränge und ganzer Genome kann aufgrund der systemischen Ausrichtung und dem Bezug zu den Ingenieurwissenschaften als methodisch neu verstanden werden. Insbesondere mit Blick auf das Vorhaben des JCVI den standardisierten Minimalorganismus *M. laboratorium* (J. Craig Venter Institute 2010a) zu erzeugen, wird die ingenieurwissenschaftliche Ausrichtung des Forschungsbereichs deutlich (s. Kap. 2.1).

Die große Vision des Forschungsfeldes, zukünftig neue Lebensformen am Computer zu entwerfen und diese von Maschinen realisieren zu lassen, verweist zudem auf den konzeptionellen Unterschied des Ansatzes zur klassischen Gentechnik. So wird auch in diesem Bereich weg von der Manipulation und hin zur Konstruktion gestrebt.

Im Vordergrund steht beim Forschungsansatz zur Neusynthese von Genomen im Vergleich zur klassischen Gentechnik ein Unterschied in der quantitativen Eingriffstiefe, aufgrund der Möglichkeit der Synthese längerer Oligonukleotide, bis hin zu ganzen Genomen. Die Techniken sollen zudem zukünftig das Einbringen umfangreicher Veränderungen in das Genom sowie die vollständige Neukonstruktion eines kompletten Genoms vom Reißbrett ermöglichen.

Konträr zu diesen deutlichen Veränderungen in der Quantität der Eingriffstiefe geht die Neusynthese von Genomen bezüglich der qualitativen Eingriffstiefe allerdings kaum über die klassische Gentechnik hinaus. So werden bereits seit den 1960er Jahren Techniken der Oligonukleotidsynthese angewandt (vgl. Nirenberg 2004). Speziell für das Forschungsprojekt des JCVI aus dem Jahre 2010 können nach Schummer (2011, S. 113-124) weder der erste Schritt der Neusynthese des Genoms, noch der zweite Schritt des Implementierens des Genoms in eine Empfängerzelle als wirklich neue Techniken aufgefasst werden: Bereits zuvor war es gelungen, vollständige Genome neu zu synthetisieren, beispielsweise das Genom des Poliovirus im Jahr 2002 (Cello et al. 2002), und auch Genome natürlichen Ursprungs in Empfängerzellen zu implementieren (Lartigue et al.

2007). Letzteres basierte auf Techniken der Protoplastenfusion bei Pflanzen aus den 1970er Jahren (Gamborg 1975). Für Budisa (2012, S. 87-89) beruht das Projekt des JCVI daher auf komplexer, oligonukleotidbasierter klassischer Gentechnik und bedeutet demnach keine Erschaffung „synthetischen Lebens“. Als neu aufzufassen sei allerdings nach Schummer (2011, S. 113-124) die Kombination der Techniken, das heißt das Zusammenführen der Komplettsynthese eines bakteriellen Genoms mit dessen Einbringung in eine Empfängerzelle sowie die anschließende Replikation der Zelle.

Der Forschungsbereich zur Neusynthese von Genomen ist zudem, wie bereits der Minimalorganismenansatz (s. Kap. 2.1), interdisziplinär geprägt. Hauptsächlich fließen technische, ingenieurwissenschaftliche sowie chemische Perspektiven in den Ansatz ein. Aber auch spielerische sowie künstlerische Elemente werden aufgegriffen. Hier sei beispielhaft auf das Einbringen von Wasserzeichen, Zitaten oder E-Mail-Adressen in neusynthetisierte Genome verwiesen, die bereits Anlass für einen spielerischen Wettlauf zwischen Wissenschaftlerteams um das Knacken des hierfür neu geprägten DNA-Codes waren. Diese interdisziplinäre Arbeitsweise kann auch im Forschungsfeld der Neusynthese von Genomen als Wechsel in der Forschungskultur und somit als Neuerung aufgefasst werden.

Folglich können innerhalb dieses Forschungsansatzes methodische, konzeptionelle sowie Unterschiede bezüglich der quantitativen Eingriffstiefe im Vergleich zur klassischen Gentechnik festgestellt werden. Ein Unterschied in der Forschungskultur wird am Einfluss von technischen, ingenieurwissenschaftlichen sowie chemischen Perspektiven und zum Teil auch an spielerischen oder künstlerischen Elementen deutlich. Die enormen wissenschaftlichen Leistungen sowie die Kombination der Techniken, die diesen Ansatz prägen, können zudem als neu gelten. Ein Unterschied in der qualitativen Eingriffstiefe ist bei diesem Forschungsansatz gegenüber der klassischen Gentechnik bislang weniger auszumachen.

Die Neusynthese von Genomen ist wie gezeigt wurde, auch aufgrund der Prominenz der verschiedenen Projekte des JCVI, eng verknüpft mit der Vision einer Herstellung von „künstlichem Leben“. Die eingehende Betrachtung des Forschungsansatzes in diesem Kapitel wies jedoch auf, dass hierbei schlicht die DNA eines bereits bestehenden Organismus nachgebaut und in eine bereits existierende Empfängerzelle natürlichen Ursprungs eingefügt wurde, die sich anschließend replizierte. Folglich wurde lediglich das Genom eines Organismus künstlich erzeugt, nicht aber eine komplette Zelle. Mit dem Forschungsansatz der Neusynthese von Genomen wird somit kein „neues Leben“, im Sinne einer vollständigen *De-novo*-Synthese von Organismen, hergestellt. Demnach muss auch die Neusynthese von Genomen vielmehr als „evolutionärer Fortschritt“ (vgl.

Potthast 2009; Grunwald 2012, S. 81-85) der Biologie und nicht etwa, wie häufig postuliert, als „revolutionärer Durchbruch“ (vgl. ebd.) aufgefasst werden.

2.2.9 Chancen und Risiken bezüglich rechtlicher Rahmenbedingungen

Wie bereits deutlich wurde, ermöglicht es dieser Forschungsansatz derzeit, DNA-Stränge und Genome zu synthetisieren, geringfügig zu verändern und in Zellen natürlichen Ursprungs, die anschließend zur Replikation fähig sind, einzubringen. Als Nahziel gilt die Gewinnung von Kenntnissen zum Aufbau von Zellen und zu den Funktionen bislang unbekannter Gene (s. Kap. 2.1). Die Erzeugung neusynthetisierter Genome soll es zukünftig ermöglichen, mehrere Mutationen und neue Gene gleichzeitig in das Genom eines Organismus einzubringen, wodurch umfangreiche Umbauten einer Zelle vorgenommen werden können. Dies soll auch neue Erkenntnisse zur Funktion bestimmter Gene ermöglichen, was unter anderem eine wesentliche Voraussetzung zur weiteren Entwicklung von Minimalorganismen ist (vgl. Schrauwers & Poolman 2013, S. 76-78).

Spezifische Anwendungen sind daher zukünftig aus der Kombination des Ansatzes der Neusynthese von Genomen mit dem Minimalorganismenansatz zu erwarten, beispielsweise zur Entwicklung und Herstellung neuer Medikamente, Impfstoffe, Materialien oder Biotreibstoffe (s. Kap. 2.1.3).

Zukünftig soll es also auch möglich werden, Genome vollständig chemisch zu synthetisieren. Dies rückt die Vision des computergestützten Designs eines gewünschten Organismus in scheinbar greifbare Nähe. Auf diese Weise hergestellte Zellen sollen Produkte erzeugen oder Funktionen ausführen. Das JCVI (2010a) postuliert, dass die Forschungsarbeiten im Bereich der Neusynthese von Genomen profunde und positive Auswirkungen auf die Gesellschaft haben werden, indem sie neue Techniken und Werkzeuge für neue Impfstoffe und pharmazeutische Entwicklungen bereitstellen sowie die Entwicklung neuer Biotreibstoffe und biochemischer Stoffe ermöglichen werden. Die Techniken sollen so zur Erzeugung von sauberem Wasser, neuen Nahrungsquellen, Textilien oder zur Bioremediation verwendet werden.

Neben den zukünftig möglichen Chancen, die der Forschungsansatz bereithält, rücken jedoch auch hier die möglichen Risiken in den Fokus. *Biosafety*-relevante Sicherheitsfragen kommen insbesondere im Zusammenhang mit einer Freisetzung von synthetisch-biologisch veränderten Organismen aus dem Labor auf. Bislang ermöglichen die Techniken der Neusynthese von Genomen zwar hauptsächlich die Rekonstruktion und geringfügige Veränderungen von Genomen bereits bestehender Organismen. In naher Zukunft sollen diese Veränderungen jedoch umfassender werden, bis hin zur völligen Neukonstruktion von Genomen nach Maß. Die Methoden der Technikfolgenabschätzung aus dem Bereich der Gentechnik können somit bislang als ausreichend für das Forschungsfeld angesehen werden.

Doch mit Zunahme der Komplexität der Veränderungen könnten das GenTG, die GenTSV und die EU-Richtlinie 2009/41/EG auch für diesen Ansatz zukünftig nicht mehr greifen und der gesetzliche Rahmen wäre entsprechend anzupassen. Bisherige Methoden der Technikfolgenabschätzung könnten in naher Zukunft, aufgrund fehlender Vorbilder von Organismen natürlichen Ursprungs, auch für diesen Forschungsbereich nicht mehr ausreichend sein. Vergleichbar zum Forschungsansatz an Minimalzellen (s. Kap. 2.1) ist auch bei diesem Ansatz die Möglichkeit einer Rückholbarkeit von Organismen mit neusynthetisierten und veränderten Genomen nicht gesichert. Aus diesem Grunde sollte auf eine Freisetzung von synthetisch-biologisch veränderten Organismen mit neusynthetisierten DNA-Strängen bzw. Genomen derzeit verzichtet werden (vgl. Engelhard 2010). Neue Sicherheitstechniken sowie Technikfolgen sind vor einer Ausbringung ins Freiland oder einer Einbringung in den Menschen und andere Lebewesen zu erforschen. Aufgrund der Unsicherheit der Prognose sollte auch in diesem Forschungsbereich das Vorsorgeprinzip gelten.

Neben diesen *Biosafety*-relevanten Sicherheitsfragen bestehen auch im Forschungsfeld der Neusynthese von Genomen Risiken, die dem Bereich des *Biosecurity* zugeordnet werden. Seit der erfolgreichen Rekonstruktion des Poliovirus im Jahr 2002 (Cello et al. 2002) auf Basis einer im Internet frei verfügbaren Genomsequenz wird die gängige Praxis der freien Publikation von wissenschaftlichen Ergebnissen in Frage gestellt (vgl. Boldt et al. 2009, S. 72). Die Tatsache, dass zudem ohne Zugangsbeschränkung kurze Oligonukleotide bei DNA-Synthesefirmen bestellt werden können, trägt zu der Befürchtung einer *Biosecurity*-relevanten missbräuchlichen Verwendung der Techniken bei. Weitere Forschungsergebnisse, wie die oben bereits beschriebene Isolation des Erregers der Spanischen Grippe aus Proben verstorbener Patienten und dessen vollständige Rekonstruktion im Jahr 2005 (Taubenberger et al. 2005; Tumpey et al. 2005), sowie die gelungene Neusynthese des Genoms von *M. mycoides* (Gibson et al. 2010) bestärken die Bedenken gegenüber der Grundlagenforschung im Bereich der DNA-Synthese und dem Umgang mit Informationen und DNA.

Die in Deutschland gegründete *International Association of Synthetic Biology* (IASB) sowie der US-amerikanische Branchenverband *International Gene Synthesis Consortium* (IGSC) entwickelten daher Standards für einen verantwortungsvollen Umgang von DNA-Syntheseunternehmen mit chemisch synthetisierten Oligonukleotiden. Demnach könnten die Unternehmen ihre Kunden screenen, Bestellungen von Privatpersonen ablehnen und Vorfälle den Behörden melden. Basis dieser Regulierungen könnte eine international abgestimmte, ständig aktualisierte und vom Gesetzgeber verwaltete Datenbank sein, die über DNA-Sequenzen informiert, die zur Herstellung pathogener Organismen verwendet werden könnten. Bei den Unternehmen bestellte Nukleinsäuresequenzen könnten dann mit dieser Datenbank abgeglichen werden (vgl. Wagner 2013, S. 120). Allerdings steht die hohe Fluktuation des Wirtschaftszweigs diesen Selbstregulierungsansätzen häufig entgegen. Darüber hinaus zielen die Verbände nicht zuletzt auf eine Mitgestaltung der rechtlichen Rahmenbedingungen zu Gunsten der Branche ab (Giersch & Schmidt 2010).

Ein weiteres häufig angeführtes Risikoszenario sind bioterroristische Anschläge, beispielsweise die Verbreitung von Krebs durch mit Onkogenen ausgestatte Bakterien (vgl. Cho et al. 1999). Zur Eindämmung dieses Risikos könnte, neben den genannten Selbstregulierungsansätzen, der freie Handel mit Laborgeräten und -ausstattungen sowie mit chemischen Reagenzien rechtlich eingeschränkt werden. Zudem wird die Geheimhaltung von potentiell gefährlichen Forschungsergebnissen diskutiert. Diese Forderung lässt allerdings bislang offen, in wessen Händen das potentiell gefährliche Wissen noch als sicher gelten könnte (Boldt et al. 2009, S. 73). Der Synthetische Biologe George Church spricht sich aufgrund der aufkommenden Befürchtungen bezüglich der Forschung im Bereich der DNA-Synthese für eine Lizenzierung der Herstellung von DNA aus:

> „Everybody should get the readings (of DNA) so they can survey their environment to see what is going on. But they shouldn't be allowed to write (DNA) without a licence. The same way you don't want jet pilots to be any one person. They need a licence." (Church, Interview in: Cserer & Seiringer 2009, S. 32)

Hierbei ist jedoch zu anzumerken, dass ein gewisses Risiko einer missbräuchlichen Verwendung der Techniken jedoch auch von Gruppierungen oder Einzelpersonen ausgeht, die spezifisches Fachwissen im Bereich der DNA-Synthese aufweisen, wie den Wissenschaftlern selbst.

Darüber hinaus birgt der Ansatz der Neusynthese von Genomen eine *Dual-Use*-Problematik, da synthetisch-biologisch veränderte Organismen sowohl zu zivilen als auch zu militärischen Zwecken verwendet werden können. Bei synthetisch-biologisch erzeugten Biowaffen ist eine Steigerung der Virulenz, Resistenz und Selektivität von Pathogenen denkbar. Die Verbreitungswege von synthetisch-biologisch veränderten Organismen könnten kontrolliert und Soldaten, die Zivilbevölkerung und deren Versorgungssysteme angegriffen werden (vgl. Giersch & Schmidt 2010). Allerdings ist die Erzeugung ethnischer Waffen nach Giersch und Schmidt (ebd.), auch wenn sie durch die Genomforschung und die Individualisierung der Medizin zunehmend in den Bereich des technisch Möglichen rückt, derzeit noch nicht realisierbar. Denkbar sei zwar zukünftig eine Herstellung von Biowaffen, die ungefähr zwanzig Prozent der feindlichen und fünf Prozent der eigenen Bevölkerung treffen würden. Allerdings stelle sich hierbei die Frage nach der Korrespondenz von „genetischen" mit territorialen oder auch „kulturellen" Populationen. Daher sollten, so Giersch und Schmidt (ebd.), die Möglichkeiten bioterroristischer Anschläge oder militärischer Biowaffenherstellung nicht überschätzt werden. Es müssen dennoch rechtliche Schritte geprüft und gegebenenfalls Grenzen im Umgang mit synthetisch-biologisch veränderten Organismen mit neusynthetisierten Genomen gesetzt werden.

Die Biowaffenkonvention von 1972 stellt auf internationaler Ebene ein übergeordnetes „Übereinkommen über das Verbot der Entwicklung, Herstellung und Lagerung bakteriologischer (biologischer) Waffen und von Toxinwaffen sowie über die Vernichtung solcher Waffen" (BWÜ) dar (BWÜ 2016). Dieser Konvention gehören derzeit 174 Vertragsstaaten an (Stand: März 2016). Die territoriale Umsetzung der Konvention in den Vertragsstaaten sowie die notwendigen Maßnahmen sind jedoch Ermessenssache der einzelnen Staaten und Kontrollmechanismen fehlen bislang. Der Zugang zu biowaffenfähigen Organismen und deren Verfügung sollten daher stärker reguliert werden. Da Forschungen zu Biowaffen zu Vorbeugungs-, Schutz- oder sonstigen friedlichen Zwecken erlaubt sind (BWÜ, Artikel 1), ist jedoch eine indirekte Erforschung von Kampfmitteln möglich. Dies erhöht das Risiko von Defensivrüstungswettläufen deutlich. Die Weiterentwicklung der Konvention zu einer international wirksamen Kontrollinstanz ist daher wünschenswert. Auf internationaler Ebene besteht zudem das *Umweltkriegsübereinkommen* (ENMOD) über das Verbot umweltverändernder Techniken zu Kriegszwecken. Schäden an Ökosystemen, beispielsweise zur Nahrungsmittelerzeugung, sind hierin rechtlich erfasst. Darüber hinaus gelten die Laborrichtlinien der *World Health Organisation* (WHO) sowie die Exportkontrolle der *Australia Group*, die eine Verbreitung von chemischen und biologischen Waffen verhindern soll. Zudem regelt die EG-Verordnung 428/2009 auf europäischer Ebene die Exportkontrolle von *Dual-Use*-Gütern (vgl. Giersch & Schmidt 2010, S. 25-26).

In einer Stellungnahme kommt der Deutsche Ethikrat (2014) zu dem Schluss, dass die *Biosecurity*-relevante Forschung zur Synthetischen Biologie zum Teil durch rechtliche Regelungen der *Biosafety*-relevanten Forschung erfasst wird. Jedoch sei im nationalen Recht, Europarecht und Völkerrecht derzeit kein einheitliches Regelsystem zur Vermeidung des Missbrauchs von Forschung und Forschungsergebnissen in den Lebenswissenschaften etabliert. Empfohlen wird daher die Einführung eines institutionell und personell übergreifenden Forschungskodex zur Übernahme von Selbstverantwortung seitens der Forschenden. Zudem sollen *Biosecurity*-relevante Inhalte in der Aus-, Fort- und Weiterbildung der in den Lebenswissenschaften tätigen Personen stärker thematisiert werden. Diese verantwortungsfördernden Maßnahmen sollen durch rechtliche Regelungen ergänzt werden.

Schließlich stellt sich auch im Bereich der Synthetischen Biologie die Frage nach Patentrechten auf synthetisch-biologisch veränderte Gene und Organismen. Bereits mit dem Aufkommen der Gentechnik wurden patenrechtliche Fragen aufgeworfen. Im Fall Chakrabarty wurde im Jahr 1980 vom amerikanischen Obersten Gerichtshof entschieden, dass genetisch veränderte Organismen keine natürlichen Produkte darstellen und daher grundsätzlich patentierbar sind (Diamond vs. Chakrabarty 1980). Dies ermöglichte es erstmals Eigentumsrechte an GVO anzumelden. Auf europäischer Ebene sind Gene, Genfragmente, die für eine bestimmte Funktion codieren, sowie BioBricks patentierbar (EU-Richtlinie 98/44/EC sowie deren Implementierung in das Europäische Patentübereinkommen). In Europa ebenfalls patentierbar sind mikrobiologische Verfahren sowie mittels dieser gewonnene Erzeugnisse (Art. 53b) EPÜ). Auch mithilfe technischer Verfahren aus natürlicher Umgebung gewonnenes biologisches Material ist patentierbar (Regel 27a) EPÜ).

Wie bereits erwähnt beantragte Craig Venter im Jahre 2007 sowohl internationale als auch US-amerikanische Patente auf mehrere Gene von Mykoplasmen und vorsorglich von *M. laboratorium*. Das Unternehmen SGI finanzierte die Forschungsarbeit des JCVI und erhielt im Gegenzug exklusive gewerbliche Schutzrechte auf 13 Patentfamilien. Das JCVI (2010d) begründet diesen Schritt damit, dass die Erzeugung von *M. mycoides* JCVI-syn1.0 mehrere Jahre andauerte und hierbei zahlreiche neue Methoden und Technologien entwickelt werden mussten. Die Patentierung sei ein geeignetes Mittel, um sicherzustellen, dass die wissenschaftlichen Erkenntnisse nun in kommerzielle Produkte und Dienstleistungen zum Nutzen der Gesellschaft umgewandelt werden können. Darüber hinaus wäre beabsichtigt, Lizenzen der Patente bereitzustellen.

Tatsächlich ergibt sich ein Vorteil von Patentierungen im biotechnologischen Forschungsbereich für die Erfinder durch den dabei entstehenden Marktvorsprung. Zudem kann die wissenschaftliche Entwicklung durch die detaillierte Darstellung der Erfindung bei der Beantragung des Patents, und die damit einhergehende Möglichkeit der steten Verbesserung und Weiterentwicklung der Erfindung, gefördert werden. Diese Vorteile stehen allerdings einer möglichen Monopolisierung gegenüber. Zudem sind biotechnologische Unternehmen häufig abgeschreckt von Forschungsbereichen, deren Anwendung bereits von Patenten weitläufig erfasst ist. Weiterhin ist die Entstehung von *patent thickets* (Patentdickichten) zu befürchten, zu denen es kommen kann, wenn mehrere, für ein Forschungsprojekt benötigte Gene von verschiedenen Rechteinhabern patentiert werden und dies die Entwicklung neuer Produkte erschwert.

Darüber hinaus kann der Zugang zu gesellschaftlich relevanten Forschungsmaterialien und Anwendungsmöglichkeiten erschwert werden. Patentierungen von Genen entsprechen demnach nicht dem *Open-Source*-Gedanken, der der Synthetischen Biologie eigentlich zugrunde liegt (DFG et al. 2009, S. 28-30).

2.3 Die umfangreiche genetische Modifikation von Organismen

Techniken der klassischen Gentechnik erlaubten es bislang, einzelne Gene zusätzlich in das Genom von Organismen und Viren zu integrieren, Gene gezielt zu deaktivieren (*gen-knockout*) sowie aus dem Genom zu entfernen.
Verschiedene Ansätze der Synthetischen Biologie gehen bezüglich dieser quantitativen Eingriffstiefe jedoch über die klassische Gentechnik hinaus. So werden zum einen mehrere Gene, deren Produkte ganze maßgeschneiderte Stoffwechselwege ermöglichen (*metabolic engineering*), in Zellen eingebracht. Zum anderen werden in diesem Forschungsbereich genetische Module (BioBricks) standardisiert sowie artifizielle genetische Schaltkreise in Organismen etabliert. Diese Ansätze können zusammengefasst als umfangreiche genetische Modifikation von Organismen bezeichnet werden.

2.3.1 Ziele

Aufgrund der zahlreichen Nutzungsmöglichkeiten der hergestellten Organismen und Biosysteme liegt der Fokus innerhalb des Forschungsbereichs zur Erzeugung von maßgeschneiderten Stoffwechselwegen, BioBricks und artifiziellen genetischen Schaltkreisen hauptsächlich im Bereich der zukünftigen Anwendungen. Als „industrielle Maschinen", sollen sie unter anderem Medikamente und Impfstoffe herstellen, Gifte binden oder Gefahrenstoffe anzeigen.

Innerhalb dieses Forschungsbereichs steht somit, wie auch in den vorangegangenen Ansätzen, die bioingenieurtechnische Sichtweise im Vordergrund. In Anlehnung an Prinzipien der Ingenieurwissenschaft, der Elektronik und der Software-Entwicklung sollen Organismen vorab geplant, hergestellt, gezielt gesteuert und *möglichst* kontrollierbar gemacht werden.

Ein Ziel des Forschungsbereichs zur umfangreichen genetischen Modifikation von Organismen ist es demnach, Bestandteile und Prozesse von Organismen nach ingenieurtechnischen Vorgaben zu modularisieren und zu standardisieren. Die Modularität genetischer Elemente ermöglicht dabei eine funktionale Trennung und Neukombination von Systembestandteilen (vgl. Budisa 2012, S. 90-91). So musste bislang jeder Organismus, der mit neuen Eigenschaften ausgestattet werden sollte, individuell konstruiert werden. Mit standardisierten Modulen, wie den sogenannten BioBricks, soll das Verfahren vereinfacht werden, da diese in möglichst vielen Organismen die gleiche gewünschte Funktion zeigen (vgl. Schwille 2013b, S. 10-11).

Langfristiges Ziel im Bereich der BioBricks-Forschung ist die Bereitstellung möglichst vieler standardisierter genetischer Elemente in einer frei zugänglichen Internetdatenbank, der *Registry of Standard Biological Parts* (2016). Die genetischen Module können von Forschenden bestellt und in Organismen und Biosystemen eingesetzt werden. Ziel ist auch eine Verwendung von Minimalorganismen als Chassis für den Einbau solcher genetischen Bausteine, die dem Organismus neue Eigenschaften und Funktionen zukommen lassen (s. Kap. 2.1).

2.3.2 Visionen

Da in diesem Forschungsbereich der Anwendungsbezug stark im Vordegrund steht, besteht der Anspruch Zellen, wie Maschinen, nach ingenieurtechnischen Vorgaben zu planen und extern zu kontrollieren, um diese für bestimmte biotechnologische Anwendungen gezielt nutzbar zu machen.
Der programmatische Anspruch einer *vollständigen* Kontrollierbarkeit von Zellprozessen, der über eine *möglichst umfassende* Kontrollierbarkeit hinausweist, ist jedoch auch bei diesem Ansatz, wie bei den vorangegangenen Ansätzen auch, als visionär zu begreifen, da sich Lebensprozesse einer *vollständigen* externen Kontrolle entziehen (s. Kap. 2.1.2 und 5.3).

2.3.3 Techniken

Maßgeschneiderte Stoffwechselwege

Rekombinationstechniken der klassischen Gentechnik ermöglichten bislang die Entfernung, das Ausschalten (*gen-knockout*) oder die Integration von einzelnen Genen. Die beispielsweise durch Integration zusätzlicher Gene erzeugten transgenen Organismen können dann spezifische Genprodukte, der in das Genom eingebrachten Gene, exprimieren. Prominentes Beispiel der klassischen Gentechnik ist die Herstellung von Humaninsulin in rekombinanten *Escherichia coli*-Zellen, wofür das Einbringen zweier Gene notwendig ist, die für die beiden über Disulfidbrücken verbundenen Polypeptidketten A und B codieren (Goeddel et al. 1979).

Techniken der Synthetischen Biologie nutzen die herkömmlichen Rekombinationstechniken, integrieren jedoch nicht, wie in der klassischen Gentechnik, einzelne Gene in das Zielgenom, sondern etablieren mehrere Gene, deren Produkte komplette maßgeschneiderte Stoffwechselwege ermöglichen. Hierdurch können Genprodukte erzeugt werden, deren Entstehung nicht nur einzelne Gene, sondern komplexe Stoffwechselprozesse zugrunde liegen.

BioBricks

BioBricks sind künstlich hergestellte funktionelle DNA-Sequenzen, wie Promotoren, ribosomale Bindungsstellen, proteincodierende Sequenzen oder Terminatoren. Ziel des BioBricks-Forschungsansatzes ist es, möglichst viele dieser genetischen Module zu charakterisieren und zu standardisieren. So sollen sie nicht nur in einzelnen, sondern in möglichst vielen Organismen frei miteinander kombiniert werden können und dennoch immer dieselbe Funktion beibehalten. Die Standardisierung erfolgt durch angleichen der Restriktionsstellen über unterschiedliche Techniken, beispielsweise mit der von Tom Knight konzipierten „*BioBrick assembly standard 10*"-Methode (vgl. BioBricks Foundation 2016). Aufwendige traditionelle Klonierungsmethoden sollen durch das Standardisierungsverfahren entbehrlich werden. Hauptsächlich diese beiden Eigenschaften, die Standardisierung und die Modularisierung, begründen den häufig herangezogenen Vergleich der BioBricks mit *LEGO*-Bausteinen (s. Kap. 4.1).

Im Kontext der BioBricks-Forschung werden häufig technisch-ingenieurwissenschaftliche Metaphern auf Bestandteile und Prozesse von Organismen und biologischen Systemen angewendet. So entstand ein hierarchisch gegliedertes System, in dem sogenannte „*Parts*" bzw. „*BioBricks*" die grundlegenden Bausteine bilden. Die nächste Abstraktionsebene entsteht aus zusammengesetzten „*Parts*", den sogenannten „*Devices*", die eine spezifische Funktion innehaben. Es folgt die Ebene der sogenannten „*Systems*", in der aus mehreren „*Devices*" komplexe Systeme gebildet werden. Die letzte Ebene bildet die als „*Chassis Integration*" bezeichnete Etablierung artifizieller genetischer Elemente in Organismen bzw. biologische Systeme, die als „Chassis" bezeichnet werden (vgl. Leonard et al. 2008).

Artifizielle genetische Schaltkreise

Die beiden wesentlichen Vorgänge der Genexpression in Zellen sind die Transkription und die Translation. Bei der Transkription entsteht die sogenannte mRNA als Abschrift der Zell-DNA. Die mRNA dient als Matrize bei der Translation, nach deren Information die Genprodukte exprimiert werden.

Die Genexpression von Bakterien wird dabei über spezifische Regelmechanismen gesteuert: An der *negativen Genregulation* sind Repressorproteine beteiligt, die reversibel an die Operatorsequenzen der DNA binden können. Dies verhindert zumeist die Bindung der RNA-Polymerase an den Promotor und somit das Ablesen des Zielgens. Die Genexpression wird dadurch gestoppt. Zum einen können spezifische Signalmoleküle, sogenannte Induktoren, durch Bindung an den Repressor dessen Ablösung von der DNA bewirken. Die Expression des Zielgens kann wieder ungestört ablaufen. Im anderen Fall kann erst die Anlagerung eines Corepressors an den Repressor die Genexpression unterbinden, indem der Corepressor-Repressor-Komplex an die Operatorsequenz der DNA bindet. Die Abwesenheit des Corepressors löst wiederum den Komplex von der Operatorsequenz und die Genexpression wird initiiert. Darüber hinaus kann eine *positive Genregulation* vonstattengehen, wenn Aktivatoren an spezifische DNA-Sequenzen binden und hierdurch die Genexpression unterstützen (vgl. Campbell et al. 2003, S. 357-

383 und S. 406-410). Solche „genetischen Schalter“ können künstlich hergestellt und spezifisch in Zellen integriert werden. Diese artifiziellen genetischen Schalter sollen unter Nutzung der Mechanismen der zellulären Genexpression eine gezielte Kontrolle der Genregulation ermöglichen. Werden verschiedene artifizielle genetische Schalter miteinander kombiniert, führt dies zu sogenannten artifiziellen genetischen Schaltkreisen. Durch kontrollierte Induktion oder Repression der artifiziellen genetischen Schalter in einem genetischen Schaltkreis lassen sich Zellprozesse gezielt steuern. In Anlehnung an elektronische Prinzipien lassen sich solche genetischen Schaltkreise mit der schrittweisen Abarbeitung von Datenpaketen durch einen Computer mittels *if-then*-Anweisungen vergleichen. Über *Boole'sche Operatoren* kann die Genexpression an ein spezifisches Signal der Zellumgebung gekoppelt werden (vgl. Schrauwers & Poolman 2013, S. 124-129).

Auf Basis dieser Verfahren ist die Generierung einfacher und kaskadenartiger Schaltkreise (vgl. Hooshangi et al. 2005), bistabiler Kippschalter (vgl. Gardner et al. 2000) bis hin zu ganzen oszillierenden regulatorischen Netzwerken (vgl. Elowitz & Leibler 2000) möglich. Einfache Schalter beruhen auf der Registrierung bestimmter Signale, woraufhin die Genexpression eines Gens ein- bzw. abgeschaltet wird. Ein bistabiler Kippschalter hingegen besteht aus zwei Genen, die sich gegenseitig hemmen. Diese negative Rückkopplung führt zu einem Wechsel zwischen zwei stabilen Zuständen, was als *Flipflop* bezeichnet wird. Ein Beispiel eines oszillierenden regulatorischen Netzwerks ist die Erzeugung einer Zelle, die ein regelmäßiges Blinkmuster aufweist. Hierzu wurden drei Gene miteinander verschaltet, die über ihre Genprodukte eine gegenseitige, zeitlich verzögerte Hemmung bewirkten. Eines der Genprodukte steuerte zudem ein weiteres Gen, das aufgrund der gegenseitigen Hemmung der Gene in periodischen Abständen ein fluoreszierendes Protein exprimierte und die Zelle auf diese Weise zum Blinken brachte (ebd.).

2.3.4 Anwendungen

Ein wichtiges Anwendungsgebiet der Forschung zu maßgeschneiderten Stoffwechselwegen, artifiziellen genetischen Schaltern und BioBricks ist die Medizin, die Arzneimittelherstellung sowie die Prävention und Behandlung von Krankheiten. Weitere Anwendungsgebiete finden sich in der Energiegewinnung, zum Beispiel die Produktion von Biotreibstoffen, und in der Chemie, beispielsweise die Herstellung von Kunststoffen und sogenannten „intelligenten Materialien“.

Maßgeschneiderte Stoffwechselwege

Ein Beispiel der Etablierung eines maßgeschneiderten Stoffwechselwegs in Organismen ist die mikrobielle Erzeugung des sekundären Pflanzenstoffs Artemisinin.

Das bislang aus den Blättern der vorwiegend in China vorkommenden Pflanze *Artemisia annua* (Einjähriger Beifuß) gewonnene Artemisinin, chemisch ein Sesquiterpenlacton-Endoperoxid, wird global als Mittel zur Behandlung von Malaria eingesetzt. Malaria wird hervorgerufen durch einzellige Parasiten der Gattung *Plasmodium*, die beim Stich eines weiblichen Moskitos der Gattung *Anopheles* auf den Menschen übertragen werden.

Die mikrobielle Erzeugung von Artemisininsäure, einer Vorstufe von Artemisinin, soll die kostspielige pflanzliche Gewinnung von Artemisinin ersetzen. Die Herstellung des Isoprenoids Amorphadien, eine Vorstufe der Artemisininsäure, wurde bereits im Jahre 2003 durch die Etablierung des Stoffwechselwegs in *E. coli* realisiert (Martin et al. 2003). Im Jahre 2006 konnte dann der vollständige Stoffwechselweg von Amorphadien zu Artemisininsäure in drei Oxidationsstufen in *Saccharomyces cerevisiae* eingebracht werden (Ro et al. 2006).

Die Nichtregierungsorganisation *One World Health*, das Biotechnologieunternehmen *Amrys*, die *Bill Gates Foundation* und das Pharmaunternehmen *Sanofi-Aventis* entwickelten ein Verfahren, den Stoffwechselweg so in *E. coli* zu etablieren, dass eine kostengünstige Möglichkeit zur Gewinnung des Antimalariamittels zur Verfügung steht (vgl. DFG et al. 2009, S. 19). Im April 2013 weihte *Sanofi* zusammen mit *One World Health* eine großtechnische Produktionsanlage für halbsynthetisches Artemisinin ein (Sanofi 2013). Das mikrobiell erzeugte Artemisinin gilt als Paradebeispiel eines ersten Produkts der Synthetischen Biologie.

BioBricks

Beim iGEM-Wettbewerb (*international Genetically Engineered Machine Competition*), der im Jahre 2003 erstmals von den Wissenschaftlern Tom Knight, Randy Rettberg und Drew Endy organisiert und veranstaltet wurde, ist die Forschung zu BioBricks zentral. Der studentische Wettbewerb wird seither jährlich abgehalten. Die eigentliche Forschungsarbeit der internationalen Teams wird über einen längeren Zeitraum im Sommer an den eigenen Universitäten durchgeführt. Die finale Präsentation der Ergebnisse mit Preisauszeichnungen im Herbst wurde bis im Jahr 2014 am *Massachusetts Institute of Technology* (MIT) in Cambridge durchgeführt und findet seither in Boston statt. Der symbolische Preis für das Gewinnerteam ist ein überdimensionierter, goldener *LEGO*-Baustein, in Anspielung auf die Analogie zwischen Gen-Bausteinen und den bekannten Spiel-Bausteinen des *LEGO*-Unternehmens (s. Kap. 4.1).

Im Jahr 2015 nahmen insgesamt 280 Teams aus über 30 verschiedenen Ländern am Wettbewerb teil, darunter drei afrikanische, 104 asiatische, 72 europäische, 22 lateinamerikanische und 81 nordamerikanische Teams (iGEM 2016).

Die Teilnehmenden nutzen die bisher bereitgestellten BioBricks aus der frei zugänglichen Internetdatenbank *Registry of Standard Biological Parts* (2016), und setzen diese zu komplexen neuen Systemen zusammen. Alternativ werden gänzlich neue BioBricks entworfen, charakterisiert sowie kategorisiert und in die Datenbank aufgenommen. Ziel ist es, standardisierte genetische Elemente global für die Forschung zur Verfügung zu stellen, um Organismen mit neuen Eigenschaften gezielt und unkompliziert zu konstruieren. Die in der Datenbank erfassten BioBricks können von Wissenschaftlern weltweit bestellt werden. Da beim studentischen iGEM-Wettbewerb spielerische Elemente explizit erwünscht sind, entstanden beispielsweise Bakterien mit Bananengeruch, ein Regenbogen aus pigmentierten Bakterien oder mikrobielles Fotopapier (s. Kap. 4).

Mittlerweile haben sich aus einigen ehemaligen Projekten des iGEM-Wettbewerbs StartUp-Unternehmen am Markt etabliert. Ein Beispiel hierfür ist das Unternehmen *FREDsense Technology*, das aus den iGEM-Teams Calgary 2012 und Calgary Entrepreneurship 2013 hervorging. Das Team entwickelte ein System, das über einen Biosensor Verbindungen und Toxine in Wasser detektieren kann. Das Unternehmen bietet derzeit zwei Versionen von *FRED* an, zum einen den *spot test sensor*, bei dem eine kleine Wasserprobe direkt auf eine Patrone gegeben wird, die anschließend in einen Detektor eingesetzt wird. Einige Minuten später wird das Messergebnis per 3G, Wi-Fi oder USB-Verbindung auf einem Computer, Mobilgerät oder Server bereitgestellt. Darüber hinaus wird auch der *autonomous sensor* angeboten, der im Ganzen in größeren Wassermengen und Gewässern eingesetzt werden kann und hier über einen bestimmten Zeitraum Messungen erstellt. In beiden Versionen besteht der Biosensor aus zwei Komponenten: einer Patrone, die für spezifische Verbindungen sensible Bakterien und alle für den Test notwendigen Chemikalien und Komponenten enthält, sowie einem Detektor, der die Signale der Bakterien erkennt und bei Kontakt mit bestimmten chemischen Verbindungen ein quantifizierbares elektrochemisches Signal erzeugt. Hierdurch lässt sich auch der Grad der Kontamination der Wasserprobe mit bestimmten Toxinen ermitteln (FREDsense Technology 2016).

Artifizielle genetische Schaltkreise

Wie Hotz und Weber (2012) anführen, finden artifizielle genetische Schalter insbesondere bei der Prävention von Krankheiten, der Suche nach neuen Antibiotika, der Integration in Empfängerorganismen sowie der Synthese intelligenter Materialien Verwendung. Das Unternehmen *BioVersys*, mit Weber als Mitbegründer, will zukünftig einige dieser Techniken auf den Markt bringen (vgl. Schrauwers & Poolman 2013, S. 131). Manche Forschungen wurden bereits im Freiland vorgenommen oder werden schon bald in klinischen Studien getestet.

Neben der Mono- und Kombinationstherapie von Malaria mittels mikrobiell erzeugtem Artemisinin könnte durch die Forschung in diesem Bereich auch die Prävention von Malaria und anderen Krankheiten intensiviert werden. In stark betroffenen Gebieten könnte ein artifizieller genetischer Schaltkreis in Moskitos eingebracht werden, der dazu führt, dass die Tiere spezifisch abgetötet werden, jedoch ohne andere Tierarten oder die menschliche Gesundheit durch die Maßnahme zu gefährden. Hierzu wird ein Gen verwendet, das ausschließlich bei weiblichen Nachkommen zu Flügellosigkeit und somit zum Hungertod der Tiere führt. Um dennoch genügend männliche Überträger züchten zu können, muss das Gen im Labor abgeschaltet werden können. Hierzu wird es mit einem Repressor versehen, der bei Zugabe des Signalmoleküls *Tetrazyklin* (TET) das Ablesen der codierenden Gensequenz verhindert. Somit kann das Gen unter Laborbedingungen durch tetrazyklinhaltiges Futter abgeschaltet werden. Nach Freisetzung der Moskitos in tetrazyklinfreier Umgebung wird das Gen aktiviert. Die gezüchteten Männchen paaren sich mit freilebenden Weibchen und bringen männliche Nachkommen als Träger des Gens sowie weibliche Nachkommen ohne Flügel hervor. Im ersten Feldversuch auf den Cayman Inseln konnte nach der Freisetzung der mit artifiziellen genetischen Schaltern versehenen Organismen eine signifikante Reduktion der Moskitos in der Region beobachtet werden (Harris et al. 2011; vgl. Hotz & Weber 2012). Nach demselben Prinzip könnten weitere unerwünschte Insektenarten bekämpft werden. Beispielsweise arbeitet das britische Unternehmen *Oxitec* an Genschaltern, die zur Bekämpfung der männlichen Gelbfiebermücke *Aedes (Stegomyia) aegypti*, die neben Gelbfieber auch Denguefieber überträgt, beitragen könnten (vgl. Schrauwers & Poolman 2013, S. 132).

Indem Zellen mit einem medikamentenabhängigen, artifiziellen genetischen Schalter versehen werden, der an ein Gen gekoppelt ist, das beispielsweise farbige Substanzen produziert, können Farbreaktionen Hinweise auf den Kontakt mit antibiotischen Substanzen geben. Ist eine chemische und biologische Substanzsammlung vorhanden und wird darin nach bestimmten neuen Antibiotika gesucht, kann ein solch zellbasiertes Screeningverfahren von Nutzen sein. Auch das Ausschalten von Antibiotikaresistenzen, die viele Pathogene über die Zeit erwerben, ist mittels genetischen Schaltern möglich. Bewährte Antibiotika könnten dann wieder zur Krankheitsbekämpfung eingesetzt werden (vgl. Hotz & Weber 2012, S. 120-123).

Die Integration artifizieller genetischer Schalter in Empfängerorganismen erlaubt es zudem, biologische Effekte gezielt zu steuern. Ein Beispiel hierfür stammt aus dem Bereich der künstlichen Befruchtung von Kühen. Die Synchronisation der Besamung mit dem Eisprung kann über eine Mikrokapsel aus Cellulosesulfat und dem Polymer Poly-DADMAC erzielt werden, die als Spermiendepot dient. Zusätzlich werden menschliche Zellen mit einem Rezeptor für das *luteinisierende*

Hormon (LH) ausgestattet. Der Rezeptor ist an eine Signalkaskade gekoppelt, an deren Ende die Produktion des Enzyms Cellulase steht. Die derart veränderten Zellen werden nun mit dem Sperma in die Mikrokapsel verpackt und in den Uterus von Kühen eingebracht. Der mit dem Eisprung der Kühe einhergehende Anstieg von LH führt zur Aktivierung des LH-Rezeptors der Zelle und zur Genexpression von Cellulase. Dies hat den enzymatischen Abbau der Mikrokapsel zur Folge. Die synchrone Freisetzung der Spermien mit dem Eisprung könnte im Bereich der Tierzüchtung die Zahl der erfolgreichen Befruchtungen deutlich erhöhen (Kemmer et al. 2011; vgl. Hotz & Weber 2012).

Durch Integration artifizieller genetischer Schalter in Empfängerorganismen lassen sich jedoch nicht nur biologische Effekte steuern, sondern auch biologische Parameter auf einen Sollwert einstellen. Ein Beispiel für eine Anwendung dieser Technik ist die Behandlung der pathologisch erhöhten Harnsäurekonzentration im Blut bei Gicht. Eine Therapie gegen Gicht muss zum einen die Senkung der pathologisch erhöhten Harnsäurekonzentration, zum anderen die Aufrechterhaltung der basalen Harnsäurekonzentration zum Schutz der Zellen vor oxidativem Stress beinhalten. Aufgrund dessen wurde ein genetischer Schaltkreis so konstruiert, dass bei erhöhter Harnsäurekonzentration in der Zelle die Expression des Gens für Harnsäureoxidase angeschaltet wird, sodass das exprimierte Enzym zum Abbau der erhöhten Harnsäurekonzentration führt. Der Schalter selbst basiert auf dem Repressorprotein HucR. Er wurde aus dem extremophilen Bakterium *Deinococcus radiodurans* isoliert. Die aus dem Blut in die Zelle transportierte Harnsäure verhindert in zu hoher Konzentration die Bindung von HucR an die Operatorsequenz, wodurch die Expression der Harnsäureoxidase aktiviert wird. Ein Harnsäuretransporter in der Zellmembran erleichtert den Eintritt von Harnsäure in die Zelle und erhöht dadurch die Sensitivität des Schalters. Eine physiologische Harnsäurekonzentration hingegen führt zu einer Bindung des Repressors, wodurch keine Harnsäureoxidase exprimiert wird (Kemmer et al. 2010). Die Versuche befinden sich nach Hotz und Weber (2012, S. 129) noch in der experimentellen Phase, könnten aber in absehbarer Zeit in ersten klinischen Studien resultieren. Dabei soll der artifizielle genetische Schalter nicht direkt in das Genom der Patienten integriert, sondern in externen Zellen untergebracht werden, die von einer Algengelatine, sogenanntem Agar, umhüllt sind. In die Hülle eingebrachte Poren sollen für ausreichenden Substanzaustausch mit der Zellumgebung sorgen. Tests an Mausmodellen waren bereits erfolgreich. Derlei „molekulare Prothesen“, wie der in diesem Bereich forschende Wissenschaftler Fussenegger sie nennt, könnten auch bei zahlreichen weiteren Erkrankungen, beispielsweise Diabetes, therapeutisch eingesetzt werden (vgl. Schrauwers & Poolman 2013, S. 131-132).

Artifizielle genetische Schalter können darüber hinaus auch zur Synthese intelligenter Materialien verwendet werden. Die Erzeugung von neuen Materialien, deren Eigenschaften gezielt gesteuert werden können, ist besonders im biomedizinischen Bereich von Interesse. Polymernetzwerke, die mit Wasser angefüllt sind, sogenannte Hydrogele, werden bereits als Implantate eingesetzt. Sie könnten zukünftig mit genetischen Schaltern versehen werden und als gezielt steuerbare Medikamentendepots Verwendung finden (vgl. Hotz & Weber 2012, S. 129-131).

2.3.5 Bezüge zu anderen Ansätzen der Synthetischen Biologie

Die Forschung zu maßgeschneiderten Stoffwechselwegen, artifiziellen genetischen Schaltkreisen und BioBricks ist eng verknüpft mit dem Minimalorganismenansatz. Minimalzellen sollen dabei als Chassis dienen, in die genetische Elemente eingebracht werden können. Die Erzeugung von Biotreibstoffen wird hierbei als ein wichtiges zukünftiges Anwendungsfeld angesehen (s. Kap. 2.1.3).

Auch können derzeitige Protozellen als Chassis zur Etablierung genetischer Elemente dienen (s. Kap. 2.5).

In diesem Forschungsbereich wird zudem, wie in den vorangegangenen Ansätzen, eine möglichst umfassende Plan-, Steuer- und Kontrollierbarkeit von Organismen angestrebt. Die DNA ist aufgrund häufig stattfindender Mutationen jedoch Veränderungen unterworfen, was diesem Ziel im Allgemeinen entgegensteht. Daher könnten zukünftig die stabilere *Xenonukleinsäure* (XNA) oder *Peptidnukleinsäure* (PNA) für bestimmte Forschungen verwendet werden (vgl. Gibbs 2010, S. 60; s. Kap. 2.4).

Des Weiteren bestehen Parallelen zur Forschung zu bislang unbekannten Organismen. Dieser Forschungsansatz hat jedoch nicht zum Ziel, bereits bekannte genetische Elemente in Organismen neu zu kombinieren, sondern neue genetische Elemente zu entdecken, um die daraus resultierenden Stoffwechselwege biotechnologisch nutzbar zu machen (s. Kap. 2.6.1).

2.3.6 Darstellung des Ansatzes in der Öffentlichkeit

Der Forschungsansatz zur umfangreichen genetischen Modifikation von Organismen bildet eines der Hauptthemen der deutschsprachigen medialen Berichterstattung im Bereich der Synthetischen Biologie. Insbesondere Forschungsvorhaben mit spezifischer Anwendung wie die zukünftige Gewinnung von Biotreibstoffen aus synthetisch-biologisch veränderten Organismen rücken den Forschungsbereich in das öffentliche Licht, da diese Themen das Interesse von Journalisten und der Bevölkerung wecken (vgl. Kronberger et al. 2009, S. 21; Leopoldina & IfD Allensbach 2015, S. 13-14). Demnach fand auch die semi-synthetische Erzeugung von Artemisinin, das als erstes Produkt der Synthetischen Biologie gilt, in 7% der in der Medienanalyse von Gschmeidler und Seiringer

(2012, S. 166) untersuchten deutschsprachigen Artikel, die in den Jahren 2004 bis 2009 im Kontext der Synthetischen Biologie publiziert wurden, Erwähnung.

Sowohl in wissenschaftlichen Publikationen als auch in öffentlichen Berichterstattungen der Forschung zu Organismen mit maßgeschneiderten Stoffwechselwegen, artifiziellen genetischen Schaltern sowie BioBricks wird sich dabei häufig Metaphern bedient, die aus dem technisch-ingenieurwissenschaftlichen Bereich entlehnt werden oder die spielerische Komponente der Techniken unterstreichen (ebd., S. 168-169). Beispiele hierfür sind der aus dem elektrotechnischen Bereich stammende und auf biologische Bestandteile und Prozesse übertragene Begriff „genetische Schaltkreise“ und der für synthetisch-biologisch veränderte Organismen herangezogene Begriff „living machines“. Anhand der Medienanalyse von Cserer und Seiringer (2009, S. 30: Fig. 2) wird deutlich, dass die Begriffe „Handicraft work/Playing LEGO/DNA-Kit“, mit einer Nennung in insgesamt 82 Artikeln, die im Kontext der Synthetischen Biologie meist verwendeten Begriffe in der deutschsprachigen Berichterstattung in den Jahren 2004 bis 2008 darstellen. Darüber hinaus erfolgt häufig die Verwendung technisch-ingenieurwissenschaftlicher Begriffe zur Beschreibung von biologischen Prozessen und Bestandteilen seitens der Forschenden selbst. Beispielsweise nimmt die Metapher „car“, die von George Church häufig angeführt wird, Bezug auf das in diesem Forschungsbereich wesentliche ingenieurwissenschaftliche Prinzip der Modularisierung biologischer Strukturen:

> „Synthetic Biology is an attempt to do engineering on biology. True engineering of a sort where you have parts, like you have parts you use to make a car.“ (Church, Interview in: Cserer & Seiringer 2009, S.31)

Sowohl die technisch-ingenieurwissenschaftlich als auch die spielerische Perspektive auf die Biologie wird insbesondere am Konzept des studentischen iGEM-Wettbewerbs und den hier verwendeten BioBricks deutlich. Die Abkürzung „iGEM“ steht dabei für „international Genetically Engineered Machines“ und verweist somit auf die ingenieurwissenschaftliche und technische Ausrichtung des Wettbewerbs. BioBricks werden dabei als standardisierte Bauteile verstanden, die beliebig miteinander kombiniert werden können. Dementsprechend werden häufig Analogien zu *LEGO*-Bausteinen gezogen, was die spielerische Ausrichtung des Forschungsansatzes unterstreicht (vgl. Gschmeidler & Seiringer 2012, 168-169; s. Kap. 4.1). Der Synthetische Biologe Victor de Lorenzo konstatiert:

> „I would argue that we are, I would say in the ‘game’ state. So our Synthetic Biology community is playing with developing parts, developing bacteria that flash, that turn green, that turn red, that behave in a particular way.“ (De Lorenzo, Interview in: Cserer & Seiringer 2009, S. 31)

Allerdings stehen dieser spielerischen und auf Zweckfreiheit ausgelegten Grundidee unter anderem die potentiellen Risiken der Forschung gegenüber. Von den Veranstaltern des iGEM-Wettbewerbs wird daher auch Wert auf das *human practice*, also die Aufklärung der Öffentlichkeit über Chancen und Risiken der Synthetischen Biologie gelegt (vgl. Wagner & Morath 2012, S. 134-135). Diese Form der Öffentlichkeitsarbeit soll dazu beitragen, die Gesellschaft über die Synthetische Biologie zu informieren und insbesondere junge Menschen für das Forschungsfeld zu begeistern. In diesem Zusammenhang entwarf beispielsweise das iGEM-Team München aus dem Jahr 2012 einen Comic, um auf dessen Grundlage mit einer Gymnasialklasse mögliche Risiken der Synthetischen Biologie zu diskutieren. Für die iGEM-Teams besteht durch das *human practice* im Gegenzug die Möglichkeit, zusätzliche Punkte für den Wettbewerbssieg zu sammeln (vgl. Höflinger 2012).

2.3.7 Was ist neu?

Anhand der vier charakteristischen Merkmale der Synthetischen Biologie (Engelhard 2011) wird deutlich, dass sich die Forschung zu Organismen mit maßgeschneiderten Stoffwechselwegen, artifiziellen genetischen Schaltkreisen oder BioBricks insbesondere methodisch von der klassischen Gentechnik unterscheidet. Die ingenieurwissenschaftlichen Prinzipien der Modularisierung und Standardisierung stehen in diesem neuen Forschungsfeld deutlich im Vordergrund und prägen ein technisches Verständnis der Biologie.

Zukünftig sollen Organismen mit neuen Eigenschaften und Funktionen konstruiert werden, die zuvor am Computer gezielt geplant wurden. Hieran kann ein konzeptioneller Unterschied des Forschungsbereichs zur klassischen Gentechnik ausgemacht werden. Die Visionen verändern sich auch hier weg von der Manipulation in Richtung Konstruktion neuartiger, artifizieller genetischer Elemente. Nicht die geringfügige Manipulation von Organismen natürlichen Ursprungs steht dabei im Fokus, sondern die gezielte Konstruktion gewünschter Organismen.

Bezüglich der qualitativen Eingriffstiefe wird deutlich, dass das Forschungsfeld zwar auf der klassischen Gentechnik aufbaut. So werden Rekombinationstechniken schon seit den späten 1960er Jahren angewandt und legten den Grundstein zur Entwicklung der Gentechnologie (Arber & Linn 1969). Diese Techniken werden auch im Forschungsbereich zu maßgeschneiderten Stoffwechselwegen, artifiziellen genetischen Schaltkreisen sowie BioBricks verwendet. Qualitativ neu ist jedoch die Erzeugung artifizieller genetischer Module und Schaltkreise, die so nicht in der Natur vorkommen. Folglich kann für diesen Forschungsansatz ein qualitativer Unterschied der Eingriffstiefe im Vergleich zur klassischen Gentechnik ausgemacht werden. Auch hinsichtlich der quantitativen Eingriffstiefe geht das Forschungsfeld deutlich über die klassische Gentechnik hinaus. So werden nicht mehr, wie bei der Gentechnik, einzelne Gene, sondern ganze Gencluster zur Etablierung maßgeschneiderter Stoffwechselwege und genetischer Schaltkreise in bereits bestehende Zellen eingebracht. Dies führt zu einer deutlichen Zunahme bezüglich der Komplexität und Quantität der Veränderungen.

Darüber hinaus ist beim Ansatz zur Generierung von Organismen mit maßgeschneiderten Stoffwechselwegen, artifiziellen genetischen Schaltkreisen sowie BioBricks ein klarer Wechsel in der Forschungskultur auszumachen. Neben dem Zusammenschluss insbesondere technischer und ingenieurwissenschaftlicher Disziplinen, ist der explizite Einbezug spielerischer sowie künstlerischer Elemente maßgeblich. Dies zeigt sich auch an den im Kontext des Forschungsfeldes verwendeten Metaphern und der technischen und spielerischen Ausrichtung des iGEM-Wettbewerbs. Folglich bestehen bei diesem Forschungsansatz methodische, konzeptionelle, kulturelle sowie qualitative und quantitative Unterschiede bezüglich der Eingriffstiefe im Vergleich zur klassischen Gentechnik.

Als eines der Hauptziele, das im Forschungsbereich zur umfangreichen genetischen Modifikation von Organismen angestrebt wird, hat sich folglich die Konstruktion neuer Organismen, die so nicht in der Natur vorkommen, herausgestellt. Hierbei wird jedoch zusätzlich auf bereits bestehende biologische Strukturen wie Zellen oder organismische Bestandteile natürlichen Ursprungs zurückgegriffen, in die beispielsweise artifizielle genetische Elemente eingefügt werden. Mit dem Forschungsansatz zur Erzeugung von Organismen mit maßgeschneiderten Stoffwechselwegen, artifiziellen genetischen Schaltkreisen sowie BioBricks wird demnach kein „neues Leben“ *de novo* erzeugt. Auch dieser Forschungsbereich ist vielmehr als ein „evolutionärer Fortschritt“ (vgl. Potthast 2009; Grunwald 2012, S. 81-85) der Biologie zu verstehen.

2.3.8 Chancen und Risiken bezüglich rechtlicher Rahmenbedingungen

Die Forschung zur umfangreichen genetischen Modifikation von Organismen soll, wie bereits deutlich wurde, vor allem neue Anwendungen in der Arzneimittelherstellung, der Prävention von Krankheiten, der Energiegewinnung und der Chemie hervorbringen. *GinkgoBioworks* beispielsweise ist ein junges Unternehmen, das im Anschluss an den iGEM-Wettbewerb (Team MIT 2004) hervorgegangen ist. Ziel des Unternehmens ist es, Mikroorganismen mit neuen Eigenschaften zu entwickeln, um zukünftig neue Produkte für die Bereiche Gesundheit, Energie, Materialien, Nahrungsmittel und viele weitere Anwendungsgebiete bereitzustellen. Nach eigenen Angaben soll dabei die Technologie durch die Biologie ersetzt werden. Das Unternehmen arbeitet hierzu beispielsweise mit Parfümeuren zusammen, um das erste Parfüm mit Rosenduft zu kreieren, dessen exakte Zusammensetzung der Rosenessence über Mikroorganismen kontrolliert werden kann. Darüber hinaus arbeitet *Ginkgo-Bioworks* mit Hilfe einer Forschungsförderung der DARPA, eine Behörde des US-Verteidigungsministeriums, an der Entwicklung einer Reihe von modifizierten probiotischen Bakterien, die den Menschen besser vor Infektionen schützen sollen (Ginkgo-Bioworks 2016).

Darüber hinaus ist die Energiegewinnung ein weiteres vielversprechendes, jedoch bislang nur zukünftiges Anwendungsfeld der Forschung zu Organismen mit maßgeschneiderten Stoffwechselwegen. Das Biotechnologieunternehmen *LS9* forscht an der Herstellung sogenannter Biosyn-Treibstoffe, um eine Alternative zu fossilen Brennstoffen bereitzustellen. Mithilfe dieser erneuerbaren Treibstoffe aus Mikroorganismen sollen Lösungen für den weltweiten Energiemangel und das Klimaproblem unserer Erde geschaffen werden. Konkret soll zur Erzeugung von Biotreibstoffen aus Pflanzen gewonnener Zucker in einem Schritt zu Alkoholen und Kohlenwasserstoffen umgesetzt werden. Im Jahr 2010 begann *LS9* mit der Produktion von Biosyn-Diesel in halbkommerziellem Maßstab, mit einer Produktion von ca. 40 Millionen Liter (vgl. Schrauwers & Poolman 2013, S. 145-150).

Das Unternehmen *Aurora Algae* forscht darüber hinaus an Algen zur Erzeugung eines breiten Spektrums an Produkten, von Biotreibstoffen, über Arzneistoffe bis hin zu Nahrungsmitteln. Der Ansatz des Unternehmens *Joule Unlimited* beruht auf der Veränderung von Cyanobakterien, die aus Wasser, Sonnenlicht und Kohlendioxid Alkane erzeugen sollen. Alkane sind die wichtigsten industriell genutzten Ausgangsstoffe der organischen Chemie. Das Unternehmen *Genencor* etablierte rund 40 Gene in *E. coli* zur Erzeugung von 1,3-Propandiol, ein Grundstoff zur Herstellung von Kunstfasern und abbaubaren Polymeren, unter der Nährstoffgabe von Maiszucker. Neben *ExxonMobile* investieren auch weitere petrochemische Unternehmen wie *BP* und *Shell* zunehmend in die Synthetische Biologie (vgl. ebd., S. 135-150).

Wie bereits erläutert, konnte als erstes Produkt der Synthetischen Biologie das semi-synthetisch erzeugte Antimalariamittel Artemisinin bereits zur Marktreife gelangen (Sanofi 2013). An der global verbreiteten Malaria erkrankten im Jahr 2012 ungefähr 207 Millionen Menschen weltweit und dies verlief für mehr als 627.000 Menschen tödlich. Dabei wurden die meisten letalen Verläufe bei Kindern unter fünf Jahren beobachtet (WHO 2013). Von den vier bekannten humanpathogenen Plasmodium-Arten ist insbesondere *Plasmodium falciparum*, das die *Malaria tropica* hervorruft, klinisch bedeutsam. Die WHO (2015, 2016) empfiehlt für eine Infektion mit *P. falciparum* eine Artemisinin-Kombinationstherapie (*artemisinin-based combination therapy*, ACT), bei der den Patienten Kombinationen zweier verschiedener aktiver Inhaltsstoffe verabreicht werden. Zwar werden Artemisinin und seine Derivate auch erfolgreich als Monotherapie eingesetzt, jedoch kann dies die Entwicklung von Resistenzen unterstützen. Zudem wirken Artemisinin-Derivate zwar effektiv und schnell, ihre Halbwertszeit ist aber sehr kurz, weshalb sie mit Wirkstoffen kombiniert werden, die eine längere Halbwertszeit aufweisen (beispielsweise als Kombination des partialsynthetisch aus Dihydroartemisinin erzeugten Artemether, das in Kombination mit Lumefantrin, ein Phenanthren-Derivat, unter dem Handelsnamen Riamet® erhältlich ist; Mutschler et al. 2013, S. 843-845).[3] Da das herkömmliche Verfahren zur pflanzlichen Gewinnung von Artemisinin sehr aufwendig ist, stellen die schlechte Verfügbarkeit und die hohen Kosten für viele Patienten bislang eine kaum überwindbare Hürde bei der Behandlung dar. Die mikrobielle Erzeugung von Artemisinin ist eine Möglichkeit, das Antimalariamittel global kostengünstig zur Verfügung zu stellen – unter Umständen sogar zu einem Zehntel des Preises des bisherigen Medikaments (vgl. Schrauwers & Poolman 2013, S. 78 und S. 147).

Durch die Einbringung eines artifiziellen genetischen Schaltkreises in Moskitos könnte zudem bereits die Verbreitung von Malaria eingedämmt werden, sodass weniger Menschen erkranken. Neben den weitreichenden Chancen, die eine Eindämmung von Malaria für große Teile der Weltbevölkerung mit sich bringen könnte, werfen Freilandversuche mit synthetisch-biologisch veränderten Organismen jedoch erhebliche *Biosafety*-relevante Sicherheitsfragen auf. Die gezielte Ausbringung von Organismen mit artifiziellen genetischen Elementen in die Umwelt könnte einen starken Eingriff in die betreffenden Ökogebiete bedeuten. Daraus könnten ungewollte und unkontrollierbare Verschiebungen im ökologischen System resultieren und bereits vorhandene Arten verdrängt werden, was nicht in jedem Fall angestrebtes Ziel ist. Die genauen Risiken für den Menschen und seine Umwelt, die mit solchen Eingriffen verbunden sein können, sind bislang kaum abschätzbar.

Bei einer Freisetzung von synthetisch-biologisch veränderten Prokaryonten aus dem Labor könnte zudem genetisches Material über den sogenannten horizontalen Gentransfer, anstelle von vertikaler Vererbung von Vorfahren an Nachkommen, auch an nichtverwandte Arten weitergeben werden. Drei verschiedene Arten dieser horizontalen DNA-Übertragung sind bei Prokaryonten bekannt: 1) die *Transformation*, bei der freie Gene aus der Umwelt aufgen□mmen werden; 2) die *Konjugation*, bei der Genmaterial zwischen Zellen direkt weitergegeben wird; 3) die *Transduktion*, bei der ein Gentransfer über Bakteriophagen möglich ist. Obwohl diese Mechanismen hauptsächlich auf Prokaryonten beschränkt sind, kann zum Teil auch ein Gentransfer von Prokaryonten auf Eukaryonten stattfinden. Ein Beispiel hierfür ist das Bakterium *Agrobacterium tumefaciens,* das ein Ti-Plasmid auf eine Wirtspflanzenzelle übertragen kann, worauf die sogenannte T-DNA in das Genom der Pflanze integriert wird. Diesen Mechanismus macht sich auch die Gentechnik zu Nutze, um Gene auf Pflanzen zu übertragen (vgl. Camp-

[3] Ich danke Herrn PD. Dr. med. Benjamin Mordmüller des Instituts für Tropenmedizin der Universität Tübingen für Hinweise zu Literatur und Hintergründen zur Malariabehandlung mit Artemisininen.

bell et al. 2003, S. 464-465 und S. 633-634). Eine Freisetzung synthetisch-biologisch veränderter Prokaryonten in die Natur könnte aufgrund dieser Mechanismen eine unkontrollierte Übertragung von DNA auf Wildtyp-Arten und sogar auf Eukaryonten zur Folge haben. Auch die Risiken, die mit einem solchen Gentransfer verbunden sein können, sind bislang nicht bzw. kaum abschätzbar.

Der indirekte Einsatz von Techniken der Synthetischen Biologie in eukaryontischen Organismen, wie das Einbringen genetischer Elemente und artifizieller genetischer Schalter in einzelne Zellen, die anschließend in Eukaryonten überführt werden, hält vielfältige Chancen im medizinischen und industriellen Bereich bereit. Wie gezeigt wurde, werden durch diese Technik beispielsweise die unterstützte künstliche Befruchtung bei Kühen oder die gezielte Steuerung biologischer Effekte im Menschen möglich. Diese Anwendungen bergen jedoch auch bestimmte Risiken für den Menschen und seine Umwelt. Ein Risiko besteht durch ungewollte Veränderungen der synthetisch-biologisch modifizierten Zellen im Empfängerorganismus, beispielsweise durch Mutationen. Die Nichtvorhersagbarkeit bestimmter Prozesse, die Instabilitäten erzeugen, stehen dem bioingenieurwissenschaftlichen Ziel der Kontrolle häufig entgegen. Unerwünschte und nicht kontrollierbare Veränderungen der eingebrachten Zellen, beispielsweise die Entwicklung von pathogenen Eigenschaften, könnten sich dabei schädlich auf den Empfängerorganismus auswirken. Die Entstehung neuer Pathogene könnte zu bislang unbekannten Krankheiten beim Menschen und anderen Organismen führen. Zur Eindämmung der genannten Risiken sollen artifizielle genetische Schalter nicht direkt in das Genom des Empfängerorganismus integriert werden, sondern in externen Zellen untergebracht werden, die jederzeit aus dem Empfängerorganismus entfernt werden können. Wie am Beispiel der Behandlung pathologisch erhöhter Harnsäurekonzentrationen im Blut bei Gicht gezeigt wurde, sollen diese Zellen von einer Schicht Agar umhüllt werden, die diese einerseits vor dem Immunsystem des Körpers der Patienten schützt und andererseits für deren Zusammenhalt sorgt. Der Regelmechanismus kann so bei Rekonvaleszenz wieder aus dem Körper der Patienten entfernt werden (Kemmer et al. 2010).

Ein weiteres zukünftiges Anwendungsfeld dieses Forschungsbereichs ist die synthetisch-biologische Erzeugung von Kraftstoffen mit Hilfe von Mikroorganismen. Bestenfalls sollen so der weltweite Energiemangel und das Klimaproblem unserer Erde gelöst werden können. Der zur Erzeugung von Biotreibstoffen benötigte Zucker könnte aus Pflanzen, beispielsweise Zuckerrüben, gewonnen werden. Deren Anbau würde jedoch wichtige Agrarflächen beanspruchen, die derzeit zur Nahrungsmittelerzeugung genutzt werden. Die mikrobielle Treibstoffproduktion wirft somit als Konkurrenz zur Nahrungsmittelproduktion auch Gerechtigkeitsfragen auf (verkürzt als Schlagwort: „Tank oder Teller“). Aus diesem Grund soll Cellulose, ein Abfallprodukt vieler Produktionsvorgänge der Nahrungsmittelerzeugung, als Nährstoff für die treibstoffproduzierenden Mikroorganismen eingesetzt werden. Hierfür wird an der Veränderung des Fettsäurestoffwechsels von *E. coli* geforscht. Vom Organismus erzeugte Hemicellulasen sollen dann zukünftig Cellulose in ölartige Substanzen aufspalten (Steen et al. 2010).

Eine große Hürde bei der mikrobiellen Herstellung bestimmter Substanzen ist jedoch die damit einhergehende Erzeugung meist zahlreicher Nebenprodukte. Zudem steht das mangelnde Wissen über die Funktionalität vieler Gene einer vollständigen Kontrolle von Zellprozessen gegenüber. Auch von den ungefähr 5.000 BioBricks, die derzeit in der *Registry of Standard Biological Parts* vorliegen, ist für lediglich 1.500 Module deren Funktionalität bestätigt. Randy Rettberg zufolge sind 50 der im Register aufgeführten genetischen Module nicht funktional und bei 200 BioBricks wurden Unstimmigkeiten in der Funktionalität festgestellt (Gent & Roth 2012).

Auch in der Forschung zu maßgeschneiderten Stoffwechselwegen, artifiziellen genetischen Schaltkreisen sowie BioBricks wird zur Risikobeurteilung bislang auf die Methoden der Technikfolgenabschätzung aus dem Bereich der Gentechnik zurückgegriffen (s. Kap. 2.1). Aufgrund der genannten Unsicherheiten ist jedoch auch für diesen Forschungsansatz davon auszugehen, dass das GenTG, die GenTSV und die EU-Richtlinie 2009/41/EG nicht ausreichend greifen. Die Kombination mehrerer Gene natürlichen Ursprungs in einem Organismus zur Erzeugung maßgeschneiderter Stoffwechselwege mache zwar nach Engelhard (2010, S. 18-20) eine Prognose mit vielen Unbekannten Faktoren noch denkbar. Dennoch steige der Unsicherheitsfaktor mit der Komplexität der Veränderungen. Bei der Erzeugung artifizieller genetischer Elemente und deren Etablierung in Zellen sei hingegen ein Rückbezug auf Organismen natürlichen Ursprungs meist nicht mehr möglich. Da keine natürlichen Vorbilder existieren, fehlen Vergleichswerte zur Risikoabschätzung. Zudem führe die Kombination mehrerer artifizieller Gene in einem Organismus zu noch komplexeren Wechselwirkungen.

Demnach stellt auch in diesem Forschungsbereich das Kriterium der Rückholbarkeit eine notwendige Bedingung der Freisetzung von Organismen mit zusätzlichen bzw. artifiziellen genetischen Elementen dar. Diese Rückholbarkeit ist jedoch bislang nicht gesichert. Derzeit sollte daher auf eine Freisetzung von Organismen, die mit zusätzlichen Genen zur Erzeugung maßgeschneiderter Stoffwechselwege, artifiziellen genetischen Schaltkreisen oder BioBricks ausgestattet wurden, verzichtet werden.

Neue Sicherheitstechniken müssen vor einer möglichen Freisetzung der Organismen in die Umwelt oder einer Einbringung in Empfängerorganismen entwickelt und erprobt werden. Die Methoden der Technikfolgenabschätzung aus dem Bereich der Gentechnik sind entsprechend zu erweitern und anzupassen (vgl. ebd., S. 21-22). Zudem ist auch bei diesem Forschungsansatz, aufgrund der Unsicherheit der Prognose, das Vorsorgeprinzip verstärkt anzuwenden. Bis zur Feststellung der Ungefährlichkeit sollten zumindest Organismen mit artifiziellen genetischen Elementen in die Sicherheitsstufen S3 bzw. S4 eingeordnet werden (vgl. Tucker & Zilinskas 2006, S. 34).

Der iGEM-Wettbewerb wirft darüber hinaus weitere spezifische Risiken auf. Dabei werden Techniken von Studenten angewendet, die nur über geringe biologische Vorkenntnisse und Erfahrungen in der Forschung verfügen. Aufgrund fehlender Weitsicht für biologische Zusammenhänge und nicht sachgemäßer Handhabung steigt dabei das Risiko für Unfälle. Die biologische Sicherheit sollte daher in den Curricula der Hochschulen fest verankert werden (vgl. Engelhard 2010, S. 22).

Neben Sicherheitsfragen, die in den Bereich des *Biosafety* fallen, wirft auch dieser Forschungsansatz *Biosecurity*-relevante Fragen auf. So birgt auch die Möglichkeit, Organismen mit bislang unbekannten Eigenschaften und Funktionen auszustatten, das Risiko eines missbräuchlichen Einsatzes, beispielsweise zu bioterroristischen Zwecken.

Zudem besteht auch in diesem Forschungsbereich die Problematik der Verwendung von Organismen zu *Dual-Use*-Zwecken. Internationale Abkommen wie die Biowaffenkonvention sowie auf europäischer Ebene die EG-Verordnung 428/2009 regulieren zwar den Export von *Dual-Use*-Gütern, jedoch besteht kein einheitliches Regelsystem zur Vermeidung von Missbrauch der Forschung. Neben der Etablierung institutionell übergreifender Selbstregulierungsansätze ist daher auch für diesen Ansatz eine Anpassung der gesetzlichen Regelungen vorzunehmen (s. Kap. 2.2.8).

Nach Engelhard (ebd.) ist insbesondere für den Bereich der Forschung zu artifiziellen genetischen Elementen, aufgrund fehlender natürlicher Referenzorganismen, über ein Moratorium zu diskutieren. Tucker und Zilinskas (2006, S. 44-45) weisen jedoch darauf hin, dass es, aufgrund des internationalen Charakters und der Entwicklungsdynamik der Synthetischen Biologie, für die Verhängung eines Moratoriums bereits zu spät sein könnte.

2.4 Die Erzeugung „paralleler organismischer Welten“

Der Forschungsbereich zu orthogonalen Biosystemen, Xenobiologie und „Spiegel-Leben“ wird häufig als eine „parallele Welt“ von Organismen verstanden, die nicht mit der „natürlichen Welt“ wechselwirken könne. Alle hier genannten Ansätze arbeiten derzeit ausschließlich auf der Ebene von lange bekannten Mikroorganismen als Modellsysteme und nicht mit Eukaryonten, mit Ausnahme von *Saccharomyces cerevisiae*.

Der Begriff „Orthogonalität" stammt aus der Informationstechnologie und bezeichnet hier das Prinzip der freien Kombinierbarkeit voneinander unabhängiger Systeme. Auch innerhalb dieses Ansatzes der Synthetischen Biologie als Bioingenieurwissenschaft besteht das Ziel, dieses Prinzip auf Biosysteme zu übertragen. In eine Zelle eingebrachte und künstlich veränderte biologische Teilsysteme, mit gleichen oder ähnlichen biologischen Funktionen wie bereits bestehende zelleigene Systeme, bilden dabei parallele Biosysteme innerhalb der Zelle. Unter dem Begriff „orthogonale Biosysteme" werden demnach möglichst unabhängig voneinander funktionierende biologische Teilsysteme innerhalb einer Zelle verstanden.

Die Xenobiologie hingegen forscht an alternativen biologischen Informationssystemen. Der Begriff „Xeno" ist abgeleitet von dem griechischen Wort ξένος für „Fremder/Gast". Nukleinsäureformen, die sich von den natürlichen Formen bezüglich ihrer molekularen Strukturen unterscheiden, sind beispielsweise die *Xenonukleinsäure* (XNA) oder die *Peptidnukleinsäure* (PNA). Alternative Nukleinsäuren können aber auch aus neuen Nukleotiden, sogenannten Xenonukleotiden, aufgebaut sein.

Ein weiterer Ansatz dieses Forschungsbereichs der Synthetischen Biologie ist die Erzeugung von sogenanntem „Spiegel-Leben". Hierbei werden Moleküle zwar mit derselben chemischen Summenformel erzeugt, wie die der natürlich vorkommenden Form, aber nicht mit derselben räumlichen Anordnung. Es entstehen sogenannte Stereoisomere, die spiegelverkehrt zur natürlichen Form vorliegen.

2.4.1 Ziele

Eines der Hauptziele der Forschung zu orthogonalen Biosystemen, Xenobiologie und „Spiegel-Leben" ist die Errichtung einer „biologischen" bzw. „genetischen Firewall", in Analogie zu Sicherungssystemen in der Informationstechnologie. Im Falle einer „biologischen Firewall" würde eine Interaktion synthetisch-biologisch veränderter Organismen mit Organismen natürlichen Ursprungs auf ökologischer Ebene, beispielsweise bei der Konkurrenz um Nahrungsstoffe, verhindert (Schmidt 2010). Die „genetische Firewall" hingegen soll einen ungewollten Gentransfer zwischen künstlich veränderten Organismen und Wildtyp-Arten verhindern (vgl. Budisa 2012, S. 110-111; Schmidt 2010, S. 325-329). Hierfür sollen alternative Biosysteme entwickelt werden, die mit natürlich vorkommenden oder anderen alternativen Organismen nicht wechselwirken können.

Somit wird auch bei diesem Forschungsansatz eine Verschmelzung biologischer mit technikwissenschaftlichen Prinzipien angestrebt. Allerdings steht der Anspruch mehrere unabhängig voneinander funktionierende biologische Teilsysteme in einer Zelle zu etablieren oder zusätzliche alternative Nukleinsäureformen und Stereoisomere zu erzeugen, in einem gewissen Widerspruch zu den bereits genannten ingenieurwissenschaftlichen Prinzipien der Reduktion und Standardisierung (Budisa 2012, S. 93).

Des Weiteren bildet dieser Forschungsbereich, insbesondere die Xenobiologie, einen vielversprechenden Ansatz bei der Suche nach dem Ursprung des Lebens auf der Erde und der Entstehung des genetischen Codes. Zum Teil wird dabei die RNA, aufgrund ihrer Fähigkeit sowohl als Informationsträger als auch als katalytisch aktive Substanz in einem Organismus zu fungieren, als vermutlicher Vorläufer der DNA sowie der Proteine in einer urzeitlichen „RNA-Welt“ angesehen. Allerdings enthalten sowohl DNA als auch RNA komplex angeordnete Zuckermoleküle, die sich nur sehr schwer unter Laborbedingungen nachbauen lassen. Die DNA ist ein Polymer von Nukleinsäuren, das in Form einer Doppelhelix organisiert ist. Die Bausteine der DNA, sogenannte Nukleotide, sind aus jeweils einem Phosphatrest, dem Zucker Desoxyribose und einer der vier Basen *Guanin* (G), *Cytosin* (C), *Adenin* (A) und *Thymin* (T) aufgebaut. Die RNA liegt in der Regel einzelsträngig vor und besteht aus Phosphat, dem Zucker Ribose und den vier Basen *Guanin* (G), *Cytosin* (C), *Adenin* (A) und *Uracil* (U). Da RNA jedoch sehr instabil ist, werden immer häufiger auch die weniger komplexen aber stabileren XNA oder PNA als mögliche frühe genetische Vorläufermoleküle postuliert (s. Kap. 2.5.1 und 2.5.2). Diese These könnte durch die Erzeugung katalytisch wirksamer PNA untermauert werden (vgl. Nielsen 2010, S. 53). Da PNA sowohl aus Nukleinsäure als auch Peptiden aufgebaut ist, könnte sie nicht nur als Informationsträger dienen, sondern auch enzymatisch Stoffwechselprozesse katalysieren. Allerdings sind bislang nur RNA-Moleküle mit katalytischen Eigenschaften bekannt. Auf Basis von PNA müsste die Erzeugung katalytisch wirksamer Strukturen erst noch bewiesen werden. Die Entwicklung von selbstreplizierenden PNA-Systemen ist jedoch zukünftig denkbar. Eine Herausforderung bei der Generierung selbstreplizierender PNA stellt die Notwendigkeit einer Auftrennung der Doppelstränge dar, die aufgrund der hohen Stabilität jedoch kaum spontan auftritt (vgl. ebd., S. 52-53).

2.4.2 Visionen

Auch in diesem Forschungsbereich ist der Anspruch Wechselwirkungen zwischen alternativen Biosystemen und anderen alternativen Biosystemen bzw. Organismen natürlichen Ursprungs *vollständig* ausschließen oder kontrollieren zu können aufgrund der Unvorhersagbarkeit bestimmter Lebensprozesse derzeit als visionär anzusehen.

Der Synthetische Biologe Budisa, der im Bereich zu orthogonalen Biosystemen forscht, erläutert dennoch seine Vision dieses Forschungsfeldes. So will er nicht nur die Chemie des Lebens verstehen, sondern diese auch neu herstellen: „Mein wissenschaftliches Ziel ist ganz einfach: Den genetischen Code zu ändern, nicht mehr und nicht weniger“ (Budisa, Interview in: Ruhenstroth 2009). Jedoch stellt Budisa auch fest: „Wir stehen noch ganz am Anfang“ (ebd.).

2.4.3 Techniken

Orthogonale Biosysteme

Bei der Forschung zu orthogonalen Biosystemen sind zwei Ansätze relevant: erstens die Erzeugung nicht-kanonischer Aminosäuren, das sogenannte *protein engineering* und zweitens die Erweiterung des genetischen Codes, das sogenannte *code engineering*. Beide Ansätze sind nicht strikt voneinander zu trennen, sondern weisen Überschneidungen auf.

Die Grundlage dieser beiden Ansätze bildet die DNA. Der Prozess der *Transkription* führt zur Erzeugung der mRNA auf Grundlage der DNA. Bei der nachfolgenden *Translation* übersetzen Ribosomen auf Basis der 20 kanonischen Aminosäuren die mRNA mit Hilfe von mit Aminosäuren beladenen tRNAs in Polypeptidketten. Die Information über die Abfolge der einzelnen Aminosäuren in den Ketten findet sich dabei auf der mRNA bzw. DNA als sogenannter genetischer Code, der für die meisten Organismenarten auf der Erde universell ist.[4] Drei der möglichen vier Basen bilden dabei ein Triplett-Codon, das in seiner spezifischen Anordnung der Basen für eine bestimmte Aminosäure codiert. Beispielsweise codiert das Triplett-Codon „CGA“ für die Aminosäure Arginin. Dementsprechend sind 64 (4^3) Codon-Kombinationen möglich. Das Ribosom erkennt bei der Translation der mRNA in Proteine die einzelnen Codonen und fügt an die naszierende (d.h. die im Aufbau befindliche) Peptidkette die entsprechenden Aminosäuren an. An die Expression anschließend, bildet sich aus der Peptidkette durch spezifische Faltung das entsprechende Protein. Aufgrund der begrenzten Anzahl von 20 kanonischen Aminosäuren, aber 64 möglichen Triplett-Codonen, codieren teilweise mehrere Codonen für eine Aminosäure. Der genetische Code ist somit redundant bzw. degeneriert. Beispielsweise codiert nicht nur das Triplett-Codon „CGA“ für die Aminosäure Arginin, sondern zudem die Codonen „CGU“, „CGC“, „CGG“, „AGA“ und „AGG“. Das Ribosom erkennt schließlich anhand von drei Stopp-Codonen „UAA“ (*ochre*), „UGA“ (*opal*) oder „UAG“ (*amber*) das Ende einer Peptidkette.

[4] Beispielsweise wird in manchen Organismen die nicht-kanonische Aminosäure Selenocystein an der Stelle des Stopp-Codons „UGA“ und in manchen Archaeen Pyrrolysin an der Stelle des Stopp-Codons „UAG“ in die Polypeptidkette eingebaut. Ausnahmen sind unter anderem auch die Mitochondrien des Menschen, in denen das Codon „UGA“ kein Stopp-Codon bildet, sondern für die Aminosäure Tryptophan codiert, das Codon „AUA“ nicht für die Aminosäure Isoleucin, sondern für Methionin codiert und die Codonen „AGA“ und „AGG“ nicht für die Aminosäure Arginin codieren, sondern Stopp-Codonen bilden.

Der *in vivo* Einbau nicht-kanonischer Aminosäuren in Proteine ist Ziel des *protein engineerings*. Hierfür werden wenig gebräuchliche Stopp-Codonen oder mehrfach belegte Codonen verwendet. Beispielsweise codiert das Codon „AUG“ für die kanonische Aminosäure Methionin. Durch das Anhängen chemischer Gruppen und Atome (z.B. Alkene oder Alkine, Halogene, Chalcogene, Keto-, Cyano-, Azido-, Nitroso-, Silyl-Gruppen) an spezifische Stellen von Methionin entstehen nicht-kanonische, künstlich hergestellte Aminosäuren. Das Codon „AUG“ wird der so erzeugten Aminosäure neu zugeordnet. Diese wird anstelle von Methionin in die Peptidkette eingebaut und führt zu Proteinen mit neuen chemischen Eigenschaften (vgl. Merkel & Budisa 2006, S. 43). Auch wenig gebräuchliche Stopp-Codonen, beispielsweise „UAG“ (*amber*), können als neues Erkennungssignal für das Ribosom dienen. Anstelle eines Abbruchs der Translation an diesem Stopp-Codon, fügt dann eine modifizierte tRNA eine künstliche Aminosäure in die naszierende Peptidkette ein (Wang, Q. et al. 2009).

Beim *code engineering* hingegen, wird durch Veränderung des Leserasters der bestehende genetische Code insgesamt verändert. Neumann et al. (2010) gelang es auf diese Weise, einen neuen genetischen Code auf der Basis von vier Basen zu erstellen. Dabei werden künstlich modifizierte Ribosomen zusätzlich zu den Ribosomen natürlichen Ursprungs in die Zelle eingebracht, die statt der üblichen Triplett-Codonen nun Quadruplett-Codonen ablesen. Das aktive Zentrum der modifizierten Ribosomen wurde derart verändert, dass ausschließlich Quadruplett-Codonen erkannt werden konnten. Zudem wurden modifizierte tRNAs sowie weitere RNA-Moleküle, die für eine korrekte Beladung der tRNA mit Aminosäuren dienen, in die Zelle integriert. Die Ribosomen natürlichen Ursprungs sorgten weiterhin für die Aufrechterhaltung der Lebensfunktionen der Zelle. Die orthogonalen Ribosomen konnten zur Erzeugung zusätzlicher Zellprodukte, in diesem Fall des Proteins Calmodulin, eingesetzt werden. Calmodulin konnte durch diese Technik mit 22 Aminosäuren, anstatt der üblichen 20, exprimiert werden. Die beiden zusätzlich eingefügten künstlichen Aminosäuren gingen nach der Faltung des Proteins eine kovalente Bindung ein, die in der natürlichen Faltung nicht vorkommt. Hierdurch stellte sich das Protein, im Vergleich zu natürlichem Calmodulin, als kompakter und stabiler heraus. Diese Technik könnte zur Generierung einer „genetischen Firewall“ beitragen, basierend auf den veränderten Übersetzungsregeln des genetischen Codes der DNA. Dieser könnte nur von künstlich veränderten, nicht aber von natürlich vorkommenden Ribosomen translatiert werden.

Xenobiologie

Die Xenobiologie setzt an der chemischen Struktur der Nukleinsäure selbst an, indem einzelne Bausteine substituiert werden. Unterschiedliche Ansätze der Xenobiologie beruhen zum einen auf der Erzeugung von Nukleinsäuren mit alternativen Bausteinen des „Rückgrats", wie XNA und PNA, zum anderen auf der Synthese von Nukleinsäure mit alternativen Basen, sogenannten Xenonukleotiden. Die chemische Struktur der Nukleinsäure wird dabei so verändert, dass diese zwar mit natürlicher Nukleinsäure chemisch wechselwirken kann, aber als alternatives Informationssystem von Zellen natürlichen Ursprungs nicht erkannt wird. Die Xenobiologie bildet somit einen weiteren Forschungsansatz zur Erzeugung einer „genetischen Firewall".

Im Detail unterscheidet sich die XNA von der natürlich vorkommenden DNA bzw. RNA bezüglich der Monosaccharide des Rückgrats. Die Pentosen Desoxyribose bzw. Ribose, wie sie in der DNA bzw. RNA vorkommen, werden dabei ersetzt. So enthält beispielsweise die *Threosenukleinsäure* (TNA) die Tetrose Threose (vgl. Schöning et al. 2000). XNA kann wie DNA oder RNA zwar als Informationssystem dienen, sie wird jedoch von Zellstrukturen natürlichen Ursprungs nicht erkannt. Hierdurch sind auf XNA basierende Systeme für natürliche DNA/RNA-Systeme „unsichtbar" (vgl. Schmidt 2010, S. 324-325). Pinheiro et al. (2012) konnten allerdings bereits spezifische Polymerasen entwickeln, die sowohl XNA von DNA transkribieren als auch XNA wieder in DNA umwandeln konnten.

Eine weitere Möglichkeit der Modifikation der Nukleinsäure ist die Substitution des gesamten Rückgrats durch Aminosäurestränge. Die auf diese Weise erzeugte PNA ist ein Konstrukt aus Nukleinsäure und einem peptidartigen Rückgrat. Sie ist einfacher aufgebaut als ihr Vorbild, die DNA. Zudem ist PNA stabiler und wird in der Zelle nicht so leicht zersetzt, da Enzyme, die Peptide oder Nukleinsäuren abbauen, die PNA nicht als Substrat erkennen.

Der PNA-Forschungsansatz ist vergleichbar mit dem *Antisense-Konzept*, bei dem sich kurze DNA bzw. RNA-Sequenzen an einzelsträngige mRNA anlagern. Der dabei lokal gebildete Doppelstrang verhindert mechanisch die Expression eines Gens oder führt zu dessen enzymatischem Abbau. Auch PNA kann sich an Nukleinsäure-Sequenzen anheften und so die Transkription, Translation und Replikation sowohl blockieren als auch unterstützen. Im Gegensatz zur Antisense-DNA/-RNA vermag es PNA jedoch an jede Art von Nukleinsäure zu binden und ist dadurch vielseitiger. Einzelsträngige PNA kann mit kurzfristig einzelsträngig vorliegender DNA hybridisieren und so die Transkription blockieren. Auch die Translation kann durch die Anlagerung einzelsträngiger PNA an die mRNA unterbunden werden.

Demgegenüber kann PNA, durch Anlagerung an Nukleinsäure-Doppelstränge, auch bestimmte Zellprozesse fördern. Die Peptid-Strukturen der PNA sind, im Gegensatz zu den negativ geladenen Phosphat-Gruppen der DNA oder RNA, elektrisch neutral. Deshalb können sich bei der Anlagerung von PNA an doppelsträngige DNA auch besondere Formen der Bindung, sogenannte *Duplex-*, *Tri-*

plex-, oder *Doppel-Duplex-Invasionen* ausbilden, ohne dass sich die Stränge gegenseitig abstoßen. Bei einer *Duplex-Invasion* lagert sich ein PNA-Oligomer an eine bestimmte Stelle eines Stranges der DNA-Doppelhelix an und verdrängt dabei den anderen DNA-Strang. Der freie DNA-Strang verläuft neben dem Komplex als sogenannter P-Loop. Eine *Triplex-Invasion* entsteht, wenn sich ein PNA-Doppelstrang an einen DNA-Doppelstrang anlagert. Der PNA-Doppelstrang bindet jedoch nur an einen DNA-Strang und bildet mit diesem eine PNA-DNA-PNA-Tripelhelix aus. Der freie DNA-Strang liegt dann ebenfalls als P-Loop neben dem Komplex vor. In diesen Fällen können Transkriptionsfaktoren an den freiliegenden DNA-Einzelstrang binden und so die Transkription eines Gens in Gang setzen. Zudem eignet sich der P-Loop als spezifischer Startpunkt zur Vervielfältigung eines bestimmten Genabschnitts, beispielsweise bei der Diagnose von Erbkrankheiten. Die dritte Form der Bindung, die *Doppel-Duplex-Invasion*, kann entstehen, wenn sich je ein PNA-Oligomer an jeweils einen Strang einer DNA-Doppelhelix anlagert. Die PNA-Sequenzen verdrängen dabei die DNA-Bindungen und bilden zwei lokale PNA-DNA-Doppelstränge (vgl. Nielsen & Egholm 1999; Nielsen 2010, S. 49-51).

Neben den Modifikationen des Nukleinsäure-Rückgrats wird auch an der Veränderung sowie Substitution einzelner Basen geforscht. Hierdurch soll eine Erweiterung der Codierungskapazität der Nukleinsäure erreicht werden. Nukleotide, die künstlich erzeugte Xenobasen enthalten, werden entsprechend als Xenonukleotide bezeichnet. Das Einfügen von Xenobasen in die Nukleinsäure erlaubt es beispielsweise, den aus vier Basen (ATGC) bestehenden Code zu einem aus sechs Basen (ATGCPZ) aufgebauten Code zu erweitern (Yang et al. 2011).

Marlière et al. (2011) gelang es, ein Nukleotid der DNA von *E. coli* durch ein Xenonukleotid zu substituieren. Hierzu wurde die Base Thymin natürlichen Ursprungs durch die Base Uracilchlorid über Kultivierung der Bakterien mit Uracilchloridionen ersetzt. Dies ermöglichte nach etwa tausend Bakteriengenerationen eine dauerhafte Integration der Base in die DNA. Dabei änderte sich allerdings auch der Phänotyp der Zellen. Die Organismen wiesen nach der Kultivierung eine weniger gute Teilung auf und bildeten nur noch lange Filamente aus. Dabei wurde eine vollständige Abhängigkeit der Organismen von Uracilchlorid erzeugt. Kommen die von einem synthetisch veränderten Organismus benötigten Bausteine in der Umwelt selten vor, wäre dies eine weitere Sicherheitsbarriere, da die Zellen außerhalb des Labors kaum überlebensfähig wären (vgl. Budisa 2012, S. 110).

„Spiegel-Leben“

Ein weiterer Ansatz dieses Forschungsbereichs ist die Erzeugung von sogenanntem „Spiegel-Leben“ (vgl. Schmidt 2010, S. 324). In der Natur verfügen viele Moleküle zwar über die gleiche chemische Summenformel, aber nicht über dieselbe räumliche Anordnung. Diese sogenannten Stereoisomere sind mit chiralen Zentren ausgestattet. Chiralität (von gr. χειρ, *Hand*) steht für Händigkeit, da sich die Zentren zueinander verhalten wie die rechte zur linken Hand, sie sind also spiegelverkehrt. Demnach können von einem Molekül mit beispielsweise acht chiralen Zentren insgesamt 256 (2^8) Stereoisomere gebildet werden. Fällt linear polarisiertes Licht durch Lösungen mit chiralen Molekülen, wird die Polarisationsebene des Lichts gedreht, was als *optische Aktivität* der Substanz bezeichnet wird. Optisch aktive Aminosäuren liegen in Organismen normalerweise in der L-Form (von lat. *laevo*, links), also linksdrehend, vor. Optisch aktive Zuckermoleküle hingegen kommen nur in der rechtsdrehenden D-Form (von lat. *dextra*, rechts) vor. Dementsprechend sind meist nur diese Formen, L-Aminosäure oder D-Zucker, auch medizinisch wirksam und somit für Pharmazeutika bedeutsam. Die spezifische Erzeugung der ausschließlich medizinisch wirksamen Moleküle kann auf chemischem Weg jedoch nicht bewerkstelligt werden. Es entsteht ein Racemat, eine Mischung möglicher Stereoisomere eines Moleküls, das aufwendig aufgetrennt werden muss. Techniken zur Erzeugung von stereoisomeren Verbindungen zielen unter anderem auf spezifische Enzyme enthaltende Reaktionsgefäße, nichtenzymatische Katalysatoren oder künstliche Biosysteme ab. Zudem werden Mikroorganismen zur Produktion spezifischer Moleküle verwendet. Diese verfügen bereits über Enzyme, die Moleküle stets in der gewünschten räumlichen Anordnung synthetisieren (vgl. Schrauwers & Poolman 2013, S. 20-21).

Neben der Herstellung von Medikamenten könnte das Prinzip der Chiralität auch zur Erzeugung von Organismen genutzt werden, die selbst über spiegelverkehrte Verbindungen verfügen. Auch hierdurch wäre die Errichtung einer „biologischen" bzw. „genetischen Firewall" möglich.

2.4.4 Anwendungen

Orthogonale Biosysteme

Die Forschung zu orthogonalen Biosystemen und neuen Aminosäuren strebt derzeit hauptsächlich die Erzeugung bestimmter Aminosäurepolymere an. Dies soll die Herstellung von neuen Materialien, beispielsweise für Zahnimplantate oder als Knorpel- und Knochenersatz sowie die Erzeugung neuer therapeutischer Wirkstoffe ermöglichen (vgl. DFG et al. 2009, S. 21). Die Integration alternativer Aminosäuren in Peptidketten kann dabei zu stabileren Peptiden und Proteinen führen, da die Aminosäuren nach der Faltung zusätzliche kovalente Bindungen eingehen und zelleigene Proteasen die neuartigen Proteine schlechter abbauen können. Die resultierenden Proteine könnten daher im therapeutischen Einsatz wirkungsvoller als natürliche Proteine sein und neue Funktionen übernehmen.

Die Biotechnologieunternehmen *Ambrx* und *Merck Serono* forschen derzeit zusammen an einem Weg, *Polyethylenglykol*-Reste (PEG) gezielt an ein Wachstumshormon zu koppeln. Die Bindung wird durch eine künstliche Aminosäure ermöglicht, die in das Wachstumshormon integriert wurde. Bislang war das Anhängen von PEG an Proteine über die chemische Synthese nur unspezifisch möglich. Es entstand eine Mischung aus Varianten hoher und niederer Aktivität. Das Koppeln von PEG an künstliche Aminosäuren soll das Verfahren optimieren. Die besten Varianten könnten getestet und produziert werden. Das Anhängen von PEG-Seitenketten an Medikamente kann den Abbau der Substanzen im Körper verzögern und wird in der Pharmakologie häufig eingesetzt. Für Patienten mit Wachstumshormonmangel könnte dies beispielsweise bedeuten, dass das Medikament weniger häufig injiziert werden muss (vgl. Epping 2010, S. 77).

Eine Hürde bei der Erzeugung von orthogonalen Biosystemen ist allerdings der starke Stress, dem die Zellen durch die Veränderungen ausgesetzt sind. Beispielsweise werden bei der Neuzuordnung eines bestimmten Stopp-Codons zu einer künstlichen Aminosäure nicht gezielt einzelne Codonen, sondern alle Stopp-Codonen dieser Art im Genom neu zugeordnet. Die Zelle exprimiert im Anschluss Unmengen fehlerhafter Proteine, die repariert werden müssen, was meist zu schlechterem Zellwachstum und geringer Produktivität führt.

Xenobiologie

Ein Anwendungsfeld der XNA eröffnet die Erzeugung sogenannter Aptamere. Diese kurzen einzelsträngigen Sequenzen wurden bislang aus DNA oder RNA hergestellt. Sie können spezifisch an Strukturen wie kleine Moleküle, bakterielle Gifte, Antibiotika, Viren oder Bakterien binden. Durch diese Bindung werden bestimmte Prozesse gezielt inhibiert. Hierdurch sind Aptamere insbesondere für die therapeutische Anwendung sowie zur Analyse von Wasserproben interessant.

Ein RNA-Aptamer ist unter dem Handelsamen Macugen® der Firma *Pfizer* auf dem Markt. Das Aptamer wird in den Augapfel der Patienten injiziert und blockiert dort den Wachstumsfaktor *Vascular Endothelial Growth Factor* (VEGF), der an der Ausbildung der feuchten altersbedingten *Makuladegeneration* (AMD) beteiligt ist (Ng et al. 2006). Bei der Herstellung von Aptameren ist daher die Eigenschaft einer stabilen Bindungsfähigkeit von besonderer Relevanz. XNA reagiert unempfindlicher als DNA bzw. RNA auf den Kontakt mit Säuren und wird von zelleigenen Enzymen nicht so leicht erkannt und abgebaut. Diese größere Stabilität und ein weniger komplexer Aufbau machen die XNA für die Anwendung als Aptamere im Bereich der medizinischen Diagnostik, Pharmazeutik und Umweltanalytik interessant (vgl. Pinheiro et al. 2012).

Wie bereits erläutert, kann PNA durch Anlagerung an DNA die Transkription, Translation, Replikation und die Reparatur von Genen beeinflussen. Da PNA-Oligomere jedoch große hydrophile Moleküle sind, können sie die Zellmembran eines Organismus nur schwer überwinden und werden so mit dem Urin schnell wieder ausgeschieden. Für den therapeutischen Einsatz soll daher die Bioverfügbarkeit von PNA mittels pharmazeutischer Hilfssubstanzen gesteigert werden. Zukünftig könnten PNA-Oligomere dann über den Blutstrom in Körperzellen transportiert werden (vgl. Nielsen 2010, S. 51-52). So könnten über die Bindung von PNA an DNA-Moleküle möglicherweise Erbkrankheiten therapiert werden, die durch Mutationen verursacht wurden. Geforscht wird beispielsweise an einem mutierten Gen, das die Blutkrankheit Thalassämie auslöst, und über die Anlagerung von PNA repariert werden könnte (vgl. Lonkar et al. 2009).

Da sich die PNA fester und spezifischer an Nukleinsäurestränge anheftet, als diese untereinander verbunden sind, eignet sie sich darüber hinaus für den Nachweis von Genen und Genvarianten. Bei der sogenannten Fluoreszenz-*in-situ*-Hybridisierung werden fluoreszierende Gruppen an PNA-Oligomere angehängt, die an bestimmte DNA-Sequenzen anheften und diese aufzeigen (vgl. Nielsen 2010, S. 51).

„Spiegel-Leben"

Im Forschungsbereich zu „Spiegel-Leben" ist es zukünftig denkbar, Organismen herzustellen, die über die spiegelverkehrte D-Aminosäure und L-Zucker verfügen. Darüber hinaus könnte auch die in Organismen natürlichen Ursprungs typischerweise vorkommende rechtsgängige DNA-Doppelhelix spiegelverkehrt synthetisiert werden. Dies könnte Wechselwirkungen zwischen Organismen mit spiegelverkehrten Bausteinen und Organismen natürlichen Ursprungs verhindern und somit eine weitere „biologische" bzw. „genetische Firewall" generieren (vgl. Davies 2010, S. 42-43).

Die Firma *NOXXON* (2016) forscht derzeit an künstlichen L-Isomeren der RNA, sogenannte Spiegelmere®. Diese spezifischen Aptamere können Moleküle, beispielsweise Peptide, binden. Ein Arzneistoff zur Verhinderung von Nierenschäden bei Patienten mit Diabetes befindet sich derzeit in der klinischen Erprobung. Die Spiegelmere® sollen hierbei spezifisch an den entzündungsfördernden Faktor *CC-Chemokin-Ligand-2* (CCL2) binden und diesen inhibieren. Aufgrund ihrer Chiralität werden sie im Körper nicht so leicht abgebaut.

2.4.5 Bezüge zu anderen Ansätzen der Synthetischen Biologie

Durch die Verbindung mit dem Minimalorganismenansatz könnten Zellen mit minimalem Genset als Chassis beispielsweise für zusätzliche orthogonale Ribosomen oder den Einbau neuer Aminosäuren in Proteine bereitgestellt werden (s. Kap. 2.1). Wie bereits erläutert, versetzt das Umschreiben des genetischen Codes, beispielsweise die Neuzuordnung des wenig gebräuchlichen *amber*-Stopp-Codons („UAG“) zu einer neuen Aminosäure, die Zelle bislang in starken Stress. Die neue Aminosäure wird nicht nur gezielt an einer Stelle im Genom eingebaut, sondern an jeder Stelle, an der sich ein *amber*-Codon befindet. Die vielen fehlerhaft exprimierten Proteine müssen von der Zelle aufwendig abgebaut werden. Um dies zu umgehen, müssten einige *amber*-Codonen, im *E. coli*-Genom sind dies insgesamt 417 Codonen, durch andere Stopp-Codonen ersetzt werden. Eine Minimalzelle mit weniger *amber*-Codonen könnte eine Möglichkeit bieten, diesen Aufwand zu umgehen und das *amber*-Codon für den gezielten Einbau einer künstlichen Aminosäure nutzbar machen (vgl. Epping 2010, S. 77).

Für die Forschung zur umfangreichen genetischen Modifikation von Organismen könnten zukünftig XNA oder PNA anstelle von DNA oder RNA verwendet werden (vgl. Gibbs 2010, S. 60; s. Kap. 2.3).

Darüber hinaus ist der Forschungsansatz zur Xenobiologie eng verknüpft mit dem Protozellenansatz. Protozellen sind Lipidvesikel, die molekulare Komponenten, wie Nukleinsäurestränge enthalten. Anstelle von DNA bzw. RNA könnten Protozellen auch mit XNA oder PNA ausgestattet werden. Zudem verbindet beide Ansätze die Suche nach dem Ursprung des Lebens auf der Erde (vgl. Nielsen 2010, S. 52-53; s. Kap. 2.5).

2.4.6 Darstellung des Ansatzes in der Öffentlichkeit

Nach Gschmeidler und Seiringer (2012, S. 166: Tab. 1) konnten insgesamt 11% der zur Medienanalyse herangezogenen deutschsprachigen Artikel von 2004 bis 2009 dem für den Forschungsansatz zu orthogonalen Biosystemen relevanten Stichwort „metabolic engineering“ zugeordnet werden. Die Analyse von Cserer und Seiringer (2009, S. 30: Fig. 1) ergab zudem, dass unter demselben Stichwort im Jahr 2004 eine Veröffentlichung erfasst wurde, im folgenden Jahr waren es zwei, insgesamt drei Artikel in 2007 und elf Berichte in 2008. Der Forschungsbereich des „metabolic engineering“ bildet somit eines der Hauptthemen der Synthetischen Biologie in der deutschsprachigen medialen Berichterstattung.

Auch im Forschungsbereich zu orthogonalen Biosystemen, Xenobiologie und „Spiegel-Leben“ steht die Verwendung technischer und insbesondere informationstechnologischer Metaphern im Vordergrund. Dies zeigt sich deutlich an den aus der Informationstechnologie entlehnten Begriffen „Orthogonalität“ und „Firewall“. Nach Cserer und Seiringer (ebd.) wurden die Stichworte „Information Technology/Computer/System Software“ in insgesamt 46 der zur Untersuchung herangezogenen Artikel verwendet. Die Stichworte „Writing/Letter/Code“, die unter anderem auch mit diesem Forschungsfeld verknüpft sind, wurden hingegen lediglich in zehn Artikeln verwendet.

Hierbei ist jedoch zu bedenken, dass die in den herangezogenen Medienanalysen untersuchten Stichworte zwar für diesen Forschungsbereich charakteristisch sind, jedoch auch im Kontext anderer Forschungsansätze der Synthetischen Biologie verwendet werden. Demnach sind die Ergebnisse der Metaphernanalyse nicht eindeutig repräsentativ für den Forschungsansatz an „parallelen organismischen Welten". Dennoch wird durch die Ergebnisse eine erste Übersicht zur Relevanz des Forschungsbereichs in der deutschsprachigen medialen Berichterstattung möglich.

2.4.7 Was ist neu?

Wie bereits deutlich wurde, strebt der Forschungsbereich zu orthogonalen Biosystemen, Xenobiologie und „Spiegel-Leben" die Erzeugung einer „parallelen Welt" von Organismen an, die nicht mit der „natürlichen Welt" wechselwirken kann. Anhand der systemischen Ausrichtung des Forschungsbereichs werden, mit Blick auf die von Engelhard (2011) formulierten vier charakteristischen Merkmale der Synthetischen Biologie, methodische Unterschiede im Vergleich zur klassischen Gentechnik deutlich. Lebende Organismen werden innerhalb dieses Forschungsansatzes systemisch als biologische Systeme verstanden, in denen künstlich veränderte parallele Teilsysteme etabliert werden können.

Hieran zeigt sich auch ein konzeptioneller Unterschied zur klassischen Gentechnik, da bereits bestehende Organismen umfangreich verändert werden und eine neue „parallele Welt" etabliert werden soll, die so in der Natur nicht vorkommt. Auch in diesem Forschungsbereich bewegen sich demnach die Vorstellungen von der Manipulation, hin zur Konstruktion.

Die Forschungsarbeiten zur Erzeugung einer „parallelen organismischen Welt" beinhalten starke strukturelle Modulationen im Aufbau der Organismen, was eine Änderung der Qualität und weniger der Quantität der Eingriffstiefe im Vergleich zur klassischen Gentechnik nach sich zieht.

Die Interdisziplinarität dieses Forschungsfelds, die sich insbesondere anhand der Verbindung der Biologie, Informationstechnologie und Systembiologie zeigt, führt auch im Forschungsbereich zu „parallelen organismischen Welten" zu einem kulturellen Unterschied zur klassischen Gentechnik. Spielerische oder künstlerische Elemente stehen hingegen weniger im Vordergrund.

Somit bestehen im Forschungsbereich zu orthogonalen Biosystemen, Xenobiologie und „Spiegel-Leben" Unterschiede bezüglich der Methode, der Konzeption, der Forschungskultur und insbesondere der qualitativen Eingriffstiefe im Vergleich zur klassischen Gentechnik. Bezüglich der quantitativen Eingriffstiefe und der spielerischen bzw. künstlerischen Komponente sind jedoch keine wesentlichen Neuerungen festzustellen.

Wie in diesem Abschnitt deutlich wurde, soll der Forschungsansatz zu orthogonalen Biosystemen, Xenobiologie und „Spiegel-Leben“ „parallele Welten“ von Organismen ermöglichen, die so nicht in der Natur vorkommen. Zwar werden hierbei etliche tatsächlich neue, in der Natur nicht vorkommende biochemische Bestandteile von Organismen und organismischen Prozessen entstehen. Dennoch werden auch hier bereits bestehende Organismen und deren Bestandteile natürlichen Ursprungs verändert oder mit neuen Elementen und Teilsystemen ausgestattet. Im Sinne einer *De-novo*-Synthese eines vollständigen Organismus wird demnach auch in diesem Forschungsfeld kein „neues Leben“ hergestellt. Auch dieser Ansatz ist vielmehr als „evolutionär“ anstatt „revolutionär“ (vgl. Potthast 2009; Grunwald 2012, S. 81-85) aufzufassen, auch wenn neue biochemische Bestandteile von Organismen erzeugt werden können.

2.4.8 Chancen und Risiken bezüglich rechtlicher Rahmenbedingungen

Im Allgemeinen sind die potentiellen Risiken bei der Forschung zu synthetisch-biologisch veränderten Organismen und Zellen aller Forschungsansätze der Synthetischen Biologie in geschlossenen Systemen wie dem Labor aufgrund der physischen Isolation der Organismen oder Zellen geringer einzuschätzen, als bei einem beispielsweise therapeutischen Einsatz der Organismen oder Zellen im Körper von Empfängerorganismen oder einer Ausbringung ins Freiland. Wie bereits zuvor besteht auch bei diesem Ansatz beim Einbringen technisch veränderter Zellen in Empfängerorganismen das Risiko ungewollter Veränderungen der Zelle, durch die Nichtvorhersagbarkeit bestimmter Prozesse oder Mutationen. Dies könnte zur Entstehung von bislang unbekannten Pathogenen und zur Entwicklung von neuen Krankheiten führen, wodurch das Risikopotential steigt. Eine Freisetzung synthetisch-biologisch veränderter Organismen im Zuge von Experimenten, aber auch durch einen versehentlichen Laborunfall, könnte zudem zu einer *Biosafety*-relevanten Gefährdung des Menschen und der Umwelt führen. Veränderte Mikroorganismen könnten natürlich vorkommende Wildtyparten verdrängen und das ökologische System massiv verändern. Mit den bisherigen Sicherheitstechniken der räumlichen Isolation im Labor und der Substanzabhängigkeit der Organismen bleibt das Risiko eines ungewollten Gentransfers zwischen synthetisch-biologisch veränderten Organismen und Organismen natürlichen Ursprungs bei Unfällen oder Unachtsamkeit im Umgang bestehen (s. Kap. 2.3.7).

Neben zukünftigen Anwendungen im Bereich der Arzneimittelherstellung, der Diagnostik und der Therapie von Krankheiten sowie in der Herstellung von neuen Materialien, gilt als eines der Hauptziele der Forschung zu orthogonalen Biosystemen, Xenobiologie und „Spiegel-Leben“ jedoch, wie bereits deutlich wurde, die

Entwicklung einer „biologischen“ bzw. „genetischen Firewall“ als neue Sicherheitstechnik der Synthetischen Biologie. Hierdurch soll die biologische Sicherheit synthetisch veränderter Organismen erhöht werden, da die alternativen Systeme mit Systemen natürlichen Ursprungs nicht wechselwirken können. Unkontrollierte oder ungewollte Wechselwirkungen zwischen den verschiedenen Organismen sollen so ausgeschlossen werden.

Erste Versuche weisen allerdings darauf hin, dass manche Organismen möglicherweise doch dazu fähig sein könnten, XNA und DNA ineinander umzuschreiben (Pinheiro et al. 2012). Diese Organismen könnten die „genetische Firewall“ durchbrechen. Bei einer gezielten Freisetzung von Organismen mit orthogonalen Biosystemen, XNA oder Spiegel-Strukturen zur Etablierung einer „parallelen Welt“ von Organismen ist daher nicht ausreichend gesichert, dass diese tatsächlich nicht mit bereits vorhandenen Organismen wechselwirken können. Im Falle einer ungewollten Freisetzung von synthetisch-biologisch veränderten Organismen könnte sich daher die Kombination mehrerer Sicherheitstechniken als sinnvoll erweisen, um Interaktionen weitestgehend auszuschließen. So wäre die Verbindung der Sicherheitsmaßnahmen der „Auxotrophie“ und der „genetischen Firewall“ denkbar. Denn nach Schmidt (2010) verhindert das Konzept der „genetischen Firewall“ bestenfalls nur eine Interaktion der Organismen auf genetischer Ebene. Fehlt die Sicherheitstechnik der Auxotrophie, könnten alternative Organismen miteinander interagieren und ein eigenes Ökosystem formen. Da die alternativen Organismen mit Organismen natürlichen Ursprungs jedoch auf ökologischer Ebene interagieren, beispielsweise bei der Konkurrenz um Nährstoffe, erzeugt diese Sicherheitstechnik somit keine ausreichende „biologische Firewall“.

Im Mai 2014 fand die erste *Konferenz zur Xenobiologie* (XB1) in Genua, Italien und im Mai 2016 die zweite *Konferenz zur Xenobiologie* (XB2) in Berlin statt. Ziel ist es, Biowissenschaftlern aus dem Forschungsbereich zu orthogonalen Biosystemen und Xenobiologie eine Plattform zu bieten, um Erfahrungen auszutauschen und eine erste Richtung, die das Feld nehmen soll, vorzuzeichnen. Zudem sind die Veranstalter der Konferenz bemüht, auch die Öffentlichkeit und die Medien in den Diskurs einzubeziehen. Neben den technischen Aspekten kommen auch soziale, ethische und ökonomische Implikationen zur Sprache (XB2 2016). Nach Cserer und Seiringer (2009, S. 32-33) waren die meisten Synthetischen Biologen in den Experten-Interviews ihrer Medienanalyse dazu bereit auch Risiken und Schwachpunkte der Forschung zu diskutieren. Konträr hierzu lehnte es der Xenobiologe Phillippe Marlière jedoch als einziger der befragten Wissenschaftler ab, über Sicherheitsmaßnahmen bezüglich Synthetischer Biologie zu sprechen. Er ist davon überzeugt, dass bislang keine gefährlichen Produkte mit Hilfe von Biotechnolgien hergestellt werden können:

> „Suppose that the community of synthetic biologists were asked to generate the most devastating biological agent to just get rid off the Amazonian forest. O.k.? We could not do it. Suppose Al Qaida would ask me and other people at the Pasteur Institute to create the ultimate infectious agent and so on. It would be extremely difficult to set up the protocol.“ (Marlière, Interview in: Cserer & Seiringer 2009, S. 32-33)

Diese Sichtweise basiert nicht zuletzt auf der bestehenden Komplexität von Zellprozessen, die auch in diesem Forschungsbereich die Umsetzung vieler Forschungsvorhaben erschwert oder derzeit unmöglich macht. Bereits geringfügige Änderungen an einzelnen Zellkompartimenten können unerwünschte oder unbekannte Folgereaktionen innerhalb der Zelle auslösen. Aufgrund dieser Schwierigkeiten ist das Forschungsfeld derzeit mehr von Visionen beherrscht, als von Anwendungen gekennzeichnet. Gleichwohl ist die Aussage von Marlière, die wohl das Ziel hat zu beruhigen, mit Vorsicht zu genießen; die Forschung zu orthogonalen Biosystemen, Xenobiologie und „Spiegel-Leben“ schreitet rasant voran und zukünftig sollen zahlreiche Anwendungen in der Arzneimittelherstellung, in der Diagnostik und Therapie von Krankheiten sowie in der Herstellung von neuen Materialien möglich werden. Auch ist der Forschungsansatz für die Umweltanalytik, beispielsweise zur Analyse von Wasserproben oder zum Nachweis von Genen und Genvarianten interessant. Auswirkungen alternativer Organismen auf den Menschen und die Natur nach einer möglichen Freisetzung sind jedoch bislang unerforscht. Ein Rückbezug auf Organismen natürlichen Ursprungs sowie eine Einordnung in Laborsicherheitsstufen sind kaum mehr möglich. Die unsicheren Prognosen und die fehlenden Referenzmöglichkeiten machen eine Abschätzung des Risikos äußerst schwierig. Demnach greifen auch im Forschungsbereich zu orthogonalen Biosystemen, Xenobiologie und „Spiegel-Leben“ nach Engelhard (2010) die Methoden der Technikfolgenabschätzung der Gentechnik nicht mehr (s. Kap. 2.1.7 und 2.3.7).

Der Forschungsansatz soll zwar als Sicherheitstechnik der Synthetischen Biologie fungieren, ist allerdings experimentell noch nicht erprobt und mögliche Risiken sind also nicht abschätzbar. Die Rückholbarkeit von synthetisch-biologisch veränderten Organismen und Zellen wäre auch in diesem Forschungsbereich als eine notwendige Bedingung der Freisetzung zu gewährleisten. Da dieses Kriterium derzeit jedoch nicht erfüllt werden kann, sollte auf die gezielte Freisetzung von Organismen und Zellen, die bei der Forschung zu orthogonalen Biosystemen, Xenobiologie und „Spiegel-Leben“ erzeugt wurden, vorerst verzichtet werden. Das Vorsorgeprinzip sollte in diesem Forschungsbereich verstärkte Anwendung finden. Darüber hinaus könnte auch über ein Moratorium dieses Forschungsansatzes diskutiert werden, das jedoch weltweit verhängt werden müsste (vgl. Engelhard 2010; Tucker & Zilinskas 2006, S. 44-45).

2.5 Der Protozellenansatz

Der Protozellenansatz ist ein *Bottom-up*-Verfahren, das die *De-novo*-Synthese von lebenden Zellen aus nichtlebenden Stoffen zum Ziel hat. Derzeit liegt der Fokus der Forschung auf der Etablierung eines genetischen oder metabolischen Systems in Membranvesikeln zur Erzeugung sogenannter „Protozellen" (vgl. Deamer & Dworkin 2005; Szostak et al. 2001; Walde 2010). Allerdings können noch keine komplexen Lebensformen synthetisiert werden. Protozellen sind bislang vielmehr als Brücke zwischen Lebendigem und Nichtlebendigem zu begreifen (Rasmussen et al. 2008).

2.5.1 Ziele

Die Protozellenforschung hat unter anderem zum Ziel, die Grundprinzipien komplexer, lebender Zellen besser zu verstehen. Ein weiteres Ziel des Protozellenansatzes ist es, die Entstehung des ersten Lebens auf der Erde vor ungefähr 3,7 Milliarden Jahren zu erforschen. Derzeit liegen mehrere Hypothesen zum Ursprung des Lebens auf der Erde vor. Einerseits könnte Leben spontan und unvermittelt eingesetzt haben (vgl. Davies 2010, S. 45). Als Informationsträger könnte dabei zuerst RNA vorhanden gewesen und erst später die DNA entstanden sein. Alternativ zu einer Prä-RNA-Welt ist auch denkbar, dass die einfacher gebaute und chemisch stabilere XNA oder PNA als Informationssystem der ersten Lebensformen diente (vgl. Nielsen 2010, S. 46; s. Kap. 2.4.1). Zum Teil wird der Ursprung des Lebens jedoch nicht mit der Entstehung eines Informationssystems, sondern mit dem Auftreten erster Stoffwechselprozesse in Verbindung gebracht (vgl. Shapiro 2010). Von manchen Forschern wird auch angenommen, dass das erste Leben über Meteoriten aus dem All auf die Erde kam (vgl. Horneck 1999). Andererseits könnte sich Leben möglicherweise nicht spontan, sondern kontinuierlich entwickelt haben, sodass kein spezifischer Beginn des Lebens festgelegt werden kann (vgl. Davies 2010, S. 45). Protozellen könnten sich dabei als Modelle der Vorläuferstrukturen erster Zellen als hilfreich erweisen.

2.5.2 Visionen

Auf Basis des Nachbaus bereits existierender Zellen sollen jedoch auch Lebensformen erzeugt werden können, die so in der Natur nicht vorkommen. Mit der Protozellenforschung wird dabei die seit jeher existierende Vision des Menschen, Leben aus „dem Nichts" zu erschaffen, verfolgt. Eine lebende Zelle soll von Grund auf aus nichtlebenden Bausteinen zusammengesetzt werden. Bislang ist dieses Vorhaben jedoch nur in Teilschritten umsetzbar. Neue Techniken, wie das Rasterkraftmikroskop oder die optische Pinzette, erlauben erst seit einigen Jahren die Konstruktion und Manipulation einzelner Moleküle. Diese Techniken könnten zukünftig zu einem schnelleren Vorankommen bei der *Bottom-up*-Synthese von Zellen beitragen (vgl. Schrauwers & Poolman 2013, S. 40).

Die *De-novo*-Herstellung einer Zelle, die über alle biowissenschaftlich definierten Eigenschaften des Lebendigen verfügt, wäre im biowissenschaftlichen Sinn als Erzeugung von Leben aus Nichtlebendem zu begreifen. Demnach wäre die chemische Synthese einer lebenden Zelle als das Überschreiten der fundamentalen Grenze des Lebendigen anzusehen. Denn Leben, so lautet die allgemein akzeptierte Grundannahme, kann nur aus Leben entstehen und nicht vom Menschen hergestellt werden. Außerhalb der Biowissenschaften wird daher kontrovers diskutiert, ob eine möglicherweise zukünftig synthetisierte, lebende Protozelle tatsächlich als vom Menschen hergestellt zu begreifen wäre (vgl. Brenner 2007; Karafyllis 2006; s. Kap. 5). Rasmussen et al. (2004, S. 965) konstatieren, dass es nur noch eine Frage der Zeit sei, bis die Forschung am „künstlichen Leben" die Fragen „was ist Leben?" und „wo kommen wir her?" beantworten wird. Dann sollen auch neue Technologien, wie sich selbst reparierende und selbstreplizierende Nanomaschinen, möglich werden.

2.5.3 Techniken und die Frage nach dem Ursprung des Lebens auf der Erde

Maturana und Varela (1992) beschrieben im Jahre 1974 erstmals lebende Systeme nicht über die Aufzählung einzelner Eigenschaften, sondern als Prozess, der diese verwirklicht. Die von ihnen entwickelte *Autopoiesistheorie* (von gr. αὐτός, *selbst* und ποιεῖν, *Erschaffung*) besagt, dass das Sein und das Tun einer autopoietischen Einheit voneinander nicht zu trennen sind, was ihre spezifische Art der Organisation auszeichnet. Diese rekursive Form der Organisation sei für „lebende" Systeme einzigartig und mache eine Abgrenzung gegenüber „nichtlebenden" Systemen möglich.

Das *Chemoton-Konzept* von Gánti (2003) nähert sich dem *Autopoiesis-Prinzip* an, deckt sich aber nicht vollständig mit diesem. Das *Chemoton* (kurz für „*chemical automaton*") ist ein theoretisches Modell eines idealen, minimalen lebenden Systems, das zur Selbstreproduktion fähig ist. Das Modell kann zur Beschreibung der spezifischen Struktur und Organisation künstlich erzeugter Systeme herangezogen werden, die lebende Systeme stark idealisiert und vereinfacht simulieren sollen. Da das abstrakte *Chemoton-Konzept* nicht auf spezifische chemische Reaktionen festgelegt ist, ist es universell verwendbar. So können verschiedene theoretische Ansätze zur Erforschung von Protozellen am Modell erprobt und simuliert werden. Es ist zudem nicht auf irdische Lebewesen beschränkt.

Ein Chemoton wird aus drei autokatalytischen, unabhängigen und stöchiometrisch gekoppelten Teilsystemen gebildet: einer Zellmembran, einem metabolischen System sowie einem Informationssystem. Im Bereich der Protozellenforschung liegt der Fokus auf der Untersuchung dieser drei Bestandteile von Zellen:

1) Die Zellmembran, die die Zelle gegen die Außenwelt abgegrenzt, wird aus einer amphiphilen Phospholipid-Doppelschicht gebildet. Grundsätzlich lagern sich freie Phospholipide in einer wässrigen Lösung zu einer einfachen Schicht an der Wasseroberfläche an. Erst ab einer spezifischen Konzentration, der *Kritischen Mizellbildungskonzentration* (engl. *critical micelle concentration, CMC*), assemblieren Phospholipide spontan zu kleinen kugelförmigen Aggregaten, sogenannten Mizellen. Phospholipide können in wässriger Lösung auch zu einer Doppelschicht, einem so genannten Bilayer, aggregieren. Formt sich solch ein Bilayer zu einem kugelförmigen Vesikel, kann dieses in seinem Inneren eine wässrige Phase einschließen. Hierdurch entsteht ein sogenanntes Liposom (vgl. Campbell et al. 2003, S. 81-85). Freie Fettsäuren, die in eine Lösung mit Lipidvesikeln gegeben werden, können spontan in die Vesikel integrieren und so deren Oberfläche vergrößern. Bei diesem Vorgang vergrößert sich auch das Zellvolumen, da Wasser und gelöste Substanzen in die Zelle nachströmen (Walde et al. 1994). Chen et al. (2004) konnten zeigen, dass Lipidvesikel nicht nur freie Fettsäuren in ihre Membranen einbauen können. Hierzu brachten sie RNA oder andere Moleküle in Lipidvesikel ein, in die osmotisch Wasser einströmte. Um der entstehenden Spannung in der Membran entgegenzuwirken, entzogen die Lipidvesikel benachbarten, entspannten Vesikelmembranen deren Fettsäuren und integrierten diese in ihre eigenen Membranen. Darüber hinaus beobachteten Zhu und Szostak (2009), dass Lipidvesikel, die mit freien Fettsäuren versorgt werden, Filamente ausbilden. Die ursprünglich kugelförmigen Vesikel wandelten sich in dünne Röhren um. Minimale Erschütterungen brachten die Röhren dazu, in viele kleine Vesikel zu zerfallen, die ebenfalls wieder Fettsäuren in ihre Membranen integrierten und sich vergrößerten. Diese Beobachtungen könnten Hinweise auf die Vorläuferformen der heutigen Zellmembranen und die Zellteilung geben (vgl. Ricardo & Szostak 2010, S. 12-13).

2) Das metabolische System einer Zelle wird aus Katalysatoren gebildet, die Ressourcen der Umwelt in Energie umwandeln. Diese Energie wird dem System zur Verfügung gestellt. In komplexen lebenden Zellen besteht das metabolische System aus vielfältigen Proteinen. Im Cytoplasma beispielsweise katalysieren Enzyme eine Vielzahl an spezifischen Reaktionen. In die Zellmembran integriert, stellen Transportproteine den Stoffaustausch zwischen Zelle und Außenmilieu sicher. Miller und Urey (1959; Miller 1953) konnten in den 1950er Jahren zeigen, dass unter den Bedingungen einer hypothetischen Uratmosphäre, bei welcher elektrische Entladungen in Form von Blitzen stattfanden, Aminosäuren entstehen können. Damit aus Aminosäuren jedoch Proteine aufgebaut werden können, sind zumeist andere Proteine notwendig. Dieses Paradoxon legt die Vermutung nahe, dass erste Vorläuferorganismen wahrscheinlich noch nicht über Proteine verfügten.

3) Möglicherweise entstanden zuerst spontan einfache Vorläufermoleküle der sehr komplexen DNA bzw. RNA. Die sehr einfach strukturierte Threosenukleinsäure (TNA) konnte von Schöning et al. (2000) im Labor chemisch erzeugt werden. In ihrer Struktur und Gestalt ist die TNA der RNA äußerst ähnlich, jedoch ist die Molekülstruktur des Zuckers einfacher aufgebaut. Dies lässt die Hypothese zu, dass solche Vorläufermoleküle der Entstehung der komplexeren RNA vorausgegangen sein könnten (vgl. Schöning et al. 2000; Yu et al. 2012). Autokatalytische Vorläufernukleinsäuren waren möglicherweise zur Selbstreplikation fähig. Proteine wären in ersten Vorläuferzellen dann entbehrlich gewesen.

Die möglicherweise vor unserer heutigen DNA-Welt existierende Prä-RNA-Welt wäre dann im Laufe der Zeit von der stabileren DNA als dauerhafte Erbinformation abgelöst worden. Dabei könnte die RNA spontan aus den vier Basen U, A, C und G, Ribose und Phosphat entstanden sein (vgl. Kap. 2.4.1). Nukleobasen können sich aus Zyanid, Azetylen und Wasser spontan zusammenfügen. Beim Erhitzen einer alkalischen Lösung von Formaldehyd entsteht zudem eine Mischung aus verschiedenen Zuckermolekülen. Diese Ausgangsstoffe waren auf der präbiotischen Erde vermutlich vorhanden (vgl. Ricardo & Szostak 2010, S. 6-10). Phosphat könnte möglicherweise an Vulkanschloten aufgrund der hohen Temperaturen aus dem Gestein in eine lösliche Form überführt worden sein. Eine weitere Quelle für Phosphat ist das Mineral Schreibersit, auch Glanzeisen genannt, das häufig in Meteoriten vorzufinden ist (vgl. Ricardo & Szostak 2010, S. 7-8; Pasek & Lauretta 2005). Unter Zufuhr von Energie gelang es Powner et al. (2009) diese Bausteine zu Nukleotiden zusammenzusetzen. Sie fügten hierzu die Ausgangsstoffe Zyanid, Azetylen, Formaldehyd und, als katalytisch wirksame Substanz, Phosphat zusammen. Hierbei entstand 2-Aminooxazol, ein Fragment eines Zuckers, das an Teile der Nukleinbasen C oder U gebunden ist. Weitere Reaktionen führten zur Entstehung von Nukleosiden aus Ribose und Nukleinbase und schließlich, zusammen mit dem Phosphatanteil, zu vollständigen Nukleotiden. Die Bestrahlung mit ultraviolettem Licht zerstörte möglicherweise falsch zusammengesetzte Nukleotide.

Die Polymerisation der Nukleinsäure könnte durch geophysikalische Prozesse an mineralischen Oberflächen, beispielsweise an Tonschichten, erleichtert worden sein. Diese konnten die Nukleotide möglicherweise binden und so die Bildung von längeren Polynukleotidketten unterstützen. Diese Beobachtungen stützen die Annahme, dass das Leben möglicherweise im lehmreichen Grund von Seen und Tümpeln entstanden sein könnte. Die Replikation war so eventuell auch ohne katalytische Eigenschaften der Nukleinsäure möglich. Die Früherde war vermutlich von Kaltwassertümpeln bedeckt, die stellenweise jedoch von heißem Vulkangestein erhitzt wurden. Durch die Temperaturunterschiede entstanden Konvektionsströme, die die Vorläuferzellen den Kalt-Warm-Zyklen in den Tümpeln aussetzten. Im kühleren Wasser lagerten sich an die Einzelstränge komplementäre Nukleotide an und am heißen Gestein teilten sich die Doppelstränge der Nukleinsäure wieder in einzelne Stränge auf (vgl. Ferris 1999; Hazen 2010).

Um diese Polymere herum könnten sich die Membranen assembliert haben. Dieser Hypothese nach lagerten diese sich von selbst zu Vesikeln zusammen, nahmen neue Moleküle auf, wurden größer und konkurrierten um Stoffe. Schließlich teilten sie sich in Tochterzellen.

Mutationen in den RNA-Sequenzen könnten zur Entstehung von Ribozymen geführt haben. Diese begannen, die Erbinformation zu replizieren. Allerdings ist es im Labor bislang nicht möglich Ribozyme, die sich selbst replizieren, künstlich zu erzeugen (vgl. Ricardo & Szostak 2010, S. 10-13). Möglicherweise könnten sich jedoch zwei Ribozyme gegenseitig kopiert haben (Lincoln & Joyce 2009). Ribozyme könnten weitere Prozesse katalysiert haben, wodurch in der Folge ein Stoffwechsel in den Zellen entstand. Auch die Proteinsynthese könnte mit dem Auftreten von Enzymen in der Zelle möglich geworden sein. Schließlich könnte sich die stabilere DNA als Speicher der Erbinformation etabliert haben (vgl. Ricardo & Szostak 2010, S. 13).

Eine der Grundfragen bei der Suche nach dem Ursprung des Lebens ist, wie aus Unordnung Strukturen entstehen können. Nach dem zweiten Hauptsatz der Thermodynamik steuern Systeme grundsätzlich auf den Zustand maximaler Entropie – und damit Unordnung – zu. Bei lebenden Systemen ist dies nicht der Fall. Nach Schrödinger lässt sich Leben daher als ein System beschreiben, das den zweiten Hauptsatz der Thermodynamik bändigt (vgl. Schrauwers & Poolman 2013, S. 2).

Die Synthetische Biologin Petra Schwille möchte daher klären, wie sich aus zunächst scheinbar ungeordneten und unstrukturierten Systemen extrem ausdifferenzierte Lebensformen bilden können. Hierzu forscht sie unter anderem an dem Nachbau und der Neukonstruktion eines künstlichen Zellteilungsmechanismus bei *E. coli*. Die Zellteilung von *E. coli* wird durch sogenannte Min-Proteine gesteuert. Während der Zellteilung oszillieren die Proteine im Minutentakt zwischen den Zellenden, bis sie endgültig an die Polkappen anheften. Diese Oszillation führt dazu, dass sich die Proteine zumeist in den Polkappen und selten in der Mitte der Zelle befinden. Hierdurch wird exakt in der Mitte der Zelle ein Proteinring positioniert, der diese in zwei Teile trennt. Im Experiment bilden die aufgereinigten Proteine MinE und MinD, mittels ATP als Energiequelle, auf einer Lipidmembran spiralförmige Muster aus. Das Hinzufügen weiterer Proteine soll die Erzeugung eines sich selbstorganisierenden und kontrolliert teilenden Systems ermöglichen. Die komplexen Prozesse der Zellteilung sollen auf diese Weise verstanden und nachgebaut werden (Schwille 2013b, S. 14-19).

2.5.4 Anwendungen

Der Fokus im Forschungsfeld zur Erzeugung von Protozellen liegt bislang hauptsächlich im Bereich der Grundlagenforschung. Dennoch sind zukünftig Anwendungen möglich, die sich aus der bisherigen Forschung entwickelt haben. Beispielsweise sollen zellähnliche Systeme zukünftig biotechnologisch nutzbar gemacht werden. Hierbei steht insbesondere die Erzeugung neuer Substanzen und Medikamente im Vordergrund.

Ein weiteres Anwendungsbeispiel zeigt sich am Hauptproblem der bisherigen Medikamentenverabreichung an Patienten. Mit einer Injektion oder oralen Aufnahme von medizinisch wirksamen Substanzen ist zumeist keine gezielte Abgabe der Dosis am Wirkort möglich. Die Substanzen müssen, beispielsweise bei der oralen Einnahme, den Verdauungstrakt passieren und werden, noch bevor sie am Zielort angelangt sind, zum Teil abgebaut. Die Arzneimitteldosis muss dementsprechend hoch angesetzt werden. Dies kann zu Nebenwirkungen führen, die den gesamten Organismus zusätzlich belasten können. Membranvesikel, die den Wirkstoff spezifisch an den Zielort bringen und erst dort freisetzen, könnten eine Lösung dieses Problems darstellen. Solche mit Medikamenten gefüllten Membranvesikel sind beispielsweise zur Behandlung von Tumorzellen von Interesse. Die Umgebung von Tumorzellen ist etwas saurer als die von gesunden Zellen oder von Blut. Werden Kanalproteine in die Vesikelmembran eingebaut, die sich über einen pH-sensitiven Schalter am Zielort öffnen, lassen sich die Medikamente gezielt in der Umgebung von Tumorzellen freisetzen (Koçer et al. 2006; vgl. Schrauwers & Poolman 2013, S. 120-127). Die Arzneimitteldosis könnte verringert und Nebenwirkungen könnten minimiert werden. Es werden bereits weitere Membranvesikel unter anderem mit Rezeptoren für spezifische Substanzen oder Licht bestimmter Wellenlänge erforscht (Koçer et al. 2007; vgl. Schrauwers & Poolman 2013, S. 120-127).

2.5.5 Bezüge zu anderen Ansätzen der Synthetischen Biologie

Sowohl der Protozellenansatz als auch der Minimalorganismenansatz verfolgen demnach das Ziel, einen Organismus an der Grenze zwischen Leben und Nichtleben zu erzeugen. Die beiden Ansätze streben dies jedoch aus entgegengesetzten Richtungen an: Das *Top-down*-Verfahren des Minimalorganismenansatzes soll es ermöglichen, eine lebende Zelle natürlichen Ursprungs auf ihre essentiellen Bausteine zu reduzieren, um sie für weitere Anwendungen nutzbar zu machen (s. Kap. 2.1). Im Gegensatz hierzu bedient sich der Protozellenansatz eines *Bottom-up*-Verfahrens, zum Aufbau einer lebenden Zelle *de novo*.

Der Protozellenansatz weist somit auch Überschneidungen mit dem Forschungsansatz zur Neusynthese von DNA-Abschnitten und ganzen Genomen auf.

Während bei Letzterem jedoch ausschließlich längere DNA-Abschnitte und ganze Genome von Organismen chemisch synthetisiert werden, strebt der Protozellenansatz die Synthese kompletter Zellen an (s. Kap. 2.2).

Wie bereits deutlich wurde, sollen mit Hilfe des Protozellenansatzes Antworten auf die Frage nach dem Ursprung des Lebens auf der Erde gegeben werden können. Hierbei bestehen Parallelen zur Xenobiologie, mit der ebenfalls die Entstehung des Lebens auf der Erde erforscht werden soll (s. Kap. 2.4). Die Verbindung dieser beiden Forschungsansätze, beispielsweise durch die Ausstattung von Lipidvesikeln mit XNA oder PNA, könnte zu neuen Erkenntnissen in diesem Bereich beitragen.

2.5.6 Darstellung des Ansatzes in der Öffentlichkeit

Nach Cserer und Seiringer (2009, S. 30: Fig. 1) bildete das Schlagwort „Synthetic DNA or Life" in insgesamt 34 der zur Analyse herangezogenen Artikel das Hauptthema der deutschsprachigen medialen Berichterstattung zur Synthetischen Biologie von 2004 bis 2008. Die Möglichkeit einer Herstellung von „künstlichem Leben" prägt demnach das öffentliche Bild der Synthetischen Biologie. Allerdings ist auch hier zu bedenken, dass die Stichworte zur Erzeugung „künstlichen Lebens" nicht ausschließlich in Bezug zum Protozellenansatz standen. Denn in der Medienanalyse von Cserer und Seiringer (ebd.) wurde die Synthetische Biologie als homogenes Feld untersucht. Da 22 Artikel zu diesem Stichwort, und somit der größere Anteil, im Jahr 2008 publiziert wurden, kann davon ausgegangen werden, dass die Relevanz des Themas auf die fokussierte mediale Berichterstattung zum prominenten Projekt der Neusynthese des Genoms von *Mycoplasma genitalium* in diesem Jahr zurückzuführen ist (s. Kap. 2.2). Dass der Ansatz zur Erzeugung von Protozellen in keiner der herangezogenen Medienanalysen explizit aufgeführt wird, unterstützt diese Annahme (vgl. Cserer & Seiringer 2009; Gschmeidler & Seiringer 2012; Lehmkuhl 2011). Dies ist umso erstaunlicher, da die Protozellenforschung den bislang vielversprechendsten Ansatz der Synthetischen Biologie zur Erzeugung „neuen Lebens" darstellt und somit insbesondere dieser Forschungsbereich die Frage nach dem Ursprung und den Grenzen des Lebendigen berührt.

Aufgrund dieser Relevanz des Forschungsbereichs wurden ethische Richtlinien zum Umgang mit Protozellen ausgearbeitet. Bedau et al. (2008, S. 15) konstatieren hierin, dass in erster Linie den Medien sowie den Nichtregierungsorganisationen in der Kommunikation mit der Öffentlichkeit eine besondere Rolle zukomme. Die mediale Berichterstattung solle diesbezüglich allgemeingültigen Richtlinien folgen, beispielsweise einer ehrlichen Aufklärung der Öffentlichkeit und der Thematisierung der Stärken sowie der Schwächen des Forschungsbereichs. Öffentliche Bedenken sollten als berechtigt anerkannt und die Generierung von „Hypes“ und falschen Angaben vermieden werden. Darüber hinaus seien vertrauensvolle Beziehungen zu Stakeholdern, die von Respekt gegenüber allen Meinungen geprägt sind, aufzubauen.

Insbesondere der in der Öffentlichkeit bislang eher unbekannte Protozellenansatz ist folglich, aufgrund der möglichen Reichweite der Forschungshandlungen, auf Basis einer sachlichen und transparenten Berichterstattung in den öffentlichen Diskurs verstärkt einzubringen. Hierbei ist eine klare Unterscheidung des bereits Durchführbaren, von den nur eventuell zukünftigen Möglichkeiten vorzunehmen. Zudem ist eine verstärkte Aufklärung der Öffentlichkeit über mögliche Chancen und potentielle Risiken der Protozellenforschung anzustreben.

2.5.7 Was ist neu?

Anhand der vier charakteristischen Unterschiede der Synthetischen Biologie zur klassischen Gentechnik (Engelhard 2011) ist auch im Forschungsbereich zu Protozellen durchaus Neues auszumachen. Insbesondere die Ausrichtung an systemischen Prinzipien zeigt deutlich den methodischen Unterschied zur klassischen Gentechnik auf: Ziel ist die Synthese eines biologischen Systems von Grund auf, das im biowissenschaftlichen Sinn als lebendig aufzufassen ist.

Anhand des Vorhabens, nicht etwa bereits bestehende Organismen natürlichen Ursprungs zu manipulieren, sondern eine lebende Zelle aus chemischen Bausteinen aufzubauen, wird auch der konzeptionelle Unterschied zur klassischen Gentechnik ersichtlich. Hierbei rückt, wie bei den vorherigen Ansätzen auch, die bloße Manipulation von Organismen in den Hintergrund, zugunsten einer Vision der Konstruktion ganzer Zellen.

Bezüglich der quantitativen Eingriffstiefe sind beim Protozellenansatz weniger Unterschiede zur klassischen Gentechnik auszumachen. Die Protozellenforschung unterscheidet sich hauptsächlich aufgrund der qualitativen Eingriffstiefe von der klassischen Gentechnik. Die in den letzten 15 Jahren entwickelten neuen Techniken, wie neue optische Mikroskopiertechniken, ermöglichen die Konstruktion, die Manipulation und das Verfolgen einzelner Moleküle sowie die Simulation von Eigenschaften relativ komplexer Systeme auch auf atomarer Ebene (vgl. Schrauwers & Poolman 2013, S. 40).

Im Forschungsbereich zu Protozellen fließt die Biologie verstärkt mit der Chemie, der Systembiologie und weiteren Disziplinen zusammen. Aufgrund dieser Interdisziplinarität ergeben sich auch bei diesem Ansatz Unterschiede in der Forschungskultur zur klassischen Gentechnik. Spielerischen oder künstlerischen Elementen hingegen, wie sie in anderen Forschungsansätzen der Synthetischen Biologie auszumachen waren (s. Kap. 2.2.7 und 2.3.6), kommt beim Protozellenansatz eine eher untergeordnete Rolle zu.

Der Vergleich des Protozellenansatzes mit der klassischen Gentechnik lässt demnach methodische, konzeptionelle, kulturelle sowie qualitative Unterschiede bezüglich der Eingriffstiefe erkennen. Weniger Unterschiede bestehen bezüglich der quantitativen Eingriffstiefe sowie künstlerischer oder spielerischer Elemente.

Aktuell ist der Protozellenansatz daher eher als „evolutionärer Fortschritt" (vgl. Potthast 2009; Grunwald 2012, S. 81-85) der Biologie zu begreifen. Charakteristisch für den Ansatz zur Erzeugung von Protozellen ist jedoch, dass hierbei nicht auf bereits bestehende biologische Strukturen zurückgegriffen wird, sondern lebende Zellen aus nichtlebenden Stoffen zusammengesetzt werden sollen. Wenngleich die *De-novo*-Herstellung eines lebenden Organismus (noch) nicht möglich ist, ist die Forschung zu Protozellen dennoch der bislang vielversprechendste Ansatz zur chemischen Synthese von „neuem Leben". Gelänge die angestrebte *De-novo*-Erzeugung einer lebenden Protozelle, wäre dies eindeutig als „revolutionärer Durchbruch" (ebd.) der Wissenschaft zu verstehen. Dies könnte einen Paradigmenwechsel in der Biologie einleiten (Potthast 2009; s. Kap. 1.1).

2.5.8 Chancen und Risiken bezüglich rechtlicher Rahmenbedingungen

Wie in diesem Kapitel erläutert, könnte die Vision der Synthetischen Biologie, lebende Organismen *de novo* zu synthetisieren, mit der Protozellenforschung möglicherweise zukünftig Realität werden. Zellvorgänge sind jedoch äußerst komplex und viele Prozesse und deren Zusammenhänge in Organismen sind derzeit noch nicht erforscht. Serrano (in: Schrauwers & Poolman 2013, S. 35) konstatierte allerdings, dass zwar von vielen Zellvorgängen noch nicht bekannt sei, wie sie ablaufen, aber genug Wissen vorhanden sei, um bestimmte Dinge dennoch durchzuführen. Beispielhaft führte er Proteine an, die bereits hergestellt werden könnten, ohne dass Kenntnisse zu deren genauen Faltung vorliegen. Serrano zufolge müssten uns Unsicherheiten daher nicht davon abhalten, Leben zu erzeugen. Jedoch müsste aufgrund dieser Unsicherheiten mit einem gewissen Maß an Unvorhersehbarkeit umgegangen werden.

Diese Unsicherheiten werfen die Frage nach möglichen Chancen und Risiken einer solch hypothetischen Herstellung von Lebendigem auf. Die Forschung zu Protozellen könnte Antworten auf die Fragen nach der Entstehung des Lebens auf der Erde geben, wodurch neue und wertvolle wissenschaftliche Erkenntnisse gewonnen werden könnten. Zudem eröffnen sich mit der Protozellenforschung interessante Anwendungsfelder: Wie bereits erläutert, könnte die Therapie bestimmter Krankheiten mit medikamentengefüllten Membranvesikeln ermöglicht (Koçer et al. 2006) und neue Verbindungen und Medikamente biotechnologisch nutzbar gemacht werden (s. Kap. 2.5.3). Die gegenwärtig erzeugten, nichtlebenden Protozellen sind demnach von geringer Komplexität und als rein chemische Systeme zu verstehen. Aktuell sind aus diesen Gründen die Risiken, die mit dem Protozellenansatz einhergehen, im Vergleich zu den möglichen Risiken der Forschungen zu synthetisch-biologisch veränderten Organismen, als geringer einzuschätzen.

Allerdings ist zu bedenken, dass das Risikopotential mit einer möglichen *De-novo*-Synthese einer lebenden Protozelle zukünftig deutlich ansteigen könnte. Eventuell wäre mit ähnlichen oder vergleichbaren Risiken zu rechnen, die sich bei den Forschungsansätzen zu umfangreich genetisch modifizierten Organismen und „parallelen organismischen Welten" ergeben (s. Kap. 2.3 und 2.4). *Biosafety*- und *Biosecurity*-relevante Sicherheitsfragen, die mit einer zukünftigen Erzeugung lebender Protozellen aufgeworfen werden könnten, sind aufgrund des derzeitigen Forschungsstandes demnach unklar. Es ist allerdings bereits jetzt davon auszugehen, dass aufgrund von fehlenden Referenzorganismen natürlichen Ursprungs die Technikfolgenbeurteilung, auf Grundlage der für die Gentechnik etablierten Methoden, für diesen Forschungsbereich nicht greifen. Nach Grunwald (2012) würde darüber hinaus die *De-novo*-Erzeugung von lebenden Protozellen eine Kontingenzsteigerung menschlichen Handelns und die Überwindung von Grenzen bedeuten. Dies würde zu einem Orientierungsbedarf in Hinsicht auf Grenzmanagement und -politik, das heißt auf den gesellschaftlichen Umgang mit Grenzen menschlichen Handelns, führen.

Während die meisten Hauptforschungszweige der Synthetischen Biologie unter das Gentechnikgesetz fallen, greift für die in diesem Forschungsbereich verwendeten Ausgangsstoffe somit aktuell das Chemikalienrecht, und hier die Verordnung (EG) 987/2008 zur Registrierung, Bewertung, Zulassung und Beschränkung chemischer Stoffe (REACH). Da bislang keine lebenden Zellen hergestellt werden können, ist das Gentechnikgesetz für die derzeitige Forschung zu Protozellen nicht wirksam.

Nach Engelhard (2010, S. 20-21) wäre die rechtliche Einordnung möglicher, zukünftig lebender Protozellen deutlich erschwert. Sollte zukünftig die *De-novo*-Synthese lebender Zellen möglich werden, wären die rechtlichen Rahmenbedingungen dieser Forschung nicht eindeutig. So gilt die EU-Richtlinie 2009/41/EG über die Anwendung von GVO in geschlossenen Systemen nur für Organismen, die durch bestimmte Techniken verändert wurden (Artikel 2b), nicht aber für Organismen, deren Herstellung auf nichtlebenden Ausgangsstoffen beruht. Um *de novo* erzeugte Zellen dennoch rechtlich als GVO erfassen zu können, müssten erstens die chemischen Ausgangsstoffe als Organismen bezeichnet und zweitens die Neusynthese als Veränderung aufgefasst werden. Dies wäre jedoch nicht vereinbar mit der REACH-Verordnung. Diese definiert die unter die Verordnung fallenden Stoffe als chemische Elemente und deren natürliche bzw. künstlich hergestellte Verbindungen (Artikel 3, Ziffer 1). Nach Engelhard (ebd.) ist daher zur Erfassung der rechtlichen Rahmenbedingungen der Forschung zu zukünftig lebenden, *de novo* synthetisierten Protozellen insbesondere die Definition der Ausgangsstoffe notwendig, um eine Zuordnung zum Gentechnikgesetz oder Chemikalienrecht zu ermöglichen.

2.6 Weitere Forschungsbereiche der Synthetischen Biologie

In diesem Kapitel stelle ich einige exemplarisch ausgewählte Forschungsansätze vor, die zwar in einem weiteren Sinne ebenfalls der Synthetischen Biologie zugeordnet werden können, jedoch aufgrund ihrer Forschungsziele und -inhalte nicht als Hauptforschungszweige aufgefasst werden können. Der Einbezug dieser Forschungsansätze ermöglicht einen umfassenderen sowie eingrenzenden Blick auf das gesamte Forschungsfeld der Synthetischen Biologie.

Der erste, im Folgenden näher beleuchtete Forschungsansatz, befasst sich mit der Suche nach bislang unbekannten Organismen, um deren Eigenschaften und Funktionen für verschiedene Zwecke nutzbar zu machen. Beim zweite Ansatz, dem sogenannten DNA-Origami, werden die chemischen Eigenschaften der DNA zur Konstruktion verschiedenartiger Objekte genutzt. Schließlich stelle ich einige, eher visionär anmutende Versuche dar, die DNA von Ur-Lebewesen, beispielsweise des Mammuts oder des Neandertalers zu rekonstruieren, um diese wieder „zum Leben erwecken“ zu können. In diesem Zusammenhang beleuchte ich auch den Forschungsansatz zur Herstellung eines „Evolutionsbeschleunigers“, der zur Generierung einer „künstlichen Evolution“ verwendet werden soll.

2.6.1 Die Suche nach bislang unbekannten Organismen

Die naturwissenschaftliche Forschung hat bis heute eine Vielzahl an Mikroorganismen analysiert und beschrieben, darunter auch extremophile Bakterien wie *Deinococcus radiodurans,* welche unter extrem hohen Dosen radioaktiver Strahlung überleben können, oder *Shewanella oneidensis*, die lösliche Verbindungen mit Schwermetallen, beispielsweise Uran, in unlösliche Formen überführen können. Letztere könnten aufgrund dieser Eigenschaften dazu genutzt werden, radioaktiven Abfall zu beseitigen.

Jedoch sind längst nicht alle auf der Erde lebenden Organismen wissenschaftlich erforscht. Insbesondere im Bereich der Mikroorganismen sind zwar 22 Bakterien-Phyla kultivierbar und 13 Phyla durch Sequenzierungen von Umweltproben bekannt, jedoch wird von der Existenz weiterer Phyla bislang nicht kultivierbarer Bakterien ausgegangen. Ergebnissen aus rRNA-Analysen von Umweltproben zufolge, werden insgesamt bis zu 45 Bakterien-Phyla für möglich gehalten (Hugenholtz 2002). Die Entdeckung und Sequenzierung unbekannter Mikroorganismen soll es ermöglichen, spezifische Stoffwechselwege dieser Lebensformen industriell und medizinisch nutzbar zu machen.

Die Suche nach unbekannten Organismen weist Ähnlichkeiten zur Forschung an künstlich erzeugten genetischen Elementen, wie BioBricks, auf. Beide Ansätze haben zum Ziel, (Minimal-)Organismen mit spezifischen Genen auszustatten, um deren neue Eigenschaften und Funktionen für den Menschen nutzbar zu machen. Dennoch lassen sich auch Unterschiede der Forschungsbereiche ausmachen. Während künstlich hergestellte genetische Module neu konstruiert werden sollen und hierdurch Organismen entstehen, die so nicht in der Natur vorkommen, sind die genetischen Module, die bei diesem Ansatz genutzt werden, natürlichen Ursprungs, also in der Umwelt bereits vorhanden. Sie sollen demnach nicht neu konstruiert, sondern entdeckt und nutzbar gemacht werden. Aus diesem Grunde fällt die Suche nach unbekannten Organismen zwar per Arbeitsdefinition nicht im engeren Sinn unter „Synthetische Biologie", sie kann jedoch als Ergänzung zur Forschung an künstlichen genetischen Elementen begriffen werden. Demnach könnte mit diesem Ansatz das Repertoire an modifizierbaren genetischen Elementen erweitert werden. Die aufwendige Konstruktion neuer genetischer Module könnte so zum Teil überflüssig werden. Es wird jedoch deutlich, dass auch bei der Suche nach unbekannten Organismen kein „neues Leben" erzeugt wird, da bei den Versuchen stets auf biologische Strukturen und Organismen natürlichen Ursprungs zurückgegriffen wird.

Ein von Craig Venter gegründetes Projekt widmet sich der Suche nach bislang unbekannten Organismen. Die Mikroorganismen sollen im Meer, in der Luft über New York City, im Boden des Dschungels von Panama, aber auch im menschlichen Körper ausfindig gemacht werden (J. Craig Venter Institute 2016c und 2016d). Bei der Suche nach unbekannten Organismen in den Meeren führten Venter und sein Team zwei Forschungsreisen durch: Sie analysierten im Jahr 2003 Wasserproben aus der Sargassosee in der Nähe der Bermudainseln sowie im Jahr 2004 entlang der nordamerikanischen Küste. Bei der ersten Probenahme wurden, so die Forscher, neben 1800 bislang unbekannten Mikroorganismen, über 1,2 Millionen neue Gene entdeckt (Venter et al. 2004). Die zweite lieferte ein Gesamtergebnis von 7,7 Millionen neuen Genen (Rusch et al. 2007; Yooseph et al. 2007). Weitere Probenahmen wurden in den Jahren 2009 und 2010 in europäischen Gewässern durchgeführt (J. Craig Venter Institute 2016d).

Venter (2009, S. 502-538) spekuliert dabei weniger auf eine direkte Nutzung der Organismen, sondern möchte unbekannte Gene entdecken und isolieren, um diese zur Erzeugung von Organismen mit neuen Eigenschaften zu verwenden. Er führt in seiner Autobiografie an, dass ein mit neuen Genen ausgestatteter (Minimal-)Organismus beispielsweise dazu genutzt werden könnte, dem Klimawandel entgegenzuwirken. Zur Lösung des Klimaproblems unserer Erde suche er auch in der Luft des New Yorker Stadtteils Manhattan nach bislang unbekannten Organismen. Hierbei soll erforscht werden, wie die in diesem Habitat vorkommenden Organismen Kohlenstoffdioxid aufnehmen und Sauerstoff freisetzen. Auf Basis dieser Erkenntnisse könnten beispielsweise Organismen erzeugt werden, die in Abgasleitungen von Kohlekraftwerken eingebracht werden, um dort den anfallenden Kohlenstoff zu binden. Denkbar wäre es nach Venter auch, Mikroorganismen in Bergwerken, tiefliegenden Grundwasserschichten oder Wüsten anzureichern, wo sie ebenfalls zur Bindung von Kohlenstoff und zur Sauerstoffanreicherung der Luft beitragen könnten. Als eines der Hauptziele seiner Arbeit gibt er jedoch an, mit Hilfe von Mikroorganismen mit neuen Eigenschaften alternative Energieträger erzeugen zu wollen (s. Kap. 4.1, 4.2 und 4.3). Diese und weitere Ideen zur biotechnologischen Anwendung von bislang unbekannten Mikroorganismen bestehen jedoch schon seit längerem. Auch andere Biotechnologieunternehmen, wie *DSM* oder *Novozymes*, sind auf der Suche nach Organismen, um diese biotechnologisch nutzbar zu machen (vgl. Schrauwers & Poolman 2013, S. 144-145).

2.6.2 Das DNA-Origami

In Anlehnung an die gleichnamige japanische Papierfaltkunst nutzt der Forschungsansatz des sogenannten DNA-Origamis die chemische Eigenschaft der Selbstassemblierung der DNA zur Konstruktion verschiedenartiger Objekte. Dabei fügen sich komplementäre DNA-Einzelstränge spontan zu Doppelsträngen zusammen. Die Nukleinsäure wird folglich nicht als Informationssystem genutzt, sondern auf Grundlage ihrer chemischen Struktur und Eigenschaften als Spiel-, Kunst- und Forschungsobjekt begriffen. Das DNA-Origami entwickelte sich seit dem Jahr 2004, als der Wissenschaftler Rothemund (2006) damit begann, aus der DNA eines Virus zweidimensionale Muster und Formen, darunter Quadrate, Sterne und Smileys, zu bilden. Hierzu fertigte er aus definierten DNA-Stücken Klammern an, die die DNA in die gewünschte Position brachten, sodass die Objekte unter dem Rasterkraftmikroskop zu erkennen waren.

Die DNA kann darüber hinaus auch als Baumaterial für praktische Zwecke genutzt werden. Da DNA mit anderen Molekülen Bindungen eingehen kann, ist beispielsweise eine Verwendung als Grundgerüst für komplexe Nanomaschinen möglich (vgl. Sanderson 2010, S. 158.). Zudem wurde mittels DNA-Origami bereits ein DNA-Lineal entwickelt, mit dem Abstände zwischen Molekülen gemessen werden können. Damit ist es unter anderem möglich, hochauflösende Mikroskope zu eichen (Steinhauer et al. 2009). Bislang wurde dies mittels loser DNA-Stücke oder Proteinfilamenten bewerkstelligt, die sich jedoch aufgrund ihrer Flexibilität und der Eigenschaft ihre Dimension zu ändern, als für diesen Zweck nicht optimal geeignet herausstellten (vgl. Sanderson 2010, S. 158-159).

Im Forschungsbereich zu DNA-Origami steht somit die technische und methodologische Perspektive auf die Biologie im Vordergrund. Die DNA, als natürlich vorkommende biologische Struktur, wird hierbei nicht in einem systemischen Zusammenhang, sondern losgelöst als neuartiges Baumaterial verwendet. Da der Rückbezug auf biologische Systeme fehlt, kann auch dieser Ansatz per Arbeitsdefinition nicht im engeren Sinn der Synthetischen Biologie zugeordnet werden.

Deutlich ausgeprägt bei diesem Forschungsansatz ist der Bezug zu spielerischen und künstlerischen Elementen. Dennoch wird auch hierbei auf bereits bestehende biologische Strukturen zurückgegriffen, um diese zu modifizieren. Demnach wird auch mit dem Ansatz des DNA-Origamis kein „neues Leben" im Sinne einer *De-novo*-Synthese eines Organismus generiert.

Allerdings bestehen bereits viele Ideen für zukünftige Anwendungen. Bis zur Marktreife der Projekte sind jedoch noch einige Herausforderungen zu meistern. Rothemund konstatiert:

> „The problem is that we don't just want to make small stuff, we want to make complicated small stuff, cheaply and easily." (Rothemund in: Sanderson 2010, S. 158)

Eine mögliche zukünftige Anwendung dieses Forschungsfeldes ist die Nutzung von DNA-Strukturen als „künstliche Laubblätter", über die die pflanzliche Photosynthese simuliert werden soll. Indem die DNA als Gerüst verwendet wird, das das Mangan sowie die etwa 20 Proteinuntereinheiten und Lichtsammelpigmente gezielt fixiert, soll das Photosystem II (PSII) nachgebaut werden können. Auf diese Weise könnte Wasser in Wasserstoff und Sauerstoff zerlegt werden und der so gewonnene Wasserstoff als Energieträger genutzt werden (vgl. Sanderson 2010, S. 159). Es ist jedoch zu betonen, dass sich dieses Verfahren noch in den Anfängen der Grundlagenforschung befindet und somit eine Vision darstellt, die bislang noch sehr weit entfernt von der Realisierung steht.

Im therapeutischen Bereich könnten aus DNA angefertigte Behälter Medikamente an ihren Wirkort im Körper transportieren. Ein DNA-Strang dient dabei als „Schloss" und hält die Box verschlossen. Ein separater DNA-Strang kann die DNA-Box als „Schlüssel" am Wirkort öffnen. Derzeit besteht eine Herausforderung allerdings darin, die Box in die Zellen einzuschleusen. Um die Zellmembran leichter passieren zu können, könnten virale Proteine verwendet werden, die dem Virus normalerweise das Eindringen in die Zelle ermöglichen. An der Außenwand der Box angebracht, könnten diese Proteine auch der DNA-Box in die Zelle verhelfen (Andersen et al. 2009).

Darüber hinaus könnte DNA-Origami auch in nicht biologischem Kontext zur Anwendung gebracht werden. Indem Goldkörnchen in Nanopartikelgröße an DNA-Strukturen gebunden werden, können besonders feine elektronische Schaltkreise konstruiert werden. Rothemund arbeitet derzeit zusammen mit dem Unternehmen *IBM* an der Entwicklung dieser elektronischen Schaltkreise (vgl. Sanderson 2010, S. 159; Schrauwers & Poolman 2013, S. 143). Im Jahr 2009 konnten bereits DNA-Dreiecke hergestellt werden, an die jeweils ein Goldkügelchen gebunden war (Hung et al. 2009). Zukünftig sind weitere Anwendungen, wie die Erzeugung künstlicher Ribosomen, die Konstruktion eines Grundgerüsts, mit dem künstliche Organe gestützt werden können, oder die Herstellung neuronaler Netzwerke auf DNA-Basis denkbar (vgl. Sanderson 2010, S. 159).

Die Risiken, die mit der Forschung zu DNA-Origami derzeit einhergehen, sind im Kontext eines technischen und künstlerischen Gebrauchs außerhalb von Organismen als eher gering einzuschätzen. Da im Forschungsbereich des DNA-Origami aktuell keine lebenden Organismen verwendet werden, fallen diese Arbeiten bislang nicht unter das Gentechnikrecht, sondern unter das Chemikalienrecht. Auch hier greift die geltende REACH Verordnung (EG) 987/2008.

Sollten Nukleinsäurestrukturen als Baumaterialien zukünftig auch in Organismen wie dem menschlichen Körper angewendet werden, könnte sich das Risiko jedoch erhöhen. Beispielsweise ist denkbar, dass die Nukleinsäurestrukturen mit den vorhandenen Zellgenomen wechselwirken könnten. Vor einer zukünftig möglichen Anwendung von DNA-Origami in Organismen sind daher die mit dieser Technik einhergehenden potentiellen Risiken eingehend zu erforschen.

2.6.3 „Evolutionsmaschinen" und „Wiedererweckung" von Urzeit-Lebewesen

Etwa vier Millionen Jahre lang lebten Mammuts auf der Erde. Sie besiedelten die Steppen Afrikas, Eurasiens und Nordamerikas und waren in dieser Zeit großen klimatischen Veränderungen ausgesetzt. Bislang ist der Grund für das Aussterben der Mammuts noch nicht hinreichend erforscht. Möglicherweise waren Klimaumschwünge ausschlaggebend, aber auch die Jagd des Menschen auf Mammuts könnte zu deren Ausrottung geführt haben. Im Permafrostboden Sibiriens wurden viele Mammuts nach ihrem Tod im Eis eingeschlossen, sodass bis heute, auch aufgrund der Klimaerwärmung, zunehmend im Sommer Mammutkadaver freigelegt werden (vgl. Fritsche 2013, S. 25-26). Die Wissenschaftler Iritani und Goto verfolgen das Ziel, aus gut erhaltenen Kadavern Spermien oder Körperzellen mit unversehrtem Genom zu isolieren. Dieses Genom könnte in eine Eizelle eines heutigen Elefanten eingebracht werden und die befruchtete Eizelle von einer Elefantenkuh als Leihmutter zu einem Mammut ausgetragen werden (Kato et al. 2009). Allerdings ist die Wahrscheinlichkeit, ein vollständig erhaltenes Genom aus Jahrtausende alten Mammutüberresten isolieren zu können, äußerst gering.

Ein weiterer Ansatz zur „Wiederbelebung" des Mammuts ist daher die Genomsequenzierung. Mit dem Fortschritt der Sequenziertechniken in den letzten Jahren war es möglich, nicht nur die DNA von Mikroorganismen, sondern auch die von Pflanzen, Tieren und Menschen vollständig zu sequenzieren (vgl. Lander et al.

2001; Venter et al. 2001). Dem von Schuster und Miller gegründeten *Mammoth Genome Project* (2016) gelang es im Jahre 2008 aus zwei verschiedenen Mammutfunden mindestens 70% des Wollhaarmammutgenoms zu sequenzieren. Die Untersuchungen bestätigen zwar die enge Verwandtschaft des Wollhaarmammuts mit dem Afrikanischen Elefanten, dennoch bestehen auch Sequenzunterschiede von ungefähr 0,6%. Könnte das Mammutgenom vollständig identifiziert werden, wäre es möglich, diese Abweichungen in das Genom heutiger Elefanten einzubringen (Miller et al. 2008). Mit herkömmlichen Techniken würde dies jedoch Jahrzehnte in Anspruch nehmen.

Die sogenannte „Evolutionsmaschine" könnte es ermöglichen, diese Änderungen in relativ kurzer Zeit im Genom zu realisieren. So soll das zeitgleiche Einbringen verschiedener Mutationen in die DNA von Mikroorganismen gewünschte Eigenschaften in kürzester Zeit hervorbringen (vgl. Schrauwers & Poolman 2013, S. 111-115). George Church entwickelte eine Version solch einer Maschine, den „Evolutionsbeschleuniger" *Multiplex Automated Genomic Engineering* (MAGE). Über die mehrfache Automatisierung der Genomsynthese mittels Oligonukleotiden kann mit MAGE ein Mikroorganismus schnell in die gewünschte Richtung genetisch verändert werden. Im Jahr 2009 wurde der Stoffwechselweg zur Expression des roten Farbstoffs Lycopin mit Hilfe von MAGE und der hiermit möglichen „gelenkten Evolution" in *E. coli* integriert. Die Zellen konnten im weiteren Verlauf derart verändert werden, dass sie, im Vergleich zu den Zellen die zu Beginn des Versuchs verwendet wurden, innerhalb von nur drei Tagen die fünffache Menge an Lycopin produzierten. In dieser Zeit wurden ungefähr 15 Milliarden *E. coli*-Varianten erzeugt (Wang, H. et al. 2009).

Im Kontext der „Wiedererweckung" von Mammuts könnte mit einer solchen „Evolutionsmaschine" das Genom einer Stammzelle eines Elefanten in kürzester Zeit an ein Mammutgenom angepasst werden. Würde dieses anschließend in eine entkernte Eizelle eines Elefanten eingebracht, könnte das Mammut von einer Elefantenkuh als Leihmutter ausgetragen werden. Allerdings sind beispielsweise mit MAGE bislang nur Genome von Prokaryonten verändert worden und selbst diese Umbauten waren enorm komplex. Der Einsatz an weitaus umfangreicheren Eukaryontengenomen wird zukünftig aufwendige Verbesserungen von MAGE erfordern (vgl. Fritsche 2013, S. 40-48.).

Die Möglichkeit der Realisierung von Verfahren dieser Art regt manche Wissenschaftler zu weitreichenden Visionen an. Denkbar wäre demnach auch die Erzeugung weiterer längst ausgestorbener Arten – auch die „Wiederbelebung" von Dinosauriern. Wie im Film *Jurassic Park* sollen Techniken zur „Wiedererweckung" von Urzeitlebewesen die Dinosaurier in unsere heutige Welt zurückholen. Da deren Aussterben jedoch etwa 65 Millionen Jahre zurückliegt, ist die tatsächliche Umsetzung dieser Vision extrem unwahrscheinlich. In Knochenfunden und Überresten ist Dinosaurier-DNA bereits zerfallen und eine Isolierung kaum noch möglich. Denkbar wäre es jedoch, dinosaurierähnliche Wesen mit Hilfe der Techniken der Synthetischen Biologie aus der DNA ihrer direkten Nachfolger, den Vögeln und Reptilien, vollständig neu zu kreieren. Doch auch diese Vorhaben werden in den kommenden Jahrzehnten wohl eher Visionen bleiben.

Etwas wahrscheinlicher als die „Wiederbelebung" von Dinosauriern ist hingegen die „Revitalisierung" ausgestorbener Säugetierarten wie Wollnashorn, Beutelwolf oder Höhlenbär (vgl. ebd., S. 50-53). Der Ökologe Zimov beispielsweise entwickelte 1988 die Idee, einen *Pleistozän-Park* (2016) in Jakutien zu errichten. Nach ersten Experimenten begann im Jahre 1996 die Realisierung des Projektes. So wurden bereits jakutische Pferde, Moschusochsen, Rentiere, Elche und weitere Pflanzenfresser aus weit entfernten Gegenden importiert und in dem 160 qkm großen Gebiet wieder angesiedelt. Die Tierarten waren bis vor rund 10.000 Jahren bereits in dieser Gegend beheimatet, bevor die Bestände dort, laut Zimov durch die Jagd des Frühmenschen, dezimiert wurden. Zimovs These zufolge resultierten aus dieser Dezimierung der Populationen von Pflanzenfressern landschaftliche Veränderungen, die zur Folge hatten, dass sich aus ehemaligen Graslandschaften die heutige sibirische Tundra entwickelte. Diese Graslandschaft soll im *Pleistozän-Park* wiederhergestellt werden. Zur Stabilisierung des Ökosystems wurden daher neben den Pflanzenfressern auch Wölfe, Luchse, Braunbären und weitere Prädatoren im Park angesiedelt. Die Idee ist darüber hinaus, zukünftig wiederbelebte Mammuts und weitere Ur-Lebewesen im Park zu beheimaten. Gelänge dies, wäre solch ein Park insbesondere in wirtschaftlicher Hinsicht äußerst lukrativ. Zahlungskräftige Besucher aus der ganzen Welt werden zumindest schon heute angezogen, um das visionäre Projekt zu besichtigen (vgl. Zimov 2005; Fritsche 2013, S. 48-50).

Die Genome ausgestorbener Arten sind jedoch auch in wissenschaftlicher Hinsicht von Interesse. Möglicherweise können sie Antworten auf die Frage geben, warum bestimmte Arten ausstarben. Mit Hilfe der Erforschung der Genome dieser Arten könnten Viruserkrankungen oder eine geringe genetische Variabilität, zwei häufige Gründe für das Aussterben, nachgewiesen werden. Zudem könnte mit tiefergehendem Wissen das Aussterben heutiger Arten, beispielsweise des Tasmanischen Teufels, möglicherweise verhindert werden. Um den Artenreichtum unserer Erde für die Nachwelt zu erhalten, existieren sowohl in Deutschland (Cryo-Brehm 2016) als auch international (Frozen Ark Project 2016) Projekte, die die Kryokonservierung von DNA und Stammzellen aussterbender Arten zum Ziel haben. Angesichts der voranschreitenden Ausrottung zahlreicher heutiger Arten unserer Erde halten viele Ökologen und Umweltschützer die „Wiedererweckung" bereits vor Längerem ausgestorbener Arten jedoch für die falsche Herangehensweise. Sie plädieren hingegen für die Intensivierung der Erforschung und Erhaltung der Lebensräume noch bestehender Arten (vgl. Fritsche 2013, S. 53-56). Im Kontext der Kryokonservierung von DNA und Stammzellen von Arten stellen sich zudem Fragen des geistigen Eigentums und der wirtschaftlichen Nutzung, analog der Patentierung von Genen (s. Kap. 2.2.8), sowie des Zugangs zu genetischen Ressourcen und des gerechten Vorteilsausgleichs (*Access and Benefit-Sharing*, ABS), gemäß des Übereinkommens über die biologische Vielfalt (*Convention on Biological Diversity, CBD*; vgl. Rojahn 2010).

An den bisherigen Ausführungen wurde deutlich, dass im Forschungsbereich zu „Evolutionsmaschinen" ausschließlich Organismen natürlichen Ursprungs als Ausgangsbasis für genetische Umbauten verwendet werden. Somit findet auch bei diesem Ansatz keine *De-novo*-Synthese von Organismen statt und es wird folglich kein „neues Leben" hergestellt.

Der Forschungsansatz zu „Evolutionsmaschinen" könnte per Arbeitsdefinition auch zu einem der Hauptforschungszweige der Synthetischen Biologie gezählt werden, da er stark anwendungsbezogen ist und als umfangreiche genetische Modifikation von Organismen verstanden werden kann. Diese Veränderungen können sowohl zur Erzeugung von Organismen führen, die in der Natur bereits vorkommen bzw. -kamen (beispielsweise Ur-Lebewesen) als auch zur Herstellung von Organismen, die so nicht in der Natur vorkommen (beispielsweise *E. coli* mit Lycopin). Aufgrund der thematischen Nähe dieses Forschungsansatzes zum Forschungsbereich der „Wiedererweckung" von Ur-Lebewesen ist die Abhandlung des Ansatzes in diesem Kontext jedoch in dieser Arbeit von Vorteil.

Weiterhin wurde bereits deutlich, dass beim Forschungsansatz zur „Wiedererweckung" von Ur-Lebewesen bereits ausgestorbene oder im Aussterben begriffene Organismen natürlichen Ursprungs „wiederbelebt" oder erhalten werden sollen. Auch bei diesem Forschungszweig wird demnach kein „neues Leben" erzeugt, da keine *De-novo*-Synthese von Organismen stattfindet. Zudem steht bei diesem Ansatz der Anwendungsbezug auch nicht im Vordergrund. Dieser Forschungsbereich kann daher per Arbeitsdefinition nicht im engeren Sinn zur Synthetischen Biologie gezählt werden.

Dennoch könnte die Idee einer „Wiedererweckung" urzeitlicher Lebewesen zukünftig weitreichende Konsequenzen haben. So sequenzierte das Team des *Neandertal Genome Project* (2016), unter der Leitung des Genetikers Swaantje Pääbo, im Jahr 2014 das vollständige Genom des Neandertalers (Prüfer et al. 2014). Ziel des Forschungsprojektes ist es unter anderem, die Gründe für das Aussterben des Neandertalers vor rund 30.000 Jahren zu erforschen. In diesem Kontext prognostizierte George Church, dass eine menschliche Stammzelle mit Hilfe der „Evolutionsmaschine" MAGE mit einem Neandertalergenom ausgestattet werden könnte (Spiegel-Online 2013). Er visioniert, dass sich derart erzeugte Neandertaler-Embryonen, von menschlichen Leihmüttern ausgetragen, zu einer „Art Neandertal-Kultur“ (ebd.) entwickeln könnten, die auch „politisch Bedeutung bekäme“ (ebd.). Bislang ist nicht abschätzbar, wie realistisch und energisch die Versuche zur „Wiedererweckung“ von Ur-Lebewesen und insbesondere des Neandertalers tatsächlich von wissenschaftlicher Seite aus verfolgt und realisiert werden können. Derlei provokante Aussagen machen jedoch deutlich, dass mit dem Voranschreiten der Forschung zur „Wiedererweckung“ von Urzeitlebewesen weitergehende ethische, rechtliche und soziale Fragen aufgeworfen werden könnten.

2.7 Do-It-Yourself-Biologie und Biohacking

Mit „*Do-It-Yourself*-Biologie“ (DIY-Biologie) oder „Garagen-Biologie“ wird eine Bewegung der nicht-professionellen Synthetischen Biologie bezeichnet. Dabei führen Laienforscher im häuslichen Umfeld, beispielsweise der sprichwörtlichen Garage oder in speziell eingerichteten öffentlichen Laboren, selbst Experimente zur Synthetischen Biologie durch. Die hierbei angewendeten Techniken werden zu diesem Zweck stark vereinfacht, sodass keine hochwertig ausgestatteten Labore oder spezifisches Fachwissen erforderlich sind (vgl. Nature Editorials 2010, S. 634). Ihre Erfahrungen tauschen die Hobby-Biologen in Diskussionsforen im Internet aus. Die für die Versuche benötigte technische Ausstattung und Chemikalien können meist frei über das Internet bezogen oder aus Haushaltsgegenständen hergestellt werden (vgl. OpenPCR 2016). Bezüglich der Grundlagen, der Ziele und der Visionen ist die DIY-Biologie insofern als Teil der Entwicklung der Synthetischen Biologie aufzufassen. Dennoch steht die private Forschung der akademischen bzw. industriellen Forschung gegenüber, da diese als Hobby verstanden wird, mit dem auch eine starke Vereinfachung der Techniken und Experimente einhergeht (vgl. Trojok, Interview in: Potthof 2013).

Die Bewegung der DIY-Biologie erfährt in Deutschland im Vergleich zu anderen Ländern bislang nur eine geringe Verbreitung. Strikte rechtliche Regulierungen wie das GenTG, die GenTSV und die EU-Richtlinie 2009/41 unterbinden hierzulande die Hobbyforschung. In anderen Ländern, beispielsweise in den USA, lassen es die Gesetze zu, dass einfache gentechnische Experimente von Bürgern legal auch zuhause durchgeführt werden können (vgl. Vogel 2010, S. 20).

In einem Artikel der F.A.Z. aus dem Jahr 2012 (Charisius et al. 2012) sowie in einem von denselben Autoren publizierten Buch (Charisius et al. 2013) werden Einblicke in die Szene der DIY-Biologie gegeben. Der Synthetische Biologe George Church und die Wissenschaftlerin Ellen Joergensen sind Mitglieder des wissenschaftlichen Beirats von *Genspace*, einem nicht-professionellen Labor in Brooklyn, New York. Über sie werde der Kontakt zwischen DIY-Biologen und professionellen Wissenschaftlern hergestellt. Joergensen weist darauf hin, dass die

Laienforscher aus Leidenschaft für die Wissenschaft in das Labor kämen und nicht, weil sie sich damit ihren Lebensunterhalt verdienen müssten. Aufgrund dessen seien sie meist frei in der Auswahl ihrer Projekte und hätten zudem ein großes Interesse daran, andere Menschen für ihre Laborarbeit zu begeistern (Charisius et al. 2012, S. 59). Viele DIY-Biologen kommen folglich aus Spaß am Experimentieren ins Labor und beziehen explizit kreative, spielerische und künstlerische Elemente in ihre Forschungen ein. Allerdings ist zu betonen, dass auch diese Forschung nicht völlig frei, sondern allein durch die Limitierung der verfügbaren Mittel finanziell gebunden ist.

Aufgrund der Befürchtung erhöhter Sicherheitsrisiken, beispielsweise möglicher bioterroristischer Anschläge, stehen die US-amerikanischen DIY-Biologen in stetem Kontakt mit dem *Federal Bureau of Investigation* (FBI). Die Behörde betont allerdings, dass dies nicht der Überwachung diene, denn die Erfahrungen mit den Laienforschern seien „überwältigend positiv“ (ebd.) und die Aktivitäten hätten „absolut nichts Kriminelles“ (ebd.) an sich. Jedoch experimentieren nicht nur Laien außerhalb der etablierten Labore. Auch manche Wissenschaftler forschen abseits der offiziellen wissenschaftlichen Institutionen in eigenen Projekten.

Eine Untergrundbewegung, das „Biohacking“, formierte sich ebenfalls zunehmend in den letzten Jahren und ist eng mit der DIY-Biologie verknüpft. Es zielt darauf ab, statt mit Computercodes mit dem genetischen Code von Lebewesen zu experimentieren. Die Bezeichnung „Biohacker“ ist demnach an die der „Computerhacker“ angelehnt, die die Soft- und Hardwareentwicklung vorangetrieben haben (vgl. Ledford 2010).

Die Gefahrenszenarien, die im Zusammenhang mit der DIY-Biologie und dem Biohacking stehen, reichen von versehentlichen Unfällen aufgrund von Unwissenheit im Umgang mit synthetisch-biologisch veränderten Organismen, bis hin zu absichtlichem Ausbringen der Organismen in die Umwelt. Mögliche Motivation hierfür könnten Schaulust oder die Demonstration technischer Raffinesse sein, ähnlich den Motiven der Computerhacker beim Ausbringen von Computerviren (Tucker & Zilinskas 2006, S. 42). Die „Biohacker“ unterstehen als Mitglieder der Hackerbewegung jedoch der sogenannten „Hackerethik“, die ursprünglich auf dem Buch *Hackers* von Steven Levy (1984) basiert. Sie wurde mehrfach ergänzt und ist bislang nicht einheitlich definiert. Freiheit, Dezentralisierung, freier Informationszugang und Vermeiden von Diskriminierung anderer Hacker werden hierin allgemein als wesentliche Werte verstanden (Chaos Computer Club 2016). Derartige Selbstverpflichtungen bestimmter Gruppierungen stehen allerdings in der Kritik, aufgrund des geringen Einflusses und geringer Überprüfbarkeit, zu wenig praktisch-politisch zu greifen (Lenk 1997, S. 137-138). Zudem steigen, aufgrund fehlender Weitsicht für biologische Zusammenhänge und nicht sachgemäßer Handhabung die Risiken im Kontext der Laienforschung. Nach Engelhard

(2010, S. 22) könnte ein Biologenvorbehalt, in Anlehnung an den Arztvorbehalt, rechtliche Regelungen ergänzen. So wären grundsätzlich professionelle Biologen in die Begutachtung und Durchführung von Experimenten einzubeziehen.

2.8 Zusammenfassung

Zur Einführung in die Thematik habe ich zu Beginn eine kurze Übersicht über die geschichtliche Entwicklung der Synthetischen Biologie gegeben (Kap. 1.2) und der Arbeit eine vorläufige Definition von Synthetischer Biologie zugrunde gelegt (Kap. 1.3). In diesem Kontext wurde deutlich, dass sich die Synthetische Biologie, als junges Forschungsfeld, derzeit in einer Übergangsphase befindet und daher bislang keine Einigkeit darüber besteht, ob mit der Synthetischen Biologie tatsächlich ein Paradigmenwechsel in der Biologie eingeleitet wird. Um dieser Unklarheit zu begegnen, habe ich im ersten Teil dieser Arbeit die biowissenschaftlichen Hintergründe der verschiedenen Forschungsansätze der Synthetischen Biologie differenziert untersucht. Bevor ich nun im zweiten Teil der Arbeit ethischen Fragen, die mit den Forschungen im Bereich der Synthetischen Biologie aufkommen, nachgehen möchte, werde ich den ersten Teil in einem vergleichenden Überblick über die Hauptforschungszweige der Synthetischen Biologie und deren Verbindungen zueinander zusammenfassen.

Die fünf Hauptforschungszweige der Synthetischen Biologie, die ich in dieser Dissertation differenziert beleuchtet habe, sind: 1) der Minimalorganismenansatz (Kap. 2.1), 2) der Ansatz zur Neusynthese von DNA-Abschnitten und Genomen (Kap. 2.2), 3) der Ansatz zur umfangreichen genetischen Modifikation von Organismen (Kap. 2.3), 4) der Ansatz zur Erzeugung „paralleler organismischer Welten“ (Kap. 2.4) und 5) der Protozellenansatz (Kap. 2.5). Darüber hinaus habe ich eine Ein- bzw. Abgrenzung des Feldes exemplarisch an drei weiteren Forschungsansätzen vorgenommen, die jedoch per Arbeitsdefinition nicht im engeren Sinne zur Synthetischen Biologie gezählt werden können. Diese Ansätze sind die Suche nach bislang unbekannten Organismen, das DNA-Origami sowie der Ansatz zur „Wiedererweckung“ von Urzeit-Lebewesen und die „Evolutionsmaschinen“ (Kap. 2.6). Zudem habe ich Einblicke in die DIY- und Biohacking-Bewegungen im nicht-professionellen Bereich der Synthetischen Biologie gegeben (Kap. 2.7). Auf Grundlage dieser differenzierten Betrachtungen konnten die Heterogenität der Herangehensweisen und Implikationen der verschiedenen Forschungszweige der Synthetischen Biologie im ersten Teil der Arbeit herausgestellt werden.

Es wurde deutlich, dass neben der Klassifikation der Synthetischen Biologie nach konkreten Forschungszweigen, wie sie in dieser Arbeit vorgenommen wurde, auch die Klassifikation nach *Top-down-* bzw. *Bottom-up-*Verfahrenstyp gängig ist. Der Minimalorganismenansatz konnte dabei als *Top-down-*Verfahren, bei dem das

Genom natürlich vorkommender Organismen „von oben nach unten" reduziert wird, kategorisiert werden. Diesem entgegengesetzt ist das *Bottom-up*-Verfahren, bei dem organismische Strukturen und Systeme „von unten nach oben", also von Grund auf zusammengesetzt werden. Zu diesem Verfahren wurden der Protozellenansatz sowie der Ansatz zur Neusynthese von DNA-Abschnitten und Genomen gezählt (s. Abb. 1).[5] Für eine Einordnung aller in dieser Dissertation unterschiedenen Hauptforschungsansätze der Synthetischen Biologie stellte sich dieses Klassifikationssystem als nur bedingt zweckmäßig heraus, da die Forschungsansätze zur umfangreichen genetischen Modifikation von Organismen sowie der Ansatz zur Erzeugung „paralleler organismischer Welten" keiner bestimmten „Richtung" der Herangehensweise des technischen Eingriffs und somit weder dem *Top-down*-Verfahren noch dem *Bottom-up*-Verfahren eindeutig zugeordnet werden können.

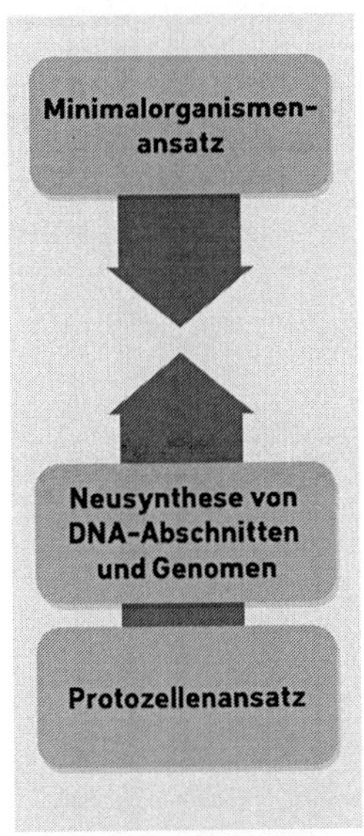

Abb. 1: Klassifikation von drei Forschungsansätzen der Synthetischen Biologie nach *Top-down*- bzw. *Bottom-up*-Verfahrenstyp. Der Minimalorganismenansatz stellt ein *Top-down*-Verfahren dar, während der Protozellenansatz sowie der Ansatz zur Neusynthese von DNA-Abschnitten und Genomen als *Bottom-up*-Verfahren aufgefasst werden können.

[5] Eine weitere mögliche Gegenüberstellung dieser Forschungsansätze unternimmt Witt (2012), indem sie die molekularbiologische Sichtweise des Lebens beim Minimalzellenansatz, für die der Gen-Begriff maßgeblich sei, von der organismischen Sichtweise des Lebens beim Protozellenansatz und den hier im Vordergrund stehenden Systemansätzen unterscheidet.

Im ersten Teil dieser Arbeit habe ich für jeden der Hauptforschungsansätze die Ziele, Visionen, spezifische Techniken und derzeitigen Anwendungen detailliert ausgeführt. Die Untersuchungen ergaben, dass durchaus unterschiedliche Ziele und Visionen mit den verschiedenen Ansätzen verfolgt werden (s. Tab. 1), die mit verschiedenen Techniken realisiert werden sollen. Die für die Forschung verwendeten Organismen werden dabei programmatisch als grundsätzlich herstellbar aufgefasst und „Leben" als eine Eigenschaft begriffen, die extern kontrolliert werden kann und soll.

Tab. 1: Ziele und Visionen der Synthetischen Biologie.

Forschungs-ansatz	Ziele	Visionen
Minimal-organimen-ansatz	o Minimales, essentielles Genset o Minimalzellen als „Chassis" o Kenntnisse zum Zellaufbau und zu Funktionen bislang unbekannter Gene o Ingenieurwissenschaftliche Prinzipien o Rekonstruktion des Genoms eines letzten gemeinsamen Vorfahren der Lebewesen o Minimalorganismus *M. laboratorium*	o *Vollständige* externe Kontrolle von Zellprozessen o Computergestütztes „Design" von Wunschorganismen o Antworten zur Frage „Was ist Leben?"
Neusynthese von DNA-Abschnitten und Genomen	o Kenntnisse zum Zellaufbau und zu Funktionen bislang unbekannter Gene o Genome vollständig chemisch synthetisieren o Zellen sollen Produkte erzeugen oder bestimmte Funktionen ausführen	o Computergestütztes „Design" von Wunschorganismen
Umfangreiche genetische Modifikation von Organismen	o Ingenieurwissenschaftliche Prinzipien o Zellen für bestimmte Anwendungen *möglichst* gezielt planen und nutzen o Einbau artifizieller genetischer Elemente in „Chassis" für neue Eigenschaften und Funktionen o Bereitstellung standardisierter genetischer Elemente in Datenbank	o *Vollständige* externe Kontrolle von Zellprozessen
„Parallele organismische Welten"	o Erzeugung alternativer Biosysteme o Neue Sicherheitstechniken („genetische Firewall") o Ingenieurwissenschaftliche Prinzipien	o Wechselwirkungen zwischen Biosystemen *vollständig* ausschließen o *Vollständige* Kontrolle von Zellprozessen
Protozellen-ansatz	o Kenntnisse zum Zellaufbau und zu Funktionen bislang unbekannter Gene o Nachbau bereits existierender Zellen o Kenntnisse zum Ursprung des Lebens auf der Erde	o *De-novo*-Synthese von Organismen o Antworten zur Frage „Was ist Leben?"

Trotz der Heterogenität der verschiedenen Forschungszweige der Synthetischen Biologie erwiesen sich die einzelnen Ansätze als nicht vollständig isoliert voneinander. So wurden Verbindungen der einzelnen Forschungsansätze zueinander deutlich. Diese Überschneidungen der einzelnen Ansätze ließen erkennen, dass die Ziele und Visionen sowie die verwendeten Techniken und Methoden nicht immer scharf voneinander abgrenzbar sind, sondern Ähnlichkeiten und Zusammenhänge aufweisen (s. Abb. 2).

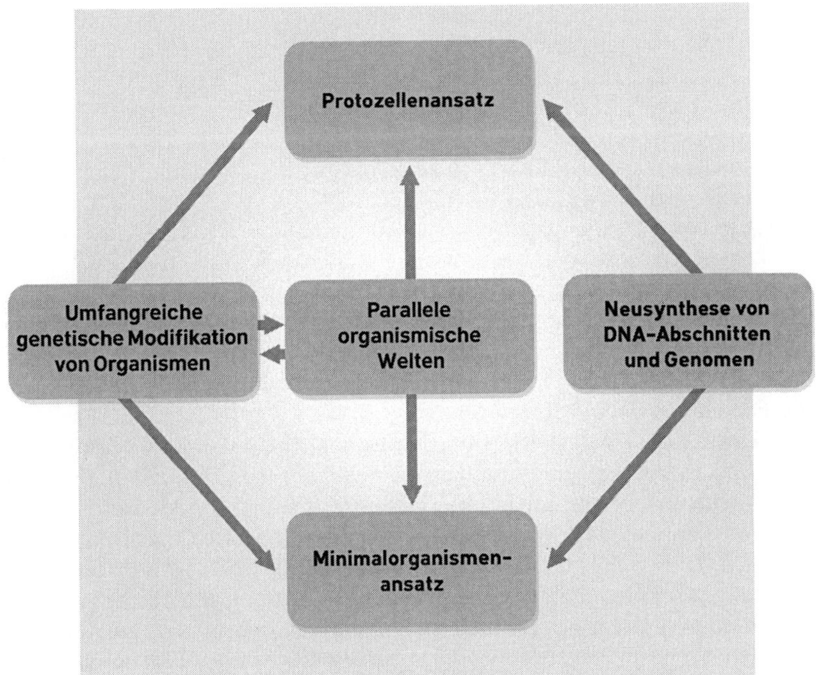

Abb. 2: Verbindungen der Forschungsansätze der Synthetischen Biologie. Beispielsweise können Minimalorganismen und Protozellen als „Chassis“ bereitgestellt werden. In diese können Gene und biologische Bestandteile eingefügt werden, die innerhalb der Forschung zur Neusynthese von DNA-Abschnitten und Genomen, zur umfangreichen genetischen Modifikation von Organismen und zur Erzeugung „paralleler organismischer Welten“ hergestellt werden. Im Forschungsbereich zur umfangreichen genetischen Modifikation von Organismen könnte für bestimmte Forschungsvorhaben anstelle von DNA bzw. RNA zukünftig die weitaus stabilere XNA bzw. PNA des Ansatzes zur Erzeugung „paralleler organismischer Welten“ verwendet werden.

Darüber hinaus wurde deutlich, dass die Forschungen zu allen Ansätzen der Synthetischen Biologie bislang fast ausschließlich auf biologische Teilstrukturen, Mikroorganismen und einzelne Zellen als Forschungsobjekte beschränkt sind. Lediglich der Ansatz zur umfangreichen genetischen Modifikation von Organismen experimentiert bereits direkt an komplexeren Organismen wie Moskitos oder es werden synthetisch-biologisch veränderte Zellen in komplexere Empfängerorganismen eingebracht (s. Kap. 2.3.3). Zukünftig ist es jedoch denkbar, dass mit dem Voranschreiten des Forschungsfeldes vermehrt komplexere Organismen nicht mehr nur indirekt, sondern direkt für die Versuche herangezogen werden.

Hieran schloss eine spezifische Analyse der deutschsprachigen medialen Berichterstattung zu den verschiedenen Forschungsbereichen der Synthetischen Biologie an. Diese ergab, dass die Ansätze der Synthetischen Biologie außerhalb wissenschaftlicher Kreise bislang nur wenig bekannt sind. Eine etwas größere mediale Aufmerksamkeit konnte für den Minimalorganismenansatz, die Neusynthese von DNA-Abschnitten und Genomen sowie die umfangreiche genetische Modifikation von Organismen im Vergleich zum Ansatz zur Erzeugung „paralleler organismischer Welten“ sowie dem Protozellenansatz ausgemacht werden. Insbesondere bewirkten Forschungsprojekte des prominenten Synthetischen Biologen Craig Venter, dessen Leben und wissenschaftliches Wirken in einem Exkurs in dieser Arbeit beleuchtet wurden (s. Kap. 2.2.7), das größte mediale Interesse. Da die zur Untersuchung herangezogenen Medienanalysen weniger bekannte Hauptforschungszweige der Synthetischen Biologie jedoch kaum einbezogen haben, hat sich gezeigt, dass konkrete Daten zur öffentlichen Wahrnehmung weniger prominenter Forschungszweige derzeit fehlen.

Im Kontext der Analyse der medialen Berichterstattung wurde deutlich, dass in allen fünf Hauptforschungsansätzen der Synthetischen Biologie ingenieurwissenschaftliche, technische sowie informationstechnologische Metaphern auf biologische Strukturen und Bestandteile, Lebensprozesse sowie Organismen übertragen werden. Dies zeigt klar die Interdisziplinarität des Feldes, aber auch dessen Ausrichtung als Bioingenieurwissenschaft auf. Insbesondere beim Ansatz zur Neusynthese von DNA-Abschnitten und Genomen, dem Ansatz zur umfangreichen genetischen Modifikation von Organismen, dem studentischen iGEM-Wettbewerb sowie innerhalb der von Laien durchgeführten DIY-Biologie wurde häufig auf den expliziten Einbezug spielerischer bzw. künstlerischer Elemente verwiesen.

Darüber hinaus hat sich gezeigt, dass die verschiedenen Forschungszweige der Synthetischen Biologie nicht nur Überschneidungen untereinander aufweisen, sondern auch nicht immer eindeutig von anderen wissenschaftlichen Disziplinen abgrenzbar sind. Es wurde deutlich, dass insbesondere zur klassischen Gentechnik, eine der Hauptdisziplinen aus der die Synthetische Biologie hervorgegangen ist, teilweise Ähnlichkeiten bestehen. Dennoch konnte ich in dieser Arbeit markante Unterschiede zur klassischen Gentechnik herausarbeiten, indem ich die Synthetische Biologie nicht als homogenes Feld behandelt habe, sondern die heterogenen Hauptforschungsansätze anhand vier charakteristischer Merkmale (methodische, konzeptionelle und kulturelle Unterschiede sowie Unterschiede in der qualitativen und quantitativen Eingriffstiefe) im Einzelnen beleuchtet habe (s. Tab. 2).

Tab. 2: Unterschiede der Forschungsansätze der Synthetischen Biologie im Vergleich zur klassischen Gentechnik

Forschungsansatz	Unterschiede zur klassischen Gentechnik
Minimalorganismenansatz	o methodisch o konzeptionell o kulturell (Interdisziplinarität) o quantitative Eingriffstiefe
Neusynthese von DNA-Abschnitten und Genomen	o methodisch o konzeptionell o kulturell (Interdisziplinarität, spielerische bzw. künstlerische Elemente) o quantitative Eingriffstiefe
Umfangreiche genetische Modifikation von Organismen	o methodisch o konzeptionell o kulturell (Interdisziplinarität, spielerische bzw. künstlerische Elemente) o qualitative und quantitative Eingriffstiefe
„Parallele organismische Welten“	o methodisch o konzeptionell o kulturell (Interdisziplinarität) o qualitative Eingriffstiefe
Protozellenansatz	o methodisch o konzeptionell o kulturell (Interdisziplinarität) o qualitative Eingriffstiefe

Alle fünf Forschungsansätze der Synthetischen Biologie wiesen demnach methodische Unterschiede (ingenieurwissenschaftliche Prinzipien bzw. systemische Ausrichtung) sowie konzeptionelle Unterschiede (von der Manipulation zur Kreation) zur klassischen Gentechnik auf. Auch bezüglich kultureller Unterschiede ließ sich mit Blick auf die ausgeprägte Interdisziplinarität bei allen Ansätzen ein

Unterschied zur klassischen Gentechnik ausmachen. *Explizit* spielerische bzw. künstlerische Elemente standen hauptsächlich beim Forschungsansatz zur Neusynthese von DNA-Abschnitten und Genomen und dem Ansatz zur umfangreichen genetischen Modifikation von Organismen im Vordergrund. Hinsichtlich der qualitativen Eingriffstiefe waren der Forschungsansatz zur umfangreichen genetischen Modifikation von Organismen, der Ansatz zur Erzeugung „paralleler organismischer Welten“ sowie der Protozellenansatz von der klassischen Gentechnik zu unterscheiden. Ein Unterschied in der quantitativen Eingriffstiefe war besonders beim Minimalorganismenansatz, beim Forschungsansatz zur Neusynthese von DNA-Abschnitten und Genomen sowie beim Ansatz zur umfangreichen genetischen Modifikation von Organismen auszumachen.

Schließlich habe ich die potentiellen Chancen und Risiken der Hauptforschungszweige der Synthetischen Biologie mit Blick auf die rechtlichen Rahmenbedingungen gegenübergestellt (s. Tab. 3 bis 7).

Tab. 3: Chancen und Risiken des Minimalorganismenansatzes.

Minimalorganismenansatz			
Chancen / Anwendungen	**Risiken**		
	Biosecurity / Biosafety	**Eintrittswahrscheinlichkeit**	**Maßnahmen zur Risikominimierung**
Chancen: o Vorteile bei der biotechnologischen Verwendung o Minimalzellen als „Chassis“: neue Chemikalien, Treibstoffe, Medikamente (Antibiotika), Impfstoffe, Therapien, Umwelttoxine beseitigen **Anwendungen:** o *Scarab Genomics* „Clean Genome *E. coli*“	**Biosecurity:** Durch neue Kenntnisse zu Genen und in Verbindung mit anderen Ansätzen: o Neue Biowaffen (*Dual-Use*) o Bioterror **Biosafety:** o Verdrängung von Arten o Verschiebungen in ökologischen Systemen o Übertragung von genetischem Material o Neue Pathogene	⇨Nicht / Schwer einzuschätzen ⇨Nicht / Schwer einzuschätzen	o Verzicht der Ausbringung in das Freiland o Versuchsmodelle, die spezifische Ökosysteme in kleinerem Maßstab nachbilden o Genetische Reduktion o Selbstverpflichtung, Selbstregulierung o Inhalte in der Aus-, Fort- und Weiterbildung der Lebenswissenschaften stärker thematisieren o Rechtliche Regelungen

Zukünftig werden zwar zahlreiche Anwendungen in Aussicht gestellt, es hat sich jedoch gezeigt, dass nur wenige Produkte und Verfahren tatsächlich bis zur Marktreife gelangt sind. Im Kontext möglicher Risiken standen *Biosafety*- und *Biosecurity*-relevante Sicherheitsfragen im Fokus: Erstere im Falle von Risiken für Mensch oder Natur nach unbeabsichtigter oder gezielter Freisetzung von synthetisch-biologisch veränderten Organismen, letztere im Kontext eines *Dual-Use* bzw. einer missbräuchlichen Anwendung der Techniken, beispielsweise zu bioterroristischen Zwecken.

Tab. 4: Chancen und Risiken der Neusynthese von DNA-Abschnitten und Genomen.

Ansatz zur Neusynthese von DNA-Abschnitten und Genomen			
Chancen / Anwendungen	**Risiken**		
	Biosecurity / Biosafety	**Eintrittswahrscheinlichkeit**	**Maßnahmen zur Risikominimierung**
Chancen: o Kenntnisse zum Aufbau von Zellen und zu Funktionen unbekannter Gene o Genome vollständig chemisch synthetisieren o Neue Produkte und Funktionen: Impfstoffe, pharmazeutische Produkte, Biotreibstoffe, biochemische Stoffe, sauberes Wasser, Nahrungsquellen, Textilien, Bioremediation	**Biosecurity:** o Neue Biowaffen (*Dual-Use*) o Bioterror **Biosafety:** o Verdrängung von Arten o Verschiebungen in ökologischen Systemen o Übertragung von genetischem Material o Neue Pathogene	⇨Nicht / Schwer einzuschätzen ⇨Nicht / Schwer einzuschätzen	o Verzicht der Ausbringung ins Freiland o Selbstverpflichtungen, Selbstregulierung o Inhalte in der Aus-, Fort- und Weiterbildung der Lebenswissenschaften stärker thematisieren o Rechtliche Regelungen

Es wurde deutlich, dass internationale und europäische Übereinkommen, beispielsweise die Biowaffenkonvention, sowie die rechtlichen Bedingungen in Deutschland, die über das GenTG, das Chemikalienrecht sowie weitere Verordnungen geregelt werden, zum Teil als unzureichend bewertet werden müssen. Zur Diskussion steht, ob die rechtlichen Rahmenbedingungen für die verschiedenen Forschungsansätze der Synthetischen Biologie unterschiedlich angepasst werden müssen. Insbesondere für Forschungen zu neuartigen, artifiziellen biologischen bzw. genetischen Elementen, wie dies beim Ansatz zur umfangreichen genetischen Modifikation von Organismen sowie dem Ansatz zur Erzeugung „paralleler organismischer Welten“ der Fall ist, ist zudem, aufgrund fehlender natürlich vorkommender Referenzorganismen, möglicherweise über die globale Verhängung eines Moratoriums zu diskutieren (s. Tab. 5 und 6).

Tab. 5: Chancen und Risiken der umfangreichen genetischen Modifikation von Organismen.

Ansatz zur umfangreichen genetischen Modifikation von Organismen			
Chancen / Anwendungen	**Risiken**		
	Biosecurity / Biosafety	**Eintrittswahrscheinlichkeit**	**Maßnahmen zur Risikominimierung**
Chancen: o Medizin, Energiegewinnung, Chemie (neue Arzneimittel, Biotreibstoffe, Kunststoffe, „intelligente Materialien“) **Anwendungen:** o Malaria-Therapie o Malaria-Prävention o Künstliche Befruchtung o Biologische Parameter auf Sollwert einstellen o *FREDsense Technology*	**Biosecurity:** o Neue Biowaffen (*Dual-Use*) o Bioterror **Biosafety:** o Verdrängung von Arten o Verschiebungen in ökologischen Systemen o Übertragung von genetischem Material o Neue Pathogene	⇨ Nicht / Schwer einzuschätzen ⇨Nicht / Schwer einzuschätzen	o Verzicht der Ausbringung in das Freiland o Artifizielle genetische Elemente nicht direkt in das Genom des Empfängerorganismus integrieren o Selbstverpflichtungen, Selbstregulierung o Inhalte in der Aus-, Fort- und Weiterbildung der Lebenswissenschaften stärker thematisieren o Rechtliche Regelungen o Eventuell Moratorium

Tab. 6: Chancen und Risiken der Erzeugung „paralleler organismischer Welten".

Ansatz zur Erzeugung „paralleler organismischer Welten"			
Chancen / Anwendungen	**Risiken**		
	Biosecurity / Biosafety	**Eintritts-wahrschein-lichkeit**	**Maßnahmen zur Risikominimierung**
Chancen: o Neue Sicherheitstechniken („genetische Firewall") o Arzneimittelherstellung, Diagnostik, Therapie, Materialien (Zahnimplantate, Knorpel- und Knochenersatz, therapeutische Wirkstoffe) **Anwendungen:** o Kopplung von PEG an Wachstumshormone o XNA-Aptamere o Nachweisverfahren von Genen und Genvarianten o *NOXXON* Spiegelmere®	**Biosecurity:** o Neue Biowaffen (*Dual-Use*) o Bioterror **Biosafety:** o Verschiebungen in ökologischen Systemen o Übertragung von genetischem Material o Neue Pathogene	⇨Nicht / Schwer einzuschätzen ⇨Nicht / Schwer einzuschätzen	o Neue Sicherheits-techniken o Verzicht der Ausbringung in das Freiland o Versuchsmodelle, die spezifische Ökosysteme in kleinerem Maßstab nachbilden o Selbstverpflichtung, Selbstregulierung o Inhalte in der Aus-, Fort- und Weiterbil-dung der Lebens-wissenschaften stärker thematisieren o Rechtliche Regelungen o Eventuell Moratorium

Da beim Protozellenansatz derzeit hautptsächlich an nichtlebenden, chemischen Systemen geforscht wird, sind die potentiellen Risiken dieses Ansatzes, im Vergleich zu den möglichen Risiken der anderen Ansätze, aktuell als geringer einzuschätzen. Zukünftig könnte das Risikopotential jedoch mit der Annäherung an lebende Systeme oder einer möglichen *De-novo*-Synthese lebender Protozellen deutlich ansteigen (s. Tab. 7).

Tab. 7: Chancen und Risiken des Protozellenansatzes.

Protozellenansatz			
Chancen / Anwendungen	**Risiken**		
	Biosecurity / Biosafety	**Eintrittswahrscheinlickeit**	**Maßnahmen zur Risikominimierung**
Chancen: o neue Substanzen und Medikamente o Antworten auf die Fragen nach der Entstehung des Lebens **Anwendungen:** o Membranvesikel, die Arzneimittel spezifisch an Zielorte bringen	o Derzeit: Nichtlebende, rein chemische Systeme o Zukünftig: mögliche *De-novo*-Synthese lebender Protozellen	⇨ Risikopotential eher gering ⇨Risikopotential könnte deutlich ansteigen ⇨Nicht / Schwer einzuschätzen	o Mögliche Überwindung von Grenzen: Orientierungsbedarf bezüglich Grenzmanagement und -politik o Selbstverpflichtung, Selbstregulierung o Inhalte in der Aus-, Fort- und Weiterbildung der Lebenswissenschaften stärker thematisieren o Rechtliche Regelungen

Darüber hinaus wurde deutlich, dass im Rahmen der *DIY-Biologie* und des *Biohacking* aufgrund des freieren Charakters und der explizit spielerisch-künstlerischen Ausrichtung Experimente durchgeführt werden können, die zu neuen wissenschaftlichen Erkenntnisen führen, aber möglicherweise in etablierten wissenschaftlichen Laboren nicht realisiert worden wären. Potentielle Risiken bestehen hier jedoch vor allem durch versehentliche Unfälle aufgrund unsachgemäßer Handhabung der Techniken, aber auch durch absichtliche Schäden, beispielsweise in Form von Bioterrorismus. Möglichkeiten diese Risiken einzudämmen, ergeben sich aus der Ergänzung von rechtlichen Regularien, der Selbstverpflichtung bestimmter Gruppierungen oder einem Biologenvorbehalt (s. Kap. 2.7).

An dieser Stelle möchte ich die zu Beginn aufgeworfene Frage, ob mit dem Aufkommen der Synthetischen Biologie ein Paradigmenwechsel in der Biologie eingeleitet werden könnte, aufgreifen. Sie basiert auf der Frage, ob mit den verschiedenen Techniken „neues Leben“ *de novo* aus chemischen Grundbausteinen erzeugt werden kann. Denn bislang gilt „Leben“ als vom Menschen nicht herstellbar. In meiner Analyse konnte ich aufzeigen, dass für alle Hauptforschungsansätze der Synthetischen Biologie, mit Ausnahme des Protozellenansatzes, wenigstens zum Teil auf bereits vorhandene biologische Strukturen und Bestandteile zurückgegriffen werden muss. Daher wird innerhalb dieser Ansätze der Synthetischen Biologie kein „neues Leben“ *de novo* erzeugt (s. Tab. 8). Jedoch ist es bereits möglich, mit dem Forschungsansatz zur Neusynthese von DNA-Abschnitten und Genomen, dem Ansatz zur umfangreichen genetischen Modifikation von Organismen sowie dem Ansatz zur Erzeugung „paralleler organismischer Welten“ artifizielle biologische Teilstrukturen und Bestandteile von Organismen zu synthetisieren und diese mit neuen Eigenschaften und Funktionen zu versehen. Schließlich stellte sich der Protozellenansatz als vielversprechendster Ansatz heraus, von dem angenommen werden kann, dass in Zukunft eine Erzeugung „neuen Lebens“ möglich sein könnte. Diese möglicherweise zukünftige *De-novo*-Synthese eines Organismus wäre somit als Herstellung von „neuem Leben“ zu begreifen (s. Kap. 5.4.2). Bislang ist dies jedoch auch mit diesem Ansatz nicht möglich.

Tab. 8: Wird mit den Forschungsansätzen „neues Leben“ erzeugt?

Forschungsansatz	Wird mit dem Ansatz „neues Leben“ erzeugt?
Minimalorganismenansatz	Nein
Neusynthese von DNA-Abschnitten und Genomen	Nein, aber artifizielle biologische Teilstrukturen
Umfangreiche genetische Modifikation von Organismen	Nein, aber artifizielle biologische Teilstrukturen
„Parallele organismische Welten“	Nein, aber artifizielle biologische Teilstrukturen
Protozellenansatz	Derzeit: nein Zukünftig: eventuell möglich

In den vorangegangenen Kapiteln dieser Arbeit bin ich hauptsächlich den Möglichkeiten der technischen Umsetzung der Ansätze der Synthetischen Biologie nachgegangen. Es wurde deutlich, dass innerhalb der Synthetischen Biologie „Leben“ als „technisches Produkt“ und zumindest visionär als kontrollier- und machbar begriffen wird. Dies wirft die weitreichende Frage auf, welcher Lebensbegriff der Synthetischen Biologie eigentlich zugrunde liegt. „Was ist Leben?“ und wo liegen die Grenzen zwischen „Nichtleben“ und „Lebendigem“? Dürfen und sollen diese Grenzen überschritten werden? Kann Leben hergestellt werden und was ist dann unter „künstlichem" bzw. „neuem Leben" zu verstehen? Dabei stellt sich auch die Frage, wie wir „Leben" zukünftig verstehen wollen und wie mit den einhergehenden Herausforderungen umgegangen werden soll. Hierbei ist der Bezug zu dem parallelen und dabei antizipierenden ethischen Diskurs von besonderer Bedeutung.

Im ersten Teil der Arbeit habe ich folglich ethische Fragen anthroporelational, jedoch nicht festgelegt auf eine bestimmte ethische Theorie des moralischen Status von Forschungsobjekten der Synthetischen Biologie (anthropozentrische, pathozentrische, biozentrische oder holistische Positionen), diskutiert. Das heißt, die Untersuchungen wurden aus der wertenden Perspektive des Menschen, nicht aus der Perspektive des ausschließlichen Werts des menschlichen Lebens, vorgenommen. Dabei habe ich mich auf ethisch unstrittige Kriterien wie Gesundheits- und Umweltrisiken bezogen. Dies bedeutet nicht, dass die Einschätzung bzw. die Abwägung zu Chancen und Risiken der Synthetischen Biologie nicht strittig sein können. Die Diskussion der verschiedenen Positionen der Naturethik zum moralischen Status von Forschungsobjekten der Synthetischen Biologie werde ich in Kapitel 7 vornehmen.

Im nun folgenden zweiten Teil dieser Dissertation werde ich diese Aspekte aus den vorangegangenen Kapiteln aufgreifen und vertiefen. Zu Beginn werde ich die im ersten Teil für jeden Hauptforschungsansatz differenziert ausgearbeiteten Ergebnisse zur Frage nach den potentiellen Chancen und Risiken eingehend mit der Frage nach der Verantwortung im Wissenschaftsbereich der Synthetischen Biologie zusammenführen (Kap. 3). An die Frage nach der Verantwortung im Wissenschaftsfeld der Synthetischen Biologie anknüpfend, werde ich der Frage nach der Synthetischen Biologie als bloßes und/oder gefährliches Spiel (Kap. 4) nachgehen. Im Weiteren werde ich untersuchen, welcher Lebens- und Naturbegriff der Synthetischen Biologie zugrunde liegt (Kap. 5 und 6). In diesem Kontext werde ich eine mögliche Systematisierung der Forschungsobjekte der Synthetischen Biologie nach den Kriterien „lebendig" bzw. „nichtlebendig" und „natürlich" bzw. „künstlich" entwickeln (Kap. 6). Auf Basis dieser Systematik werde ich den moralischen Status der verschiedenen Forschungsobjekte der Synthetischen Biologie aus Sicht unterschiedlicher ethischer Positionen bestimmen. Zudem werde ich herausarbeiten, welche unterschiedlichen Regeln, aber auch Gemeinsamkeiten der ethischen Beurteilungen und Handlungsanweisungen sich für den Umgang mit ihnen ergeben (Kap. 7).

Teil II: Ethische Aspekte der Synthetischen Biologie

3 Zur Verantwortung im Wissenschaftsbereich der Synthetischen Biologie

Im Rahmen der Untersuchungen und Einzelbewertungen im ersten Teil dieser Arbeit habe ich bereits die potentiellen Chancen und Risiken, die sich mit den Forschungen der verschiedenen Felder der Synthetischen Biologie eröffnen können, differenziert dargestellt. Im Kontext der erweiterten technischen Handlungsmöglichkeiten des Menschen, die sich mit der rasanten Entwicklung des neuen Forschungszweigs ergeben, rückt nicht zuletzt die Frage nach der Verantwortungszuschreibung und -übernahme für Handlungen und Entscheidungen im Wissenschaftsbereich der Synthetischen Biologie in den Fokus. In diesem Kapitel werde ich folglich den Verantwortungsbegriff und seine Bedeutungszusammenhänge im Kontext der Forschungen zur Synthetischen Biologie untersuchen.

Zu Beginn werde ich eine Klärung des Begriffs „Verantwortung" im historischen Zusammenhang vornehmen. Hierbei werde ich auch Bezug auf Hans Jonas' (1979) *Prinzip Verantwortung*, eines der einflussreichsten Werke zur Verantwortung des Menschen im Umgang mit modernen Techniken, nehmen. Denn die von Jonas postulierten Herausforderungen der damals neuen Biotechniken sind auch für den Forschungsbereich der Synthetischen Biologie weiterhin aktuell.

Nach Grunwald (2012, S. 81-85) werde immer dann über Verantwortung diskutiert, wenn die Beantwortung von Verantwortungsfragen in einem bestimmten Handlungsfeld nicht klar oder kontrovers ist. Unklarheiten in Bezug auf die Verantwortungszuschreibung und -übernahme seien auch im Wissenschaftsbereich der Synthetischen Biologie auszumachen. Aufgrund der weitreichenden Zusammenhänge seien diese Fragen zur Verantwortung allerdings nur vielschichtig zu beantworten.

Dieser Komplexität Rechnung tragend, stelle ich verschiedene Verantwortungsbereiche unterschiedlicher Akteure im Wissenschaftsbereich der Synthetischen Biologie in das Zentrum meiner Betrachtungen. Als Verantwortungssubjekte rücken dabei insbesondere individuelle Synthetische Biologen als Forschende, aber auch überindividuelle Verantwortungsträger, wie wissenschaftliche Institutionen, Forschungsförderer und Biotechnologie-Unternehmen in den Fokus. Eine Verantwortungszuschreibung und gegebenenfalls -aufteilung sei jedoch nach Grunwald (2012, S. 81-85) aufgrund ihrer politischen Dimension nicht zuletzt demokratisch zu verhandeln und zu entscheiden. Daher werden sich neben der Wissenschaft auch die demokratische Zivilgesellschaft sowie die Politik für die weitere Entwicklung der Synthetischen Biologie als mitverantwortlich erweisen.

3.1 Der Verantwortungsbegriff

Eine sprachgeschichtliche Betrachtung des Verantwortungsbegriffs zeigt auf, dass dieser im Deutschen schon seit dem 15. Jahrhundert verwendet wurde, zunächst jedoch nur in Politik- und Rechtszusammenhängen (Bayertz 1995, S. 3-71). Seit dem 14. Jahrhundert ist das Verb „verantworten" (*verantwürten* o.ä.) im Spätmittelhochdeutschen nachzuweisen. Im Englischen (*responsibility*), Italienischen (*responsabilità*) und Französischen (*responsabilité*) gehen die entsprechenden Substantive für „Verantwortung" aus dem lateinischen Wort *respondere* für „antworten" hervor. Der Ursprung des Wortes „Verantwortung" beinhaltet somit die „Rede und Gegenrede unter Ungleichen" (Wimmer 2011, S. 2311), also wenn jemand für sein Tun oder Unterlassen mit Bezug auf einen Maßstab von und vor einer Autorität zur Rede gestellt wird und sich rechtfertigt, verteidigt oder entschuldigt (ebd., S. 2310-2311).

Im 19. Jahrhundert setzte eine systematische Debatte über den Begriff „Verantwortung" ein (Werner 2002, S. 522-524). Der Verantwortungsbegriff kann demnach als Zuschreibungsbegriff (Ott 1997, S. 252) in eine *prospektive* und eine *retrospektive* Verantwortung unterschieden werden (vgl. Duff 1998; Zimmerman 1992). Nach Werner (2002, S. 521-522) wird die *prospektive Verantwortung* als Zuschreibung von Verpflichtungen oder Zuständigkeiten eines Verantwortungsträgers für bestimmte Personen, Gegenstände oder Zustände begriffen („Der Bademeister ist verantwortlich für die Aufsicht über die Schwimmenden"); im *retrospektiven* Sinne wird dem Verantwortungsträger Verantwortung für Handlungen, Handlungsergebnisse bzw. mittelbare Handlungsfolgen zugeschrieben („Der Bademeister ist verantwortlich für den Tod des Schwimmers"). Retrospektive und prospektive Verantwortung sind demnach miteinander verknüpft, denn nur weil und insofern prospektive Verantwortlichkeiten bestehen, können Personen für deren Verletzung retrospektiv zur Verantwortung gezogen werden (ebd.).

Nach dem Ersten Weltkrieg stellte Max Weber (2010) die prinzipiengeleitete *Gesinnungsethik* der an den zu erwartenden Folgen einer Handlung orientierten *Verantwortungsethik* gegenüber. Insbesondere Hans Jonas (1979) brachte schließlich die Verantwortungsethik im Kontext neuer technologischer Handlungsmöglichkeiten des Menschen in die akademische und öffentliche Diskussion der Biotechnologien ein.

3.2 Hans Jonas und *Das Prinzip Verantwortung*

Die Befürchtungen über einen möglichen Atomkrieg, die zunehmende Erschöpfung natürlicher Ressourcen durch die Industrienationen und das Aufkommen der Gentechnik führten in den 1970er Jahren zu vermehrter Reflexion und Debatten über das Überleben der Menschheit (Werner 2003, S. 41-43). Hans Jonas (1979) setzte sich zu dieser Zeit in seinem Standardwerk *Das Prinzip Verantwortung* mit den Herausforderungen, die sich mit den Möglichkeiten der neuen (Bio-)Techniken ergeben, auseinander. Er entwickelte hierin eine neuartige, die bisherige Ethik ergänzende „Zukunftsethik". Der Sammelband *Technik, Medizin und Ethik* bildet mit voneinander unabhängigen Einzelstudien den „angewandten Teil" seiner systematischen Untersuchungen (Jonas 1985).

Jonas (1979) stellt in *Das Prinzip Verantwortung* eine Veränderung des Wesens menschlichen Handelns durch neue Techniken fest. Sowohl der Umfang als auch die Eingriffstiefe moderner Technologien seien gegenüber früheren extrem erweitert. Zudem könnten kumulative Effekte unüberschaubare Folgen nach sich ziehen. Aufgrund der Distanz von Akteuren gegenüber den Handlungsfolgen, ergäben sich Probleme in der Voraussagbarkeit und Zurechenbarkeit von Handlungsfolgen. Ein möglicher Selbstmord der Menschheit müsse, so Jonas, verhindert werden, denn als Verantwortungsträger sei die Menschheit selbst für die Existenz von Wesen mit Verantwortungsfähigkeit verantwortlich. Aufgrund der Ungewissheiten über die Fernwirkungen technischen Handelns fordert er eine „Heuristik der Furcht" sowie den Vorrang der schlechten vor der guten Prognose (*in dubio pro malo*; Jonas 1979, S. 63-64, S. 70-75 und S. 80-83). Diese Entscheidungsregel hängt maßgeblich mit dem *Vorsorgeprinzip* zusammen, welches auch im Kontext der Synthetischen Biologie von Bedeutung ist (s. Kap. 2.1.8).

Für die neuen Herausforderungen hält Jonas die „bisherige" Ethik Kants für unzureichend. Die von ihm entwickelte „Zukunftsethik" soll die bisherigen Ethiken ergänzen und ihnen als eine Art „Notstandsethik" (vgl. Werner 2003, S. 41-43) zur Seite gestellt werden. Pflichten gegenüber der nichtmenschlichen Natur und den zukünftigen Generationen sowie die Pflicht zur Erhaltung der Menschenexistenz seien an sich zu begründen. Um eine Überlastung der irdischen Biosphäre oder gar einen Gattungssuizid der Menschheit abzuwenden, bedürfe es daher nicht nur Imperative, die auf den Nahbereich zwischenmenschlicher Interaktionen beschränkt sind, sondern einer erweiterten Ethik zur „Fernstenliebe" (Jonas 1979, S. 22-25, 35-46 und 84-95). An den Kategorischen Imperativ von Kant angelehnt formuliert er: „Handle so, daß die Wirkungen deiner Handlung verträglich sind mit der Permanenz echten menschlichen Lebens auf Erden" (Jonas 1979, S. 36). Nach Werner ist *Das Prinzip Verantwortung*: „[…] das im deutschen Sprachraum vielleicht am meisten gelesene moralphilosophische Buch der Nachkriegszeit"

(Werner 2003, S. 41). Es wurde dabei auch vielfach kritisch reflektiert und hinterfragt (vgl. u.a. Birnbacher 1983; Löw 1994; Oelmüller 1988; Wolf 1992). Jonas hat aufgrund seiner Untersuchungen zu den Herausforderungen der modernen Technologien nicht nur den öffentlichen Diskurs bereichert, sondern auch einen wichtigen Beitrag zum modernen bioethischen Diskurs, vor allem im deutschsprachigen Raum, geleistet (vgl. Werner 2003, S. 53-54).

Jonas lege ich meiner Analyse mit zugrunde, weil sich die im *Prinzip Verantwortung* konstatierten Herausforderungen, die sich spezifisch mit den Möglichkeiten der neuen Biotechniken ergeben, auch für den Forschungsbereich der Synthetischen Biologie als richtungsgebend erweisen. Der Grundgedanke Jonas', die Gefährdung der Menschheit durch neuartige und tiefgreifende Technologien, behält auch weiterhin seine Gültigkeit, insbesondere mit Blick auf die neuen Biotechnologien. Zur damaligen Zeit aufgekommene Fragen der Gentechnik, beispielsweise zur „Synthese neuer Organismen" und der Verantwortung des Forschers als Ingenieur (Jonas 1985, S. 90-107 und S. 162-219), sind auch heute in der Synthetischen Biologie aktuell. Wie im ersten Teil dieser Arbeit bereits deutlich wurde, können neue Erkenntnisse in der Grundlagenforschung sowie zukünftige Anwendungen in den Forschungsbereichen der Synthetischen Biologie die Chance auf zahlreiche neue Therapeutika, Materialien und Analyseverfahren ermöglichen. Jedoch gehen mit den Forschungen auch zahlreiche Risiken einher, die bislang nur schwer abschätzbar sind. Deshalb stehen die zukünftigen technischen Handlungsmöglichkeiten des Menschen, aber auch seine mögliche Verantwortung im Wissenschaftsbereich der Synthetischen Biologie im Zentrum der Betrachtungen. Aus der Perspektive der Verantwortungsethik von Jonas (1979) ist insbesondere zu fragen, inwiefern eine Heuristik der Furcht im Forschungsbereich der Synthetischen Biologie angemessen wäre. Die potentiellen Risiken, die schwere und irreversible Schäden für Mensch und Natur nach sich ziehen können, legen dies nahe. Demzufolge wird deutlich, dass in Anlehnung an Hans Jonas insbesondere das Vorsorgeprinzip innerhalb der verschiedenen Forschungsansätze der Synthetischen Biologie anzuwenden ist.

3.3 Akteursverantwortung in der Synthetischen Biologie

Die spezifische Verantwortung in den Wissenschaften wurde im Kontext der Entwicklung und des Abwurfs der Atombomben durch die USA über Japan am Ende des Zweiten Weltkriegs als gesellschaftliches Thema aktuell (vgl. Hirsch Hadorn 2006, S. 144). Traditionell wurden die Grundlagenforschung und die angewandte Forschung als getrennte Bereiche angesehen. Erstere galt als moralisch neutral, jedoch konnten die gewonnenen wissenschaftlichen Erkenntnisse sowohl zum Schlechten als auch zum Guten angewendet werden. Und selbst die Forscher der angewandten Wissenschaften wurden als Bereitsteller von Mitteln verstanden, über deren Verwendung und Zwecke andere zu entscheiden hätten. Insofern galten Wissenschaftler nicht als verantwortlich für Entdeckungen sowie deren mögliche Anwendungen (vgl. Lenk 1992, S. 14 ff und 1997, S. 122-129). Sowohl die strikte Trennung von Grundlagen- und Anwendungsforschung als auch die vermeintliche Nicht-Verantwortlichkeit von Wissenschaftlern gerieten durch die Atom(waffen)-forschung jedoch stark in Zweifel. Auch in den neuen Biotechnologien hat sich gezeigt, dass die Grundlagenforschung und die angewandte Forschung nicht länger sinnvoll trennscharf voneinander abzugrenzen sind.

Die Frage nach der Verantwortung im Wissenschaftsbereich der Synthetischen Biologie geht demnach mit der Frage nach deren Zuschreibung, Verteilung und Übernahme einher. Dabei steht gerade hier weniger *retrospektiv* eine mögliche Verantwortung für vergangene Handlungen und Entscheidungen, sondern *prospektiv* verantwortliches Handeln für die Zukunft im Zentrum der Betrachtungen. Denn es gilt einerseits Risiken zu mindern und schwere Schäden zu vermeiden (vgl. Grunwald 2011, S. 105-106), andererseits geht es darum, dass zukünftig neue Anwendungen und Produkte zur Verfügung gestellt werden und somit die Chancen genutzt werden sollen und können.

3.3.1 Individuelle Verantwortung von Forschenden

Während einige Vertreter der philosophischen Ethik davon ausgehen, dass Verantwortung auch von Institutionen getragen werden kann (vgl. Wimmer 2011; Lenk 1996), sind andere der Ansicht, dass Verantwortung im moralisch engeren Sinne nur Individuen zukommen kann (vgl. Nida-Rümelin 2011, S. 130-141). Insbesondere individuelle Synthetische Biologen sind somit Verantwortungsträger im Sinne eines mindestens vierstelligen Verantwortungsbegriffs:

> „*Jemand* (Subjekt) ist *für* etwas (Gegenstand) *vor* oder *gegenüber* jemandem (Instanz) *aufgrund bestimmter normativer Standards* (Normhintergrund) – prospektiv – verantwortlich. Bzw.: *Jemand* (Subjekt) verantwortet sich – retrospektiv – *für* etwas (Gegenstand) *vor* oder *gegenüber* jemandem (Instanz) *unter Berufung auf bestimmte normative Standards* (Normhintergrund).“ (Werner 2002, S. 521-522)

Da nach Ropohl (2009, S. 42) ein Sollen auch ein Können voraussetzt, muss eine Bereitschaft zur Übernahme von Verantwortung von der Fähigkeit diese tragen zu können begleitet sein. Somit können nur handlungsfähige Subjekte für freiwillige Handlungen oder Unterlassungen und deren vorhersehbare Folgen verantwortlich sein. Verantwortung setzt zudem Bewertungen von Handlungen oder Unterlassungen voraus und ist gebunden an Instanzen. Diese sorgen für die Einhaltung von Normen und können das Verantwortungssubjekt zur Rede stellen und ggf. über Sanktionen entscheiden (vgl. Hoyningen-Huene 2011, S. 4).

Im Folgenden werde ich die spezifische Verantwortung individueller Synthetischer Biologen in den verschiedenen Hauptforschungsbereichen der Synthetischen Biologie ausführen. Dabei kann zunächst erstens eine *rechtliche Verantwortung* angeführt werden, nach der Forschende bei ihrer wissenschaftlichen Arbeit straf- und zivilrechtlichen Normen unterstehen. Von dieser rechtlichen Verantwortung, die jedem Bürger zukommt, können zweitens eine spezifische *berufliche (moralische) Verantwortung* und drittens eine *moralische* bzw. *gesellschaftliche Verantwortung* der individuellen Synthetischen Biologen unterschieden werden (vgl. Hoyningen-Huene 2011, S. 4-5). Die äußere Instanz im Kontext der beruflichen (moralischen) Verantwortung bilden andere Vernunftwesen. So ist verantwortliches Handeln gegenüber Kollegen, der Konkurrenz und der Öffentlichkeit im Sinne des „wissenschaftlichen Ethos" für den einzelnen Wissenschaftler verbindlich. Nach Honnefelder bezeichnet „Ethos":

> „[…] eine Gesamtheit von Einstellungen, Überzeugungen und Normen, die in Form eines mehr oder minder kohärenten, in sich gegliederten Musters von einem einzelnen Handelnden oder von einer sozialen Gruppe als verbindliche Orientierungsinstanz guten und richtigen Handelns betrachtet wird". (Honnefelder 2002, S. 492)

Unter „Ethos" sei demnach sowohl der normative Inbegriff, der in einer gegebenen Gruppe von ihr für verbindlich gehaltenen Moral, als auch der sittliche Charakter des einzelnen Handelnden bzw. ein bestimmter Typus guten und richtigen Handelns zu verstehen. Gesprochen werden könne auch vom Ethos eines Standes, Berufes oder einer Rolle (ebd.). Den Kern des wissenschaftlichen Ethos bilden nach Merton (1985, S. 86-99) universelle Werte der Suche nach wissenschaftlicher Erkenntnis, die er mit Universalismus, Kommunismus, Uneigennützigkeit und organisierten Skeptizismus benennt.

Im Unterschied zu „Ethos" lässt sich „Ethik" im Allgemeinen als philosophische Reflexion auf Moral begreifen (Düwell et al. 2002, S. 1-3). Als Instanz moralischer Verantwortung wird innerhalb philosophischer Ethiken häufig das Gewissen angeführt, aber auch die Natur, die Geschichte, die Rationalität oder, wie in der Diskursethik, die unbegrenzte Kommunikationsgemeinschaft aller Vernunftwesen (Werner 2003, S. 526).

3.3.1.1 Verantwortung beim Minimalorganismenansatz

In einem Interview erwähnt Craig Venter, dass ihm von Seiten des Vatikans, als Reaktion auf seine Forschungsvorhaben im Bereich der Synthetischen Biologie, eine private Mitteilung gemacht wurde. Hierin sei ihm zugetragen worden:

> „[…] dass es keine Bedenken gebe, solange wir mit der Mikrobenwelt verantwortungsvoll umgingen […]." (Venter, Interview in: Mejias 2010)

Zwar wird an diesem Auftrag deutlich, dass ein verantwortungsvoller Umgang mit Mikroorganismen, wie sie derzeit hauptsächlich in der Synthetischen Biologie als lebende Forschungsobjekte verwendet werden, als notwendig erachtet wird. Inhaltlich wird jedoch nicht konkretisiert, was darunter genau zu verstehen ist. So impliziert die Forderung nach einem verantwortungsvollen Umgang mit der „Mikrobenwelt“ mindestens zwei mögliche Aspekte: ein verantwortungsvoller Umgang mit Mikroorganismen als lebende Forschungsobjekte erstens um ihrer selbst willen und zweitens, um potentielle Risiken für den Menschen und seine Umwelt zu verringern bzw. möglichst auszuschließen.

Ein verantwortungsvoller Umgang mit Mikroorganismen als Forschungsobjekte um ihrer selbst willen ist, als Schutz einzelner Lebewesen verstanden, jedoch weder realisierbar noch plausibel. So kommt es stets und unausweichlich zu einer Schädigung von Mikroorganismen durch den Menschen. Selbst aus biozentrischer und holistischer Perspektive der Naturethik ist es unter Abwägung der Mittel moralisch gerechtfertigt, bei Vorliegen schwerwiegender Gründe, beispielsweise der Gefährdung des eigenen Lebens, andere Lebewesen zu schädigen (s. Kap. 7.3.2).

Die Forderung nach einem verantwortungsvollen Umgang mit Mikroorganismen zur Risikominimierung wirft, wie bereits in Kapitel 2.1.8 deutlich wurde, im Bereich des Minimalorganismenansatzes *Biosafety*-Sicherheitsfragen auf, die eine ungewollte oder gewollte Ausbringung von Minimalorganismen betrifft. Dies könnte sowohl gesundheitliche Beeinträchtigungen von Menschen, die Verdrängung etablierter Arten als auch weitreichende ökologische Schäden zur Folge haben. Das im GenTG festgeschriebene Vorsorgeprinzip sieht vor, dass Schutzmaßnahmen zu ergreifen sind, wenn Schäden für den Menschen und/oder die Natur durch unerwünschte Auswirkungen von Forschungen anzunehmen sind und keine wissenschaftlichen Daten hierzu vorliegen. Synthetische Biologen im Bereich des Minimalorganismenansatzes sind somit aufgrund gesetzlicher Regelung gegenüber der Bevölkerung und der Natur rechtlich dafür verantwortlich, verstärkt das Vorsorgeprinzip umzusetzen. Zudem tragen Synthetische Biologen im Bereich des Minimalorganismenansatzes gegenüber der Bevölkerung und der Natur auf Grundlage des Vorsorgeprinzips und des Nichtschadensprinzips auch eine moralische Verantwortung, den Menschen und die Natur vor Folgeschäden durch Forschungen zum Minimalorganismenansatz zu bewahren. Wie im ersten Teil der Arbeit auch deutlich wurde, ist aktuell zur Schadensvermeidung aufgrund mangelnder Möglichkeiten der Rückholbarkeit auf die Ausbringung von Minimalorganismen in das Freiland zu verzichten. Die potentiellen Risiken einer möglichen Freisetzung von Minimalorganismen in die Umwelt sind vorab zu erforschen und neue Sicherheitstechniken zu entwickeln (s. Kap. 2.1.8).

Da darüber hinaus aus der Minimalzellenforschung die Entwicklung neuer biologischer Waffen und mögliche bioterroristische Anschläge resultieren könnten, wirft der Ansatz auch *Biosecurity*-relevante Sicherheitsfragen auf. Dies ist jedoch nur in Verbindung mit anderen Forschungsansätzen der Synthetischen Biologie von Bedeutung und wird in den folgenden Unterkapiteln untersucht.

3.3.1.2 Verantwortung beim Ansatz zur Neusynthese von DNA-Abschnitten und Genomen

Auch individuelle Synthetische Biologen des Ansatzes zur Neusynthese von DNA-Abschnitten und Genomen sind aufgrund gesetzlicher Regelungen gegenüber der Bevölkerung und der Natur rechtlich dafür verantwortlich, verstärkt das im GenTG festgelegte Vorsorgeprinzip umzusetzen. Ebenfalls tragen sie auf Grundlage des Vorsorgeprinzips und des Nichtschadensprinzips gegenüber der Bevölkerung und der Natur eine moralische Verantwortung, diese vor Folgeschäden durch ihre Forschungen zu bewahren. Dies beinhaltet derzeit auch, auf die Ausbringung von Organismen mit neusynthetisierten DNA-Abschnitten oder Genomen in das Freiland zu verzichten, solange eine Rückholbarkeit nicht gesichert ist (s. Kap. 2.2.9).

In Teil I stellte sich heraus, dass insbesondere beim Forschungsansatz zur Neusynthese von DNA-Abschnitten und Genomen bestimmte Inhalte des wissenschaftlichen Normenkodex auch zur Entstehung erheblicher *Biosecurity*-relevanter Sicherheitsrisiken führen können. Denn der unbegrenzte Zugang zu Forschungsergebnissen als Allgemeingut ermöglicht auch Nichtwissenschaftlern den freien Bezug von Informationen zum Aufbau von Genen und ganzer Genome von Organismen. Darüber hinaus ist der Erwerb der entsprechenden Genomsequenzen bei DNA-Synthese-Unternehmen derzeit ohne rechtliche Beschränkungen möglich. Dies könnte erhebliche Risiken bezüglich eines missbräuchlichen Einsatzes der Techniken bergen, insbesondere mit Blick auf die DIY-Biologie und Biohacker-Bewegung (s. Kap. 2.7). Eine mögliche Begrenzung des Zugangs zu wissenschaftlichen Ergebnissen wirft jedoch die Frage auf, in wessen Hände gegeben, wissenschaftliche Erkenntnisse als sicher einzustufen wären (Boldt et al. 2009, S. 73). Demnach sind auch gesetzliche Regelungen zum Umgang mit Informationen über den Aufbau von Genen und Genomen und zum Handel mit Laborgeräten und Chemikalien zu prüfen. Auch die Einführung von Standards für einen verantwortungsvollen Umgang von DNA-Syntheseunternehmen mit synthetisierten Oligonukleotiden und personell übergreifende Selbstregulierungsansätze sind zu diskutieren (s. Kap. 3.3.2).

Da ein gewisses Risiko einer missbräuchlichen Verwendung der Techniken auch von professionellen Wissenschaftlern selbst ausgeht, sind diese im Kontext einer beruflichen Verantwortung gegenüber Kollegen, der Konkurrenz und der Öffentlichkeit auf Basis des wissenschaftlichen Normenkodex verantwortlich dafür, eine „gute“ wissenschaftliche Praxis sicherzustellen. Dies beinhaltet beispielsweise eine faire Konkurrenz sowie eine korrekte Dokumentation der Ergebnisse und deren Veröffentlichung. Das wissenschaftliche Ethos betrifft folglich nicht primär und ausschließlich die Unversehrtheit anderer, sondern bezieht sich auch auf die Eigeninteressen der Forschenden selbst (Lenk 1997, S. 113-116).

In Kapitel 2.2.9 hat sich zudem gezeigt, dass auch mit dem Forschungsansatz zur Neusynthese von DNA-Abschnitten und Genomen das Risiko eines *Dual-Use* gegeben ist. Sollte sich eine Entwicklung von zur militärischen Verwendung vorgesehenen biowaffenfähigen Organismen als Massenvernichtungswaffen abzeichnen, sind individuelle Synthetische Biologen aufgrund ihrer Aufklärungspflicht gegenüber der Gesellschaft prospektiv verantwortlich dafür, ihre persönlichen Grenzen wahrzunehmen, einen Anfangsverdacht zu äußern, einen Handlungs- und Regulierungsbedarf zu fordern, aber auch die Mitarbeit an einem Forschungsprojekt gegebenenfalls zu verweigern und Alarm zu schlagen (Meisch 2012, S. 29-33; Rohpohl 2009).

Allerdings besteht eine Schwierigkeit darin, dass sich militärische und zivile Technologien in vielen Fällen nicht eindeutig voneinander unterscheiden lassen, was eine Grenzziehung oftmals erschwert (Ammicht Quinn & Nagenborg 2012, S. 257-259). Somit können nicht alle unerwünschten Folgen von Forschungen im Vorfeld grundsätzlich ausgeschlossen werden. Zudem ist auch im Falle eines *Dual-Use* die Zuschreibung bzw. Übernahme von Verantwortung aufgrund arbeitsteiliger Strukturen erschwert. Um eine Überforderung bezüglich der Verantwortungsübernahme einzelner Synthetischer Biologen zu verhindern, aber dennoch in der Wahrnehmung von Verantwortung bei Forschungshandlungen unterstützend zu wirken, können wissenschaftliche Institutionen wie Hochschulen geeignete Rahmenbedingungen schaffen. In Form einer Selbstregulierung kann beispielsweise die Aufnahme einer Zivilklausel in die universitäre Grundordnung sinnvoll sein (Meisch 2012, S. 29-33). Dies beinhaltet allerdings auch überindividuelle Aspekte der Verantwortung im Wissenschaftsbereich der Synthetischen Biologie, die in Unterkapitel 3.3.2 näher ausgeführt werden.

In Kapitel 2.2.7 habe ich in einem kurzen Exkurs zu Craig Venter bereits auf die öffentlich präsenten *visible scientists* (nach Goodell 1977) verwiesen. Das große Interesse der Öffentlichkeit an diesen Wissenschaftlern entspricht nach Weingart (2001, S. 262-272) annähernd der Aufmerksamkeit, die Medienstars zu Teil wird. Den individuellen Synthetischen Biologen kommt somit eine wichtige Rolle als Fachkundige der Synthetischen Biologie in der öffentlichen Wahrnehmung zu. Da dieser Expertenstatus von manchen Wissenschaftlern jedoch nicht nur zur sachlichen Wissenschaftskommunikation, sondern auch zur Selbstdarstellung in der Öffentlichkeit genutzt wird, haben *visible scientists* meist keinen guten

Stand in Fachkreisen. Nicht nur aus diesem Grund wird das Einbringen von wissenschaftlichen Stellungnahmen in gesellschaftliche Fragen und die Einbindung von Wissenschaftlern in politische Diskussionen kontrovers diskutiert (Hirsch Hadorn 2006): Nach Weingart (2001, S. 272-283) sollten Überzeichnungen wissenschaftlicher Prognosen von Seiten der Forschenden unterlassen werden, da sie die Glaubwürdigkeit der Wissenschaften gefährdeten und damit auch der Politik eine wichtige Legitimationsgrundlage entzögen. Dabei warnt er vor den Risiken, die die Wissenschaftler eingingen, weil in Wissenschaft, Politik und Medien inkompatible Systemlogiken vorherrschten (Weingart et al. 2000, S. 261-283). Andererseits wird von Forschenden gefordert, ihrer ethischen Pflicht nachzukommen, ihre Ergebnisse frühzeitig zu veröffentlichen und so mögliche politische Konsequenzen in die Diskurse einzubringen (Baccini 2004). Hirsch Hadorn (2006) konstatiert, dass das Feststellen von Tatsachen und das Werten von Zuständen oder Handlungsoptionen in wechselseitiger Beziehung ständen. Sie betont eine Zuständigkeit und Verpflichtung der Wissenschaftler, aufgrund ihrer beruflichen Kompetenz auf den Wissensbedarf der Gesellschaft angemessen einzugehen. Hierzu gehöre das Beachten der Rezeptionsbedingungen von Wissen in der Gesellschaft sowie korporatives Handeln, um die institutionellen Möglichkeiten für verantwortliches Handeln von Wissenschaftlern zu gestalten. In der Wissensgesellschaft, so Hirsch Hadorn (ebd.), seien Wissenschaftler für ihre Handlungen und Unterlassungen gemäß ihren Handlungsmöglichkeiten im Rahmen der institutionellen Voraussetzungen moralisch verantwortlich. Grunwald (2012, S. 96-99) betont allerdings, dass Synthetische Biologen in erster Linie Experten für Synthetische Biologie und nicht etwa für mögliche gesellschaftliche Folgen ihres Handelns oder den verantwortlichen Umgang mit diesen seien. Dennoch sieht auch er eine Verpflichtung für Synthetische Biologen, aufgrund ihrer Sachkenntnis frühzeitig Informationen in der Öffentlichkeit transparent zu machen und somit an gesellschaftlichen Debatten und politischen Konsequenzen mitzuwirken.

Ein Beispiel hierfür ist das ethische Gutachten zur Minimalzellenforschung, das im Jahr 1999 von Craig Venter bei einer selbst einberufenen Ethik-Kommission in Auftrag gegeben wurde (Cho et al. 1999; Hutchison et al. 1999). Aus dem Gutachten ging hervor, dass keine starken ethischen Gründe vorlägen, die gegen die weitere Forschung zum Minimalorganismenansatz sprächen. Im Jahr 2007 veröffentlichte das JCVI eine weitere Studie zu ethischen, rechtlichen und sozialen Fragen der *synthetic-genomics*-Forschung (Garfinkel et al. 2007; J. Craig Venter Institute 2010a) und seit 2008 stellt das JCVI nach eigenen Angaben weitere Untersuchungen in diesen Bereichen an (J. Craig Venter Institute 2010b). Kritiker werfen Venter allerdings vor, das ethische Gutachten zur Minimalzellenforschung nur deshalb in Auftrag gegeben zu haben, um mögliche negative Stimmen an seinen Forschungsvorhaben schon vorab abwehren zu können. Nach Belt (2009, S.

259-264) beabsichtigte Venter somit lediglich, sich von einem selbst gegründeten Ausschuss bezüglich seiner Forschung ethisch beraten zu lassen.

Hieran wird deutlich, dass eine sachliche und transparente mediale Aufklärung zu den Forschungsbereichen der Synthetischen Biologie und ihren potentiellen Chancen und Risiken unter Einbeziehung der Öffentlichkeit notwendig ist. Dabei kommt den Synthetischen Biologen aufgrund ihrer beruflichen Kompetenz eine wichtige Rolle zu. *Visible scientists* der Synthetischen Biologie sind aufgrund ihrer Aufklärungspflicht gegenüber der Gesellschaft verantwortlich dafür, überzeichnete Nutzenversprechungen zu ihren Forschungen zu unterlassen und wissenschaftliche Ergebnisse möglichst neutral, transparent und nahe am Sachverhalt darzulegen.

Darüber hinaus tragen *visible scientists* wie Craig Venter auch eine moralische Verantwortung aufgrund ihres hohen gesellschaftlichen Status und nehmen eine Vorbildfunktion in der Öffentlichkeit ein. So sind beispielsweise Nobelpreisträger aufgrund ihrer Fürsorgepflicht gegenüber der Gesellschaft auch für die fruchtbaren Erkenntnisse ihrer bedeutenden Arbeit verantwortlich.

Bei wissenschaftlichen Stellungnahmen in der Öffentlichkeit spielen jedoch aufgrund der zunehmenden Ökonomisierung wissenschaftlicher Forschung in den letzten Jahren häufig auch ökonomische Gründe eine Rolle. Nach Nida-Rümelin (2011, S. 163-169) nehme die Abhängigkeit wissenschaftlicher Forschung von der Vergabe von Drittmitteln stetig zu und diese werde mit steigendem Anteil von ökonomischen Interessen geleitet. Er verweist darauf, dass im Bereich der Grundlagenforschung finanzielle Mittel oftmals nur mit Blick auf die bevorstehende Anwendung zur Verfügung gestellt würden. Zudem sei die Grundlagenforschung zumeist steuerfinanziert, woraus auch eine politische Rechtfertigungspflicht folge. So müsse sich die Wissenschaft vor denjenigen rechtfertigen, die sie finanziere. Gute wissenschaftliche Praxis werde in diesem Kontext durch interne Entwicklungen nicht nur sichergestellt, sondern teilweise auch bedroht.

Allerdings kann ein finanzieller Anreiz durchaus belebende Auswirkungen auf den wissenschaftlichen Konkurrenzkampf ausüben. Ein finanzieller Ansporn kann in Projekten durchaus rascher zu Ergebnissen führen, wie dies beispielsweise die Forschung am *Humangenomprojekt* gezeigt hat. Zugleich belegt dieses Beispiel aber auch die problematische Seite von Unfairness in diesem „Wettrennen" (s. Kap. 2.2.7). Synthetische Biologen sollten demnach die Selbstverpflichtung eingehen, nicht ausschließlich nach finanziellem Gewinnstreben zu handeln, sondern auch wissenschaftliche und gesellschaftliche Interessen in Entscheidungen berücksichtigen.

3.3.1.3 Verantwortung beim Ansatz zur umfangreichen genetischen Modifikation von Organismen

Auch individuelle Synthetische Biologen des Ansatzes zur umfangreichen genetischen Modifikation von Organismen sind aufgrund gesetzlicher Regelungen gegenüber der Bevölkerung und der Natur rechtlich dafür verantwortlich, verstärkt das Vorsorgeprinzip anzuwenden. Zudem sind auch sie aufgrund des Vorsorge- und des Nichtschadensprinzips gegenüber der Bevölkerung und der Natur moralisch verantwortlich, diese vor Folgeschäden durch ihre Forschungen zu bewahren, unter anderem durch den Verzicht einer Ausbringung von umfangreich genetisch modifizierten Organismen in das Freiland.

Bezüglich einer beruflichen (moralischen) Verantwortung sind sie darüber hinaus gegenüber Kollegen, der Konkurrenz und der Öffentlichkeit verantwortlich, für die Durchführung einer „guten“ wissenschaftlichen Praxis, im Sinne des wissenschaftlichen Ethos, zu sorgen. Auch individuelle Synthetische Biologen des Forschungsansatzes zur umfangreichen genetischen Modifikation von Organismen sind aufgrund ihrer Aufklärungspflicht und des Vorsorgeprinzips gegenüber ihrem Gewissen und der Gesellschaft verantwortlich dafür, ihre persönlichen Grenzen wahrzunehmen, einen möglichen Anfangsverdacht bezüglich eines *Dual-Use* oder einer missbräuchlichen Verwendung der Techniken zu äußern, einen Handlungs- und Regulierungsbedarf zu fordern, aber auch die Mitarbeit an einem Forschungsprojekt zu verweigern und Alarm zu schlagen (vgl. Meisch 2012, S. 29-33; Rohpohl 2009).

Die Freiheit der Forschung ist in Deutschland im Grundgesetz festgehalten (Art. 5 III) und trifft auf mögliche Grenzen, wenn entgegenstehende rechtliche Regularien greifen. Engelhard (2010, S. 22) konstatiert, dass die Politik aufgrund der rasanten Entwicklung der Synthetischen Biologie und der Unmöglichkeit in dieser kurzen Zeit regulatorisch einzugreifen, jedoch auf eine gewisse Selbstkontrolle der Wissenschaft angewiesen sei. Als Vorbild für Selbstregulierungsansätze von Forschenden gilt das selbstauferlegte vorübergehende Moratorium der Gentechnologie im Zuge der Asilomar-Konferenz zur Sicherheit in der Gentechnik, die im Jahre 1975 stattfand (vgl. Berg et al. 1975; Tröhler 2000; s. Kap. 2). Nach Engelhard (2010, S. 22) sei aufgrund fehlender natürlicher Referenzorganismen insbesondere für den Bereich der Forschung zu artifiziellen genetischen Elementen über ein Moratorium zu diskutieren. Hierzu zählt unter anderem der Ansatz zur umfangreichen genetischen Modifikation von Organismen. Folglich wären Forschende in diesem Bereich aufgrund des Vorsorge- und Nichtschadensprinzips gegenüber der Bevölkerung und der Natur dafür verantwortlich, diese gegebenenfalls durch den Beschluss eines Moratoriums vor Folgeschäden zu bewahren. Allerdings wurde im ersten Teil dieser Arbeit bereits deutlich, dass ein Beschluss von

Moratorien aufgrund des internationalen Charakters und der Entwicklungsdynamik des Forschungsfelds der Synthetischen Biologie wahrscheinlich zu einem früheren Zeitpunkt hätte stattfinden müssen (Tucker & Zilinskas 2006, S. 44-45; s. Kap. 2.3.8 und 2.4.8).

Darüber hinaus habe ich in Kapitel 2.3 bereits veranschaulicht, dass insbesondere der Ansatz zur umfangreichen genetischen Modifikation von Organismen zukünftig in zahlreichen neuen Anwendungen wie neuen Arzneimitteln, Materialien und Kraftstoffen resultieren könnte. Demnach ist zweifellos auch für Synthetische Biologen in diesem Bereich eine moralische Verantwortung in Form von prosozialen Haltungen und Wohlverhaltenspflichten von Bedeutung. Verantwortliches Handeln Synthetischer Biologen des Ansatzes zur umfangreichen genetischen Modifikation von Organismen bedeutet daher auch ihrem Forschungsauftrag nachzukommen und aufgrund ihrer Fürsorgepflicht gegenüber der Bevölkerung deren Bedürfnisse nach neuen Medikamenten, Therapien, Nahrungsmittel, Energie und vielem mehr zu erfüllen.

Schließlich konnte in Kapitel 2.3.7 gezeigt werden, dass insbesondere beim Forschungsansatz zur umfangreichen genetischen Modifikation von Organismen ein starker Bezug zu den Ingenieurwissenschaften und der Informationstechnologie auszumachen ist. Aber auch die Verbindung mit künstlerisch-kreativen Elementen ist von Bedeutung. Eine künstlerische Auseinandersetzung mit dem Forschungsfeld Synthetische Biologie als Ganzes fand beispielsweise im Projekt *Synthetic Aesthetics* (2011) im Kontext der Frage „How would you design nature?" statt, das von den Universitäten Edinburgh und Stanford durchgeführt wurde (Ginsberg et al. 2014). Ein weiteres Beispiel ist die internationale Tagung *Synthetische Biologie. Leben – Kunst* (2011) an der Berlin-Brandenburgischen Akademie der Wissenschaften. Darüber hinaus lassen Forschende selbst zunehmend künstlerische Komponenten in ihre Forschungsarbeiten einfließen, beispielsweise beim iGEM-Wettbewerb (s. Kap. 2.3.4 und 2.3.7). Individuelle Synthetische Biologen tragen somit auch zur (ästhetischen) Gestaltung unserer Lebenswelt bei. Sie sind daher aufgrund ihrer Fürsorgepflicht gegenüber der Gesellschaft mitverantwortlich für die Gestaltung unserer Umwelt und die Ausgestaltung möglicher Zukunftsentwürfe unserer Gesellschaft.

3.3.1.4 Verantwortung beim Ansatz zur Erzeugung „paralleler organismischer Welten"

Wie in den Forschungsbereichen zuvor sind auch individuelle Synthetische Biologen des Ansatzes zur Erzeugung „paralleler organismischer Welten" gegenüber der Bevölkerung und der Natur aufgrund gesetzlicher Regelungen rechtlich dafür verantwortlich, verstärkt das Vorsorgeprinzip anzuwenden. Darüber hinaus sind sie aufgrund des Vorsorgeprinzips und des Nichtschadensprinzips gegenüber der

Bevölkerung und der Natur moralisch verantwortlich, diese vor Folgeschäden ihrer Forschungen zu bewahren, beispielsweise durch den Verzicht einer Ausbringung synthetisch-biologisch veränderter Organismen in das Freiland. Auch sind sie gegenüber der Gesellschaft beruflich (moralisch) verantwortlich für die Durchführung einer „guten" wissenschaftlichen Praxis Sorge zu tragen und haben eine Aufklärungspflicht gegenüber der Gesellschaft, um beispielsweise eine missbräuchliche Verwendung der Techniken zu verhindern.

Im ersten Teil dieser Arbeit stellte sich unter anderem heraus, dass bereits zahlreiche Sicherheitstechniken vorliegen, um potentielle Risiken im Kontext einer gewollten oder ungewollten Ausbringung synthetisch-biologisch veränderter Organismen in die Umwelt oder eines (therapeutischen) Einsatzes im Menschen bzw. in anderen Lebewesen zu minimieren. Hierunter fallen beispielsweise die Auxotrophie, artifizielle genetische Schalter, die in die Zellen eingebracht werden und nach einer gewissen Zeit deren Absterben induzieren oder mechanische Barrieren, beispielsweise die Zellen umgebende Agarhüllen. In Kapitel 2.4 hat sich gezeigt, dass der Ansatz zur Erzeugung „paralleler organismischer Welten" darüber hinaus ganz neue, verbesserte Sicherheitstechniken zur Verfügung stellen soll, unter anderem durch die Erzeugung einer „genetischen Firewall".

Obwohl mit diesem Forschungsbereich also neue Sicherheitstechniken entwickelt werden sollen, besteht dennoch eine Unsicherheit bezüglich der Risiken des Ansatzes zur Erzeugung „paralleler organismischer Welten" aufgrund fehlender natürlicher Referenzorganismen bei der Erzeugung artifizieller (genetischer) Elemente sowie der Möglichkeit einer Überwindung der „genetischen Firewall".

Individuelle Synthetische Biologen des Ansatzes zur Erzeugung „paralleler organismischer Welten" sind aufgrund des Vorsorge- und Nichtschadensprinzips gegenüber der Gesellschaft und der Natur daher prospektiv dafür verantwortlich, neue Sicherheitstechniken zu entwickeln, um mögliche Folgeschäden der Forschungen und Anwendungen zu verhindern. Zudem sind sie aber auch dafür verantwortlich, die Gesellschaft und die Natur unter Umständen durch den Beschluss eines Moratoriums vor Folgeschäden der Forschungen zu bewahren.

3.3.1.5 Verantwortung beim Protozellenansatz

In Kapitel 2.5.8 habe ich dargelegt, dass derzeitige Protozellen im biowissenschaftlichen Sinn als nichtlebend aufzufassen und die potentiellen Risiken dieses Forschungsbereichs daher als geringer einzuschätzen sind, im Vergleich zu den Risiken anderer Hauptforschungsansätze der Synthetischen Biologie. Eine zukünftig eventuell mögliche *De-novo*-Synthese von Organismen wirft jedoch die Frage auf, inwiefern individuellen Synthetischen Biologen bei der Erzeugung von „neuem Leben" Verantwortung zukommt. Mit Bezug auf ihre Aufklärungspflicht sind sie gegenüber der Gesellschaft verantwortlich dafür, wissenschaftliche Ergebnisse möglichst neutral und sachlich darzulegen, um eine transparente Aufklärung der Bevölkerung über die tatsächlichen Chancen und Risiken dieses Forschungsbereichs sicherzustellen. Nach Grunwald (2012, S. 81-87) würde die *De-novo*-Synthese eines lebenden Organismus darüber hinaus eine Kontingenzsteigerung menschlichen Handelns und das Überwinden von Grenzen bedeuten. Hierdurch wäre vor allem ein Orientierungsbedarf hinsichtlich des Grenzmanagements und der Grenzpolitik notwendig. Sich über wissenschaftliche Ziele und Grenzen in Form eines demokratischen Dialogs auszutauschen, sei jedoch keine rein individuelle Aufgabe der Synthetischen Biologen selbst, sondern insbesondere eine gesellschaftliche (s. Kap. 2.5.8). Insofern betrifft dies ebenfalls Aspekte der überindividuellen Verantwortung im Wissenschaftsbereich der Synthetischen Biologie, worauf ich in den folgenden Unterkapiteln näher eingehen werde.

3.3.2 Überindividuelle Verantwortung

Zwar zeichnete sich bereits ab, dass Verantwortung im moralisch engeren Sinne nur von Individuen getragen werden kann, einzelne Wissenschaftler können jedoch zumeist nicht alle Risiken eines Forschungsprojekts überschauen. Zudem sind die Folgen individuellen Handelns in unserer komplexen Welt häufig gar nicht absehbar (vgl. Wiesing 1995, S. 71). Lenk (1997, S. 122-142) fordert daher keine Alleinverantwortung, jedoch auch kein Freisprechen der Wissenschaftler, sondern eine erweiterte Mitverantwortung im Sinne einer Verteilung der Verantwortung ohne Abnahme der Verantwortlichkeit. Beispielsweise können Individuen gemeinsam als Akteure, die für Institutionen handeln, Verantwortung übernehmen bzw. zugeschrieben bekommen, insbesondere auf rechtlicher Ebene. Demnach tragen nicht nur individuelle Forschende, sondern auch die in anderen Institutionen und Gruppen Handelnden Verantwortung im Wissenschaftsbereich der Synthetischen Biologie und sind als weitere Akteure in den Kreis der Verantwortungsträger einzubeziehen. Als Handelnde haben sie die Pflicht, sich für Handlungen im Wissenschaftsbereich der Synthetischen Biologie prospektiv und gegebenenfalls auch retrospektiv zu verantworten, wenn auch eher im weiteren Sinn einer allgemeinen Rede von Verantwortung. Allerdings darf es mit zunehmender Zahl der Träger nicht zu einer „Verantwortungsverdünnung“ kommen. Eine moralische Verantwortung, auch wenn man an ihr beteiligt sein kann, sei nach Lenk (1992, S. 40f, 101-116) nicht abzulenken, abzuschieben oder aufzuteilen.

Im Folgenden werde ich somit eine Ausweitung des Verantwortungsbegriffs auf eine überindividuelle Ebene der Verantwortung vornehmen, um auf die vielfältigen Verantwortungsbereiche im Kontext der Synthetischen Biologie unter anderem von wissenschaftlichen Institutionen, Forschungsförderern und Unternehmen zu verweisen. Als Wissenschaft ist die Synthetische Biologie darüber hinaus

Teil der Gesellschaft und somit ist auch eine gesellschaftliche und politische Verantwortung im Kontext der Forschungen zur Synthetischen Biologie auszumachen. Im Wissenschaftsbereich der Synthetischen Biologie ist die Verantwortungsfrage aufgrund der weitreichenden Zusammenhänge folglich auch vielschichtig als Akteursverantwortung der im weiteren Sinne an ihr Beteiligten zu beantworten. Auch wenn im Folgenden zur Veranschaulichung der Versuch einer Aufteilung der Verantwortungsbereiche unternommen wird, sind die einzelnen Verantwortungsdimensionen und -aspekte grundsätzlich miteinander verwoben und daher nicht vollständig auftrennbar.

3.3.2.1 Verantwortung von wissenschaftlichen Institutionen

Ein überwiegender Teil der wissenschaftlichen Experimente wird heute in größeren Gemeinschaftsprojekten durchgeführt. Diese Großprojekte sind zudem in Korporationen des Wissenschaftsbereichs wie Hochschulen eingebettet. Nida-Rümelin (2011, S. 130-141) stellt eine individuelle Verantwortung des Einzelnen in entsprechenden Korporationen fest. Eine korporative moralische Verantwortung im Sinne einer Verantwortung der Korporation für gewisse Entscheidungen sei nicht gegeben, wohl aber tragen die einzelnen Mitglieder einer Korporation eine je individuelle Verantwortung für korporative Entscheidungen. Diese kooperative Verantwortung der Individuen sei je nach Einflussmöglichkeit des Mitglieds unterschiedlich groß.

Wissenschaftliche Institutionen im Forschungsbereich der Synthetischen Biologie haben demnach gegenüber einzelnen Individuen eine bessere Kompetenz verbindliche Regelwerke, etwa zur Sicherheit und Risikominierung, zu entwickeln, zu verabschieden und ihre Umsetzung zu prüfen. Sie tragen daher eine Verantwortung gegenüber individuellen Synthetischen Biologen dafür, dass diese ihrer spezifischen Verantwortung innerhalb der Institution je nach Einflussmöglichkeit angemessen nachkommen können, aber auch von nicht tragbarer Verantwortung entlastet werden.

Einige Institutionen kommen dieser Verantwortung bereits nach, indem sie den institutionellen Rahmen für eine Selbstregulierung der Wissenschaft bereitstellen. Ein Beispiel sind die *Hinweise und Regeln der Max-Planck-Gesellschaft zum verantwortlichen Umgang mit Forschungsfreiheit und Forschungsrisiken* (Max-Planck-Gesellschaft 2010). Diese gelten für alle Wissenschaftler, die der *Max-Planck-Gesellschaft* unterstellt sind. Sie enthalten unter anderem einen allgemeinen Grundsatz, nach dem sich ein Forscher nicht nur mit rechtlichen Regeln begnügen, sondern auch ethische Grundsätze beachten soll. Zu einem verantwortlichen Umgang mit Forschung gehören folglich das Erkennen und Minimieren von Forschungsrisiken, der sorgfältige Umgang mit Veröffentlichungen, die Dokumentation von Risiken sowie Maßnahmen zur Aufklärung und Schulung.

In kritischen Fällen soll der einzelne Wissenschaftler auch persönliche Entscheidung über Grenzen seiner Arbeit treffen. Dabei ist der Verzicht auf Kommunikation und Veröffentlichung der Forschungsergebnisse sowie auf nicht verantwortbare Forschung als *ultima ratio* möglich, wenn bestimmte Experimente ein nicht zu begrenzendes oder unverhältnismäßiges Risikopotential beinhalten. Schließlich sollen diese Grundsätze des verantwortungsvollen Umgangs mit Forschungsrisiken auf Institutsebene und insbesondere dem wissenschaftlichen Nachwuchs vermittelt und vorgelebt werden.

Im Kontext eines *Dual-Use* im Bereich der Synthetischen Biologie wurde oben bereits deutlich, dass der individuelle Wissenschaftler zwar die Möglichkeit zur Verweigerung bestimmter Kooperationen, zur Warnung vor bestimmten Entwicklungen und zu einem möglichen Gegensteuern hat. Allerdings bleibt fraglich, ob die gesamte Verantwortung in diesem Bereich von einzelnen Forschenden getragen werden kann (Meisch 2012, S. 29-33). Um die Umsetzung friedlicher Absichten nicht allein in die Hände einzelner Wissenschaftler abzugeben, sondern auch institutionell abzusichern, haben verschiedene Universitäten Friedens- bzw. Zivilklauseln in ihre Grundordnung aufgenommen. In der Zivilklausel der Universität Tübingen, die im Jahr 2010 erlassen wurde, heißt es:

> „Lehre, Forschung und Studium an der Universität sollen friedlichen Zwecken dienen, das Zusammenleben der Völker bereichern und im Bewusstsein der Erhaltung der natürlichen Lebensgrundlagen erfolgen." (Universität Tübingen 2015)

Die Universität Tübingen bekennt sich mit der Klausel zu den Grundsätzen friedlichen Zusammenlebens und Gerechtigkeit in der Welt sowie zwischen den Generationen. Allerdings ist allein die Festsetzung einer Zivilklausel in der Grundordnung einer Universität nicht ausreichend, sondern es ist darüber hinaus notwendig, sich über ein gemeinsames Verständnis über die Bedeutung der Zivilklausel sowie eine mögliche institutionelle Umsetzung in einem diskursiven Prozess konstruktiv auszutauschen (Meisch 2012, S. 23-34).

Auch zur Vermeidung von Missbrauch von Forschung und Forschungsergebnissen werden Selbstregulierungsansätze im Forschungsbereich der Synthetischen Biologie gefordert. So empfiehlt der *Deutsche Ethikrat* (2014) in einer Stellungnahme zur Biosicherheit unter anderem die Einführung eines überpersonellen und überinstitutionellen Forschungskodex. Dieser sei von Nöten, da derzeit im nationalen Recht, Europa- und Völkerrecht kein einheitliches Regelsystem etabliert ist. Allerdings wird auch darauf verwiesen, dass solch ein Forschungskodex nicht ausreichend sei, sondern darüber hinaus ergänzende rechtliche Regelungen für bestimmte Forschungen zur Synthetischen Biologie notwendig seien (ebd., S. 187-273). Nach Lenk (1997, S. 136-138) sind Selbstregulierungen in der Praxis unzureichend, insbesondere da in das Karrieresystem von Wissenschaftlern Anreize zur Normenverletzung eingebaut seien. Grunwald (2012, S. 87-91, 96-99) hält das Standesethos und Selbstregulierungen der Synthetischen Biologen in bestimmten Situationen für nützlich, auch wenn diese kein Ersatz für demokratische Meinungsbildung und ethische Reflexionen darstellen. Als Ergänzung zu Forschungsfreiheit und rechtlichen Vorschriften können sich Selbstregulierungen auch in der Forschungspraxis der Synthetischen Biologie als sinnvoll erweisen. Institutionell oder überinstitutionell angelegte Selbstverpflichtungen können einen wirksamen Rahmen schaffen, innerhalb dessen individuelle Synthetische Biologen über das allgemeine wissenschaftliche Ethos hinaus zugleich ihrer Freiheit als Forschende und ihrer Verantwortung nachkommen können. Forschungsfreiheit und Verantwortung sind dabei nicht als Gegensätze zu verstehen, sondern als einander notwendig bedingend im Sinne einer Ethik *in* den Wissenschaften (vgl. Beiträge in Berendes 2007).

Da die Synthetische Biologie ein noch junges Forschungsfeld und derzeit von zahlreichen Unsicherheiten gekennzeichnet ist, sind Institutionen im Wissenschaftsbereich der Synthetischen Biologie darüber hinaus aufgrund ihrer besonderen Kompetenz gegenüber den individuellen Synthetischen Biologen und der Gesellschaft verantwortlich dafür, forschungsbegleitend konstruktive Diskurse zur Synthetischen Biologie zu fördern. Dies ist unter anderem möglich durch eine stärkere Thematisierung der potentiellen Chancen und Risiken der verschiedenen Forschungsansätze der Synthetischen Biologie in der medialen Berichterstattung sowie in der Bildung, der in den Biowissenschaften tätigen Personen (Deutscher Ethikrat 2014, S. 164-167 und S. 181-182).

3.3.2.2 Verantwortung von Forschungsförderern

Laut einer Stellungnahme der Deutschen Forschungsgemeinschaft (DFG) et al. (2009, S. 25-26) zur Synthetischen Biologie hat die Forschungsförderung im Bereich der Synthetischen Biologie zum Ziel, die unterschiedlichen fachlichen Disziplinen zusammenzuführen sowie die vorhandenen Infrastrukturen optimal zu nutzen und durch konzertierte Maßnahmen effizient zu ergänzen. Darüber hinaus soll einerseits die Grundlagenforschung berücksichtigt werden, da sich noch viele Forschungsbereiche der Synthetischen Biologie auf dieser Ebene bewegen. Andererseits soll auch die anwendungsbezogene Forschung frühzeitig in die strategische Planung einbezogen werden, um schnell eine industrielle Nutzung zu erwirken. Schließlich soll durch transparente Information und Kommunikation die Akzeptanz der Synthetischen Biologie in der Öffentlichkeit gefördert werden.

Ein Projekt der *Europäischen Kommission* zur Forschungsförderung der Synthetischen Biologie auf europäischer Ebene ist *NEST* (New and Emerging Science and Technology) *Pathfinder Initiative*. Es wurde von 2007 bis 2008 mit einem

Volumen von 24,7 Millionen Euro gefördert. Dabei wurden insgesamt 18 Vorhaben unterstützt, die unter anderem Fragen der biologischen Sicherheit und ethische Aspekte (SYNBIOSAFE) sowie strategische Planungen (TESSY) untersuchten. Die *Europäische Kommission* förderte zudem von 2004 bis 2008 das Projekt *Progammable Artificial Cell Evolution* (PACE). In diesem Kontext wurden auch ethische Richtlinien zum Umgang mit Protozellen (Bedau et al. 2008) publiziert (s. Kap. 2.5.6; vgl. DFG et al. 2009, S. 25-26). Weitere auf europäischer Ebene geförderte Forschungsprojekte zur Synthetischen Biologie waren das von 2002 bis 2005 geförderte Projekt CIRCE mit deutscher Teilnahme und belgischer Koordination und mit einem Fördervolumen von 2,14 Millionen Euro sowie das seit 2012 bis 2017 laufende Projekt SYNAD mit deutscher Koordination und insgesamt 3,5 Millionen Euro Fördervolumen (Hümpel & Diekämper 2012, S. 274: Tab. 2). In Deutschland förderte die DFG das Exzellenzcluster BIOSS der Universität Freiburg und unterstützt zudem themenoffene Projekte zur Synthetischen Biologie mit gezielter Förderung (DFG et al. 2009, S. 25-26).

Bei der Vergabe von Drittmitteln ist allerdings zunehmend zu beobachten, dass, wie oben angeführt, auch weniger die wissenschaftlich verlässlich gestützten Empfehlungen als vermehrt das Wohlwollen wirtschaftlich einflussreicher Akteure im Vordergrund stehen können. Ein Problem hierbei ist die anwendungsorientierte Vergabe von Drittmitteln in der Grundlagenforschung (vgl. Nida-Rümelin 2011, 163-169). Auch in der Synthetischen Biologie wären folglich vom Grundsatz her weniger die populären und profitablen, sondern die wissenschaftlich relevanten Projekte stärker zu fördern, wobei die Unterscheidung zugegebenermaßen nicht einfach zu treffen ist.

Forschungsförderer tragen dennoch aufgrund ihrer Aufklärungs- und Fürsorgepflicht gegenüber der Gesellschaft Verantwortung dafür, die Förderinstrumente im Bereich der Synthetischen Biologie verfügbar zu machen und auszubauen, was eine ethische Reflexion einschließt. Dies bedeutet auch, den öffentlichen sowie fachlichen Reflexions- und Dialogprozess bezüglich der Synthetischen Biologie zu unterstützen und anzuregen sowie ethische Aspekte in der Ausbildung von Nachwuchsforschern zu verankern (vgl. DFG et al. 2009, S. 25-26; Grunwald 2011, S. 107).

3.3.2.3 Verantwortung von Unternehmen

Aus der Forschung zur Synthetischen Biologie gingen in den letzten Jahren vermehrt junge Biotechnologie-Unternehmen hervor, deren neue Anwendungen gezielt vermarktet werden. Beispiele hierfür sind die bereits in Kapitel 2.3 aufgeführten Unternehmen *FREDsense* und *GinkgoBioworks*. Darüber hinaus gibt es derzeit etliche DNA-Syntheseunternehmen, die chemisch synthetisierte DNA-Stücke auf Bestellung anfertigen (vgl. Schrauwers & Poolman 2013, S. 109-115;

s. Kap. 2.2.4). Bereits in Teil I habe ich darauf verwiesen, dass der Erwerb von Genomsequenzen bei diesen Unternehmen auch für Privatpersonen möglich ist. Damit nimmt das Risiko einer missbräuchlichen Verwendung der Techniken bis hin zu bioterroristischer Bedrohung deutlich zu. Die Branchenverbände entwickelten daher Selbstregulierungsansätze für einen verantwortungsvollen Umgang der Unternehmen mit DNA-Synthesetechniken. Hierbei stellen die Prüfung von Kunden, der Abgleich bestellter Nukleinsäuresequenzen mit Datenbanken, das Ablehnen von Bestellungen von Privatpersonen oder die Meldung von Vorfällen an Behörden sinnvolle Maßnahmen dar (vgl. Wagner 2013, S. 120). Da solche Selbstverpflichtungen allerdings von entgegengesetzten Einflüssen auch behindert werden, wäre auf rechtlicher Ebene über die Einführung weiterer Regelungen, neben bestehenden Regularien für an der Synthetischen Biologie beteiligte Unternehmen, zu diskutieren (vgl. Boldt et al. 2009, S. 66-73, s. Kap. 2.2.9).

3.3.2.4 Verantwortung von Gesellschaft und Politik

Da die Forschungen zur Synthetischen Biologie zum Teil steuerfinanziert sind, ist auch von Bürgern mitzubestimmen, was mit den Zuwendungen passieren soll. Hauptsächlich wird die Erfüllung menschlicher Bedürfnisse nach Gesundheit, Energie, Umweltschutz und vielem mehr erwartet. Als Konsument entscheidet dabei jeder Bürger mit, welche Produkte der Synthetischen Biologie, wie Medikamente oder Materialien, auf dem Markt erhältlich sein sollen. Der einzelne Mensch ist somit aufgrund seiner Fürsorgepflicht und dem Nichtschadensprinzip gegenüber sich selbst, der Gesellschaft und der Natur verantwortlich für seinen Konsum und dafür, seine Bedürfnisse intensiv zu reflektieren (vgl. Korff 1999; Göbel 2013, S. 90-92). Dabei ist unter anderem die „Zukunftsfähigkeit" des Konsums zu bedenken, da die Produktion und Konsumtion von Waren und Dienstleistungen beispielsweise häufig mit Schäden der Umwelt einhergehen. Änderungen des Konsumverhaltens oder Konsumverzicht sind unter anderem dann geboten, wenn aufgrund des Konsums zukünftigen Generationen die Lebensgrundlage entzogen wird (vgl. Hansen & Schrader 1999; Göbel 2013, S. 90-92). Allerdings hat auch die Konsumentenverantwortung Grenzen, beispielsweise wenn Informationsdefizite den Verbraucher verunsichern (vgl. Göbel 2013, S. 90-92). Im Bereich der Synthetischen Biologie ist daher eine Kennzeichnungspflicht für synthetisch-biologisch veränderte Organismen und deren Produkte denkbar (vgl. Achatz 2013, S. 215-217). Hierdurch könnten Verbraucher notwendiges Wissen über ein Produkt erlangen, um ihrer Verantwortung als Konsumenten nachkommen zu können.

Bürger können zudem im Kontext der in Kapitel 2.7 ausführlich geschilderten DIY-Biologie selbst an den Forschungen zur Synthetischen Biologie teilnehmen. Dies kann das Interesse der Öffentlichkeit an der Wissenschaft fördern, jedoch aufgrund fehlender Kenntnisse zu naturwissenschaftlichen Zusammenhängen auch zu spezifischen Risiken führen. Ein Biologenvorbehalt (Engelhard 2010, S. 22) und Selbstregulierungsansätze, wie die „Hackerethik“, könnten rechtliche Regelungen auch hier sinnvoll ergänzen.

Nach Grunwald (2012, S. 81-96) ist Verantwortungsverteilung, insbesondere mit Bezug auf die rechtliche und politische Dimension, demokratisch zu verhandeln und zu bescheiden. Demnach seien neben der Wissenschaft auch die demokratische Zivilgesellschaft sowie die Politik in die weitere Entwicklung der Synthetischen Biologie einzubeziehen. Die Gesellschaft stellt dabei geeignete Rahmenbedingungen zur Verfügung, damit beispielsweise individuelle Synthetische Biologen ihrer Verantwortung angemessen nachkommen können.

Im Bereich der professionellen Forschung entscheiden jedoch meist wenige Akteure über die Durchführung bestimmter Experimente und Techniken und gehen dabei häufig Risiken ein. Die möglichen Folgen können weitreichend sein und müssen zum Teil von der gesamten Gesellschaft getragen werden, die auf den Entscheidungsprozess keinen Einfluss hatte. Diese Risiken, die wenige Akteure eingehen, werden dabei für die Betroffenen zu Gefahren (Bonß 1995, S. 74-84). Eine Voraussetzung, um die Gesellschaft in Entscheidungsprozesse einzubeziehen, ist die freie und informierte Einwilligung der Bürger (*informed consent*, Beauchamp et al. 1995). Wie oben bereits herausgestellt wurde, kommt den individuellen Synthetischen Biologen dabei eine wichtige Rolle zu, da sie spezifische Informationen in die politisch-gesellschaftlichen Debatten einbringen können. Wissenschaftler dürfen jedoch nicht das Ergebnis der demokratischen Willensbildung vorwegnehmen. In einer pluralistischen Demokratie ist die gesamte Gesellschaft gefragt, über wichtige Forschungsfragen zu debattieren und die Politik ist dazu berufen, bestmöglich zu entscheiden (vgl. Hacker 2012). Der einzelne Bürger ist somit gegenüber sich selbst und der Gesellschaft dafür verantwortlich, sich bezüglich der Synthetischen Biologie möglichst umfassend zu informieren und sich in öffentliche Diskussionen einzubringen. Um dieser Verantwortung nachkommen zu können, sollte die mediale Berichterstattung zur Synthetischen Biologie transparent erfolgen und sowohl deren Stärken als auch Schwächen aufzeigen. Die Aufklärung der Öffentlichkeit trägt auf diese Weise dazu bei, Dialoge zur Synthetischen Biologie in der Gesellschaft anzuregen und politische und gesellschaftliche Institutionen sollten diese Diskurse fördern.

Jedoch fehle nach Grunwald (2011 und 2012) derzeit international eine Ebene, auf der eine demokratische Deliberation stattfinden könnte. Demzufolge sei die international organisierte Synthetische Biologie gegenüber einer nicht organisierten Weltöffentlichkeit im Vorteil. Er fordert folglich, dass erste Elemente einer *Global Governance* genutzt und weiterentwickelt werden sollen. Ein Beispiel hierfür sei die im Jahr 1998 als beratendes Organ der UNESCO gegründete *Weltkom-*

mission für Ethik in Wissenschaft und Technologie (COMEST), die neben der Politikberatung auch die Förderung öffentlicher Diskurse zum Ziel hat. Dies ist umso dringlicher, da Experimente oder Anwendungen im Kontext der Synthetischen Biologie, beispielsweise eine Freisetzung synthetisch-biologisch veränderter Organismen in die Weltmeere zur Reduktion von Schadstoffbelastungen, auch global Auswirkungen haben können.

Bestimmte Forschungen erst nach einem Diskurskonsens oder -kompromiss zu genehmigen, könnte es ermöglichen, mit den direkt Betroffenen über das situativ richtige Handeln vorab zu entscheiden. Im Falle von Umweltschäden durch Forschungen und deren Anwendungen betrifft dies allerdings nicht nur global alle Menschen dieser Welt, sondern auch zukünftige Generationen, mit denen ein Diskurs aktuell nicht möglich ist. So ist die Idee des Anwendungsdiskurses in der Reinform praktisch kaum umsetzbar, da die Anwendungsbedingungen kaum erfüllbar sind (vgl. Apel 1988a, S. 298; Göbel 2013, S. 114-115). Als Ergänzung zur monologischen Verantwortlichkeit kann dennoch jeder Einzelne prüfen, ob er die Folgen seiner Handlungen gegenüber den Betroffenen verantworten könnte. So kann der einzelne Wissenschaftler auch den kritischen öffentlichen Diskurs, der durch bestimmte Gruppen wie Umweltschutz- und Nichtregierungsorganisationen repräsentiert wird, fiktiv in seine Entscheidungen einbeziehen. Zumindest teilweise kann und muss dieser fiktive Diskurs mit Vertretern verschiedener Anspruchsgruppen dann auch durch einen Diskurs mit den Betroffenen ergänzt werden (vgl. Göbel 2013, S.114-115).

Darüber hinaus muss über rechtliche Regelungen, beispielsweise zur Eindämmung einer möglichen missbräuchlichen Verwendung der Techniken der Synthetischen Biologie oder zur Zuordnung zukünftig eventuell lebender, *de novo* synthetisierter Protozellen zum Gentechnikgesetz oder Chemikalienrecht weiter diskutiert werden. Zu betonen ist, dass rechtliche Regelungen stets im Rahmen demokratischer Willensbildungs- und Entscheidungsprozesse zu entwickeln sind und nicht an Experten oder Lobbygruppen (auch keine wissenschaftlichen) abgegeben werden dürfen.

Wie im ersten Teil der Arbeit für jeden Hauptforschungsbereich im Einzelnen gezeigt wurde, ist je nach Reichweite, Eingriffstiefe und unter Abwägung möglicher Chancen und Risiken die von Jonas (1979) geforderte Heuristik der Furcht für gewisse Forschungsansätze und bestimmte Techniken der Synthetischen Biologie gerechtfertigt. Hierbei sei nochmals auf das Vorsorgeprinzip und die Möglichkeit der Verhängung von Moratorien für spezifische Forschungsansätze verwiesen. Zugleich hat sich gezeigt, dass mit den Techniken der Synthetischen Biologie auch neue Anwendungen und Produkte beispielsweise im medizinischen, therapeutischen oder umweltanalytischen Bereich mit geringem Risikopotential hervorgebracht werden können. Da mit bestimmten Forschungen zur Synthetischen Biologie also durchaus als positiv einzuschätzende Entwicklungen für die Gesellschaft möglich sind, sollten diese Ansätze dementsprechend von ethischer Begleitforschung fortlaufend analysiert werden, insbesondere mit Blick auf die verschiedenen Ebenen und Kontexte eines mindestens vierstelligen Verantwortungsbegriffs. Die ethische Reflexion von Verantwortbarkeit und ihren Bedingungen im Forschungsfeld der Synthetischen Biologie kann fruchtbare Anregungen für den öffentlichen Diskurs bereitstellen und zur weiteren Reflexion anregen. Diese Diskurse sollten von Wissenschaftlern, Institutionen, Forschungsförderern, Nichtregierungsorganisationen, Akademien und der Politik unterstützt und gefördert werden. Dabei sind staatliche Maßnahmen, wie eine systematische Beobachtung der zukünftigen Entwicklung der Synthetischen Biologie in Form von Technikfolgenabschätzungen und ethischer Begleitforschung notwendig (vgl. Engels 2003; Grunwald 2011, S. 106-108, 2012).

3.4 Zusammenfassung

Die im ersten Teil der Arbeit ausgearbeitete detaillierte Analyse der potentiellen Chancen und Risiken der verschiedenen Ansätze der Synthetischen Biologie habe ich in diesem Kapitel mit der Frage nach der rechtlichen, beruflichen (moralischen) sowie moralischen bzw. gesellschaftlichen Verantwortung verschiedener Akteure im Wissenschaftsfeld der Synthetischen Biologie zusammengeführt. Im Rahmen der Untersuchung hat sich gezeigt, dass Verantwortung im moralisch engeren Sinne nur individuellen Synthetischen Biologen zukommen kann. Dabei ergaben sich Gemeinsamkeiten, aber auch Unterschiede der Verantwortungszuschreibung an individuelle Synthetische Biologen der verschiedenen Forschungsansätze der Synthetischen Biologie:

Im Kontext einer beruflichen (moralischen) Verantwortung sind individuelle Synthetische Biologen aller Ansätze gegenüber Kollegen, der Konkurrenz und der Öffentlichkeit auf Basis des wissenschaftlichen Normenkodex verantwortlich für die Sicherstellung einer „guten" wissenschaftlichen Praxis.

Individuelle Synthetische Biologen aller Ansätze sind zudem aufgrund gesetzlicher Regelungen gegenüber der Bevölkerung und der Natur dafür verantwortlich, verstärkt das im GenTG festgesetzte Vorsorgeprinzip umzusetzen. Auch tragen sie gegenüber der Bevölkerung und der Natur auf Grundlage des Vorsorgeprinzips bzw. des Nichtschadensprinzips eine moralische Verantwortung, den Menschen und die Natur vor Folgeschäden durch ihre Forschungen zu bewahren.

Bezüglich Forschungen, in denen eine *Dual-Use*-Problematik gegeben ist, sind individuelle Synthetische Biologen aufgrund ihrer Aufklärungspflicht gegenüber der Gesellschaft verantwortlich dafür, ihre persönlichen Grenzen wahrzunehmen, einen möglichen Verdacht zu äußern, einen Bedarf zur Handlung und Regulierung zu fordern, aber auch eine weitere Mitarbeit unter Umständen abzulehnen und die Öffentlichkeit zu alarmieren.

Darüber hinaus sind individuelle Synthetische Biologen des Ansatzes zur umfangreichen genetischen Modifikation von Organismen sowie des Ansatzes zur Erzeugung „paralleler organismischer Welten" aufgrund des Vorsorge- und Nichtschadensprinzips gegenüber der Bevölkerung und der Natur dafür verantwortlich, diese gegebenenfalls durch den Beschluss eines Moratoriums vor Schäden durch die Forschungen zu bewahren.

Ebenfalls aufgrund des Vorsorge- und Nichtschadensprinzips sind individuelle Synthetische Biologen des Ansatzes zur Erzeugung „paralleler organismischer Welten" gegenüber der Gesellschaft und der Natur dafür verantwortlich, neue Sicherheitstechniken zu entwickeln, um mögliche Folgeschäden zu verhindern.

Allen *visible scientists* der Synthetischen Biologie kommt aufgrund ihrer Aufklärungspflicht gegenüber der Gesellschaft eine Verantwortung dafür zu, überzeichnete Nutzenversprechungen zu unterlassen und möglichst neutral, transparent und nahe am Sachverhalt über wissenschaftliche Ergebnisse sowie potentielle Chancen und Risiken zu informieren. Zudem tragen sie eine moralische Verantwortung aufgrund ihres gesellschaftlichen Status, da sie eine Vorbildfunktion in der Öffentlichkeit einnehmen. Individuelle Synthetische Biologen insbesondere des anwendungsorientierten Ansatzes zur umfangreichen genetischen Modifikation von Organismen tragen auch aufgrund ihrer Fürsorgepflicht eine moralische Verantwortung gegenüber der Bevölkerung, deren Grundbedürfnisse durch neue wissenschaftliche Erkenntnisse und Anwendungen zu erfüllen und sind mitverantwortlich für die Gestaltung unserer Umwelt und möglicher Zukunftsentwürfe unserer Gesellschaft.

Allerdings wurde auch deutlich, dass einzelne Wissenschaftler in vielen Fällen nicht alle Risiken eines Forschungsprojekts überschauen können und die Folgen individuellen Handelns häufig nicht absehbar sind. Zudem sind Institutionen häufig besser in der Lage, die einzelnen Normen in komplexe Regelwerke zu fassen und diese um- bzw. durchzusetzen. Demnach war eine Ausweitung des Verantwortungsbegriffs in einer allgemeineren Rede von Verantwortung auf eine überindividuelle Verantwortung unterschiedlicher Akteure im Wissenschaftsfeld der Synthetischen Biologie notwendig, um auf die vielfältigen Ebenen der Verantwortung, die über eine individuelle (Mit-)Verantwortung des einzelnen Wissenschaftlers hinausreichen, zu verweisen. Hierbei standen insbesondere wissenschaftliche Institutionen, Forschungsförderer und Biotechnologie-Unternehmen, aber auch die Gesellschaft sowie die Politik als Akteure im Wissenschaftsbereich Synthetische Biologie im Fokus. Diese sind insbesondere dafür verantwortlich, einen institutionellen und rechtlichen Rahmen zu schaffen, innerhalb dessen einzelne Synthetische Biologen ihrer spezifischen Verantwortung angemessen nachkommen können. Hierbei halte ich eine sachliche und transparente mediale Aufklärung und Einbeziehung der Öffentlichkeit zu den Vorgehensweisen, den tatsächlichen und den nur vielleicht künftig möglichen Ansätzen, den potentiellen Risiken und möglichen Perspektiven der Synthetischen Biologie für besonders notwendig. Dies zwar nicht nur, aber auch von Seiten der Synthetischen Biologen selbst.

4 Synthetische Biologie als Spiel?

In Berichten und Publikationen zur Synthetischen Biologie sowie von den in der Öffentlichkeit stark vertretenen sogenannten *visible scientists* wird häufig der spielerische Charakter der Synthetischen Biologie betont (vgl. u.a. Gschmeidler & Seiringer 2012). Insbesondere beim Forschungsansatz zur Neusynthese von DNA-Abschnitten und Genomen (s. Kap. 2.2) sowie dem Ansatz zur umfangreichen genetischen Modifikation von Organismen (s. Kap. 2.3) werden spielerische Elemente in die Forschung explizit einbezogen. Diese spielerische Ausrichtung der Synthetischen Biologie zeigt sich jedoch nicht nur in etablierten wissenschaftlichen Laboren, sondern wird auch am studentischen iGEM-Wettbewerb und der von Laien durchgeführten DIY-Biologie ersichtlich (s. Kap. 2.3.4 und 2.7).
In diesen Bereichen der Synthetischen Biologie scheint die Forschung zum „Spiel" zu geraten. Jedoch werden insbesondere in den neuen Biotechnologien und der Forschung nahe an den Grenzbereichen des Lebens auch gravierende ethische Fragen und Fragen zu potentiellen Risiken aufgeworfen. Der starke Anwendungsbezug der oben genannten Forschungsansätze der Synthetischen Biologie verweist zudem deutlich auf die zumeist ökonomische Ausrichtung dieser Forschungsprojekte. In diesem Kontext wirkt die Beschreibung der Synthetischen Biologie als Spiel viel eher verharmlosend und irreführend. Bevor ich jedoch „Spiel" in der Synthetischen Biologie aus einer kritischen Perspektive betrachte, werde ich zu Beginn dieses Kapitels die Forschungsbereiche der Synthetischen Biologie näher beleuchten, die spielerische Elemente aufweisen. Zudem werde ich verschiedene theoretische Aspekte von „Spiel" ausführen. In diesem Kontext werde ich eine Unterscheidung zwischen dem „Ideenspiel des Forschers" und der „Bricolage", als zwei verschiedene Modi des kreativen wissenschaftlichen Erkenntnisgewinns, vornehmen. Im Anschluss hieran werde ich die häufig mit „Spiel" in der Synthetischen Biologie in Verbindung gebrachte und auch für Synthetische Biologen häufig herangezogene Metapher „Playing God" bzw. „Gott spielen" untersuchen. Hierbei werden sich insbesondere die unterschiedlichen Verwendungskontexte der Metapher als relevant für die Untersuchung erweisen.

4.1 Spiel in der Synthetischen Biologie

In der Bioingenieurwissenschaft Synthetischen Biologie wird einerseits ein Ideal der Planung und Kontrolle von Organismen und Lebensprozessen angestrebt, wobei in einem ergebnisorientierten Forschungsprozess vordefinierte Zwecke, zumeist im Rahmen von Langzeitprojekten, verfolgt werden. Somit steht zum einen ein zweck- und anwendungsorientierter Ansatz im Vordergrund. Zugleich wird im Kontext der Synthetischen Biologie jedoch häufig *explizit* Bezug auf spielerische Elemente genommen. Dies trägt auch zur Generierung eines Bildes der Synthetischen Biologie bei, das sich als neu und andersartig von der bisherigen biowissenschaftlichen *scientific community* unterscheidet.

Die *explizit* spielerische Ausrichtung der Synthetischen Biologie zeigt sich insbesondere an zwei Hauptforschungsansätzen: der Neusynthese von DNA-Abschnitten und Genomen sowie der umfangreichen genetischen Modifikation von Organismen (s. Kap. 2.2 und 2.3). „DNA eignet sich gut als Spielmaterial" konstatieren Schrauwers und Poolman (2013, S. 142) und greifen damit den Trend innerhalb der Synthetischen Biologie auf, biowissenschaftliche als spielerische Elemente zu begreifen. So flossen auch bei der Neusynthese des Genoms von *Mycoplasma mycoides* spielerische bzw. künstlerische Elemente ein, indem über eine neue Codierung Namen der Forschenden, Zitate berühmter Persönlichkeiten sowie eine E-Mail-Adresse in das Genom eingebracht wurden (s. Kap. 2.2.2). Zudem rücken im Kontext von „Spiel" in der Synthetischen Biologie insbesondere die sogenannten BioBricks in den Vordergrund (s. Kap. 2.3). Aufgrund ihrer Normierung und Modularisierung sind diese funktionellen, standardisierten DNA-Sequenzen beliebig miteinander kombinierbar und austauschbar. Diese wesentlichen Eigenschaften verweisen einerseits auf die Ingenieurkomponente der Synthetischen Biologie, begründen aber andererseits den metaphorischen Vergleich zwischen genetischen und spielerischen Elementen, den BioBricks und den *LEGO*-Bricks (vgl. u.a. Cserer & Seiringer 2009). BioBricks sind insbesondere für den iGEM-Wettbewerb von Bedeutung, bei dem es Ziel ist, neue artifizielle genetische Bausteine herzustellen oder aus bereits in einer Datenbank zur Verfügung gestellten Bausteinen Organismen mit gewünschten Eigenschaften und Funktionen zu konstruieren. Wesentlich für den studentischen iGEM-Wettbewerb ist, dass nur „undergraduates" zur Teilnahme am Wettbewerb zugelassen sind, das heißt nur Studierende ohne abgeschlossene Ausbildung im naturwissenschaftlichen Bereich, was auch auf die unkomplizierte Durchführbarkeit der Techniken verweisen mag.[6] Wichtige Kennzeichen des Wettbewerbs sind jedoch nicht nur die leichte Anwendbarkeit der Techniken, sondern auch die Kreativität der Teams und der durchaus gewollte Spaßfaktor bei der Durchführung der Projekte auf der „Spielwiese für Visionen" (Fritsche 2013, S. 16). Bezeichnenderweise wird die Vorrunde des Wettbewerbs „Jamboree" genannt, was im englischen Sprachge-

[6] Dabei wird jedoch jedes Team von Supervisoren begleitet. Seit 2013 ist zudem ein Sektor für „Overgraduates" eingerichtet worden, d.h. für Teams mit Mitgliedern über 23 Jahren.

brauch ein „ausgelassenes Fest“ oder eine „Feier“ bezeichnet. Der zu gewinnende Preis des Wettbewerbs ist ein Pokal in der Form eines überdimensionierten *LEGO*-Spielsteins. Dabei weckt insbesondere der Spiel- und Spaßcharakter des Wettbewerbs das Interesse der Nachwuchswissenschaftler, die mit viel Kreativität und Phantasie für den Wettbewerb forschen (s. Kap. 2.3.4).

Der spielerische Charakter der Synthetischen Biologie zeigt sich jedoch auch im nicht-professionellen Bereich der Forschung, beispielsweise der DIY-Biologie (vgl. Nature Editorials 2010, S. 634). Für diese ist kennzeichnend, dass Laienforscher, Künstler oder Wissenschaftler im häuslichen Umfeld oder in zu diesen Zwecken speziell eingerichteten Laboren private Forschungen betreiben (s. Kap. 2.7). Für viele der DIY-Biologen ist der Spaß an der Forschung in einem Labor das, was sie zu ihren Forschungen antreibt und so wird auf der Internetseite von *Genspace*, einem DIY-Labor in New York, die programmatische Frage gestellt: „Remember when science was fun?“ (Genspace 2016). Wenngleich die DIY-Biologie auch nur einen geringen Anteil an der gesamten Forschung zur Synthetischen Biologie ausmacht, kann dieser kreative Ansatz dennoch dazu beitragen, einer breiten Öffentlichkeit einen spielerischen Zugang zu Wissenschaft und Technik zu ermöglichen.

Engelhard (2011, S. 52-53) beschreibt demnach einen „*Wechsel in der Forschungskultur*“ der Synthetischen Biologie im Vergleich zur klassischen Gentechnik und hält die „*spielerische Komponente*“ für ein „eigenes Wesensmerkmal“ der Synthetischen Biologie.

4.2 Spiel in umfassenderen Kontexten

4.2.1 Theorien des Spiels

Nach Staudinger (1984, S. 30) ist das Spiel nichts Geringes, nur Kindliches oder Wirklichkeitsfremdes, sondern die Möglichkeit zur Verwirklichung des schöpferischen Menschen in Freiheit. Somit sei es für den Menschen eine essentielle Daseinsmöglichkeit. Es geschehe immer in Freiheit und freiwillig aus Lust, Freude und Hingabe. Einer der einflussreichsten Theoretiker des Spiels ist der niederländische Historiker Johan Huizinga. In seinem Werk *Homo Ludens* sieht er im Spiel einen anthropologisch bedeutenden Charakterzug des Menschen und den Ursprung der Kultur (Huizinga 1987). Vom semantischen Zusammenhang des Spielworts fällt, nach Huizinga, vor allem auf, dass man im Deutschen zwar „ein Spiel treiben“ kann, dass das eigentlich zugehörige Verb aber Spielen selbst ist, das heißt, man „spielt ein Spiel“. Die Handlung ist demnach von besonderer und selbstständiger Art und fällt aus den gewöhnlichen Arten von Betätigung heraus: „*Spielen* ist kein *Tun* im gewöhnlichen Sinne“ (ebd., S. 48). Somit kann „Spiel“

zwar erfahren und beschrieben werden, aber das Phänomen des Spiels kann nur hingenommen und nicht erklärt werden (Künsting 1990, S. 89). Bereits die etymologische Herkunft des Wortes Spiel lässt sich kaum nachvollziehen: „Die Ausgangsbedeutung scheint 'Tanz, tanzen' zu sein – alles weitere ist unklar" (Kluge & Seebold 2011, S. 867).

Arten von Spiel finden sich vor allem als Spiel der Kinder, aber auch der Erwachsenen, der Tiere sowie als Kampf-, Wett- und Glücksspiele. Zudem existieren Gruppen- und Einzelspiele und es gibt Übergänge und Mischformen. Auch der Jongleur spielt mit der Fliehkraft und der Bergwanderer mit den Herausforderungen der Natur (Staudinger 1984, S. 30-31). Darüber hinaus kann vom Spiel der Gedanken gesprochen werden, von Lichtspielen, vom Spiel der Wellen, aber auch vom Spiel mit Macht, Risiko oder Schicksal. Jemand kann eine Rolle spielen, aber auch ein falsches oder böses Spiel treiben (Grupe 2001, S. 466-467).

Wittgenstein (1977) postuliert, dass die verschiedenen Spielformen zwar nichts aufweisen, was allen gemeinsam ist, dennoch „Familienähnlichkeit" zwischen ihnen besteht. Diese Ähnlichkeiten, die „im Großen und Kleinen" aufzufinden sind, übergreifen und kreuzen einander und bilden dabei ein kompliziertes Netz, „eine Familie". „Spiel" ist daher „ein Begriff mit verschwommenen Rändern" (ebd., Teil1 §71), dessen Grenzen nicht angegeben werden können (ebd., Teil1 §66-68).

Über den Bezug zu menschlichen Tätigkeiten hinaus kennzeichnet Künsting (1990, S. 11f, 22f und 245) Spiel als gelungenen Prozess von Schwankungen beliebiger komplementärer Kräfte. Spiel findet sich demnach auf allen zeitlichen und räumlichen Ebenen, sowohl in quantenphysikalischen, chemischen und biologischen Prozessen als auch in der Evolution des Kosmos und des Lebens.

Eigen und Winkler (1975) beschreiben das Spielprinzip der Evolution als Naturgesetz. Dabei ist ein wichtiges Evolutionsprinzip der Natur die Umformung und Neukombination von Vorhandenem, das von Jacob (1977) als „molekulare Bastelei" oder „tinkering" (engl. *spielen, basteln, tüfteln*) bezeichnet wurde. Kurze Nukleotidsequenzen brachten demnach die ersten Gene hervor. Die anschließende Verdopplung von DNA-Segmenten und ganzen Genen ist eine der Hauptformen der „molekularen Bastelei" der Evolution. Durch mehrfache Verdopplungen haben sich Genfamilien gebildet, wie die Gene der Hämoglobine, der Regulationsfaktoren oder der Immunglobulinfamilie (ebd. und 1983, S. 41-68). Eine weitere Form der „molekularen Bastelei" ist die Neuzusammenstellung von bereits vorhandenen Fragmenten. So entstanden mosaikartig neue Gene, die im Laufe der Evolution eine reiche Vielfalt von Strukturen hervorbrachten. Nach Jacob (1998, S. 88-112) beruht die biochemische Evolution nicht wie bis zu dieser Zeit angenommen, hauptsächlich, sondern erst an zweiter Stelle auf Mutationen. Stattdessen geht sie vor allem auf die Verdopplung von DNA-Segmenten und deren Neuzusammenstellung zurück. Aus diesem Grund finden sich in fast allen Organismen dieselben Grundstrukturen, jedes Mal in anderen Zusammenhängen. Er vergleicht daher die lebende Welt mit einer Art riesigen Baukasten, in dem dieselben Elemente auf verschiedene Art auseinandergenommen und wieder zusammengesetzt werden können. Durch Kombination konnten völlig unterschiedliche Strukturen entstehen, bei denen aber immer die gleichen Elemente die Grundlage bildeten. Analogien zu Jacobs „Leben aus dem Baukasten" werden auch in der Synthetischen Biologie häufig gezogen. Lebewesen sollen so zu einem Werkzeugkasten, einer „toolbox", werden, aus der einzelne kombinierbare Elemente „spielend leicht" zusammengesetzt werden können (vgl. Köchy 2012b, S. 145-146).

Menschliches Spiel hingegen, als eine spezifische Form des Spiels, entsteht nach Künsting in einem Prozess von Schwankungen der bestimmten komplementären Kräfte Natur und Kultur:

> „Die Natur spielt, und eines der schönsten ihrer Ergebnisse sind die Blüten und Früchte des Feldes; und auch die Kultur spielt, und ihre schönsten Ergebnisse sind die künstlerischen und wissenschaftlichen 'Früchte'." (Künsting 1990, S. 57)

Menschliches Spiel sei qualitativ verschieden vom Spiel der Natur, da sich der Mensch in einem Akt der Bewusstwerdung eine neue Welt mit zwei komplementären Seinsweisen, Natur und Kultur, eröffne. Es entstehe in einer Vermittlung, in einem Zusammenspiel, von Aspekten der Natur und der Kultur, von Prozess und Regel sowie von Anschauung und Denken. Spiel ist somit nach Künsting (ebd., S. 76-84) als ein System aufzufassen, das in einem Rahmen komplementärer Modi aufgespannt ist.

Auch in den von Schiller (2004, S. 358-809) geprägten Begriffen der adäquaten „Triebe" des spielenden Menschen findet sich die Auffassung von Modi gegensätzlicher Ausrichtung. Dem „Stofftrieb" entspricht dabei das „empfangende Vermögen", also die schöpferische Fähigkeit der aktiven Gestaltung der Welt. Im „Formtrieb" hingegen bildet sich das „schaffende Vermögen", also die Fähigkeit, Abläufe und Entwicklungen der Welt und von sich selbst nachzubilden und auch nachzuvollziehen. Der „Spieltrieb" wiederum bringt diese gegensätzlichen Triebe in ein harmonisches Verhältnis zueinander. Künsting (1990, S.11-12 und 76-84) nennt dies eine Komplementarität von Prozess und Regel im Spiel.

Die heute vielfach verwendete und international verbreitete Definition des Begriffs „Spiel" stammt von Huizinga:

> „Der Form nach betrachtet, kann man das Spiel also zusammenfassend eine freie Handlung nennen, die als 'nicht so gemeint' und außerhalb des gewöhnlichen Lebens stehend empfunden wird und trotzdem den Spieler völlig in Beschlag nehmen kann, an die kein materielles Interesse geknüpft ist und mit der kein Nutzen erworben wird, die sich innerhalb einer eigens bestimmten Zeit und eines eigens bestimmten Raums vollzieht, die

nach bestimmten Regeln ordnungsgemäß verläuft und Gemeinschaftsverbände ins Leben ruft, die ihrerseits sich [...] als anders von der gewöhnlichen Welt abheben.“ (Huizinga 1987, S. 22)

Dem Spiel gegenüber steht nach Huizinga (ebd., S. 55) der „Ernst“, aber auch die „Arbeit“. Staudinger (1984, S. 31-32) sieht als Gegensatz zum Spiel nicht den „Ernst“, denn auch Spiele werden mit „Ernst“ gespielt. Es sei eher die „Arbeit“, denn in der Arbeit müsste nicht, wie im Spiel, gewissen Regeln, sondern bestimmten Anweisungen gehorcht werden, es entstehen Abhängigkeiten und Unfreiheit. „Arbeiten“ und „spielen“ seien demnach zwei voneinander verschiedene abgrenzbare Weisen menschlichen Handelns. Dabei sei eine Grenze zwischen diesen beiden Handlungsweisen nur unscharf zu bestimmen. Aufgrund der unklaren inneren Verfassung der „Spieler“ oder „Arbeiter“ seien nicht alle Handlungen klar einer der Welten zuzuordnen. Zudem räumt er ein, dass mit „Arbeit“ nicht die volle Welt des „Nichtspiels“ umschrieben sein kann. Da also weder mit dem Begriff „Ernst“ noch mit dem Begriff „Arbeit“ der Gegensatz zu „Spiel“ vollständig erfasst werden kann, werde ich im Folgenden, in Anlehnung an Staudinger, eine Welt des „Nichtspiels“ von einer in Raum und Zeit abgegrenzten Welt des „Spiels“ unterscheiden:

> „Die Spielwelt ist ein abgeschlossener, in Zeit und Raum von der übrigen Nichtspielwelt abgetrennter Bereich. Man begibt sich freiwillig hinein. Ist man drin, so handelt man nach Regeln, die nicht weiter auf ihre innere Gesetzlichkeit oder Notwendigkeit untersucht werden. Sie werden anerkannt.“ (Staudinger 1984, S. 32)

Dabei sind die Regeln eines Spiels sinnvoll, aber nicht notwendig. So könnte jedes Spiel auch anders gespielt werden, wäre dann aber ein anderes Spiel (ebd., S. 31). Aus diesem Grunde sind Spiele nicht einheitlich strukturiert, sondern vielgestaltig durch eigene Regeln bestimmt, wodurch sie gegeneinander abgrenzbar und unterscheidbar sind (Grupe 2001, S. 468). Apel wirft darüber hinaus im Kontext von Spielregeln und Moral die Frage auf:

> „Inwiefern können *Spielregeln* bzw. ihre Befolgung überhaupt *moralisch relevant* sein? Ist es z.B. moralisch relevant, die Schachregeln genau zu befolgen und nicht etwa mit dem Turm diagonal zu ziehen? Oder – analog zu diesem ersten Beispiel gedacht –: ist es moralisch relevant, im Fußball nicht die Hand zur Hilfe zu nehmen?“ (Apel 1988b, S. 110f)

Da Spielregeln konstitutiv seien, besitze die Regelbefolgung im Spiel nach Wachter (1983, S. 293) keine ethische Dimension. Auch nach Staudinger (1984, S. 38) ist das Spiel an sich immer unschuldig, es wolle nichts „Gutes“ oder „Böses“. Erst in der Welt des Nichtspiels tauche demnach die ethische Dimension auf. Konträr hierzu gehen Partikularisten allerdings von einer dem Spiel immanenten Moral aus. So wird von Güldenpfennig (1996, S. 129-132) eine auf das sportliche Spiel bezogene „Sondermoral" postuliert, die er von einer „universalen Gesellschaftsmoral" abgrenzt. Folglich wird die Frage nach der Moral innerhalb des Spiels wissenschaftlich kontrovers diskutiert. In der Alltagsmoral allerdings werden Spiele als Ganzes und die Praxis des Spielens als etwas Unschuldiges angesehen. Jedoch bleibt Spiel immer in einen moralischen Rahmen der Nichtspielwelt eingebettet. Auch als moralfrei angenommenes Spiel findet somit immer im Raum moralischer Gegebenheiten der Nichtspielwelt statt.

Trotz der bislang aufgezeigten Vieldeutigkeit des Spielbegriffs, lassen sich nach Grupe (1982, S. 122) verschiedene grundsätzliche Merkmale von Spiel ausmachen, in denen die Mehrzahl der Begriffsfassungen übereinstimmen. Hierunter fallen die Andersartigkeit von Spiel bezogen auf das alltägliche und gewöhnliche Leben, die Nichtnotwendigkeit im Hinblick auf Existenzsicherung und Daseinsbewältigung, die Freiheit, die Auffassung von Spiel als Form menschlicher Daseinsauslegung sowie das Erleben von Spiel als lustvoll, spannend, aufregend, dem Augenblick verhaftet und dem Gegenwärtigen verbunden. Ein weiteres bedeutendes Kennzeichen von Spiel ist zudem die Zwecklosigkeit[7]:

> „Das Spiel ist seinem Wesen nach *zwecklos*. Es verfolgt keine unmittelbaren Zwecke außer denen, die in ihm selbst liegen; es ist Tun um seiner selbst willen, ist aus und in sich selbst begründet und sinnvoll." (Grupe 1982, S. 122)

Zwei der hier ausgeführten Merkmale von Spiel, die Moralfreiheit sowie die Zweckfreiheit, sind für die weitere Untersuchung von Spiel innerhalb der Forschungsansäze der Synthetischen Biologie von besonderer Relevanz.

4.2.2 Spiel in den Wissenschaften

Das Ideal der „reinen" Wissenschaften erfüllt nach Staudinger (1984, S. 32-34) einige Kriterien von Spiel: Wissenschaft ist frei, denn keiner ist gezwungen, Forschung zu betreiben; die „reine" Wissenschaft will forschen aus bloßem Vergnügen und der Freude daran, ohne einen Nutzen daraus zu ziehen, außer dem Gelingen; Wissenschaft untersteht einem hohen Maß an Regelhaftigkeit und diese Regeln machen das wissenschaftliche Arbeiten als solches aus; in den Naturwissenschaften werden Hypothesenbildung und Experiment zu den Möglichkeiten das Spiel zu spielen, in anderen Wissenschaften Deduktion und Logik oder Beobachtung, Deutung und Verstehen. Die Forschung scheint dabei einer Art Wettspiel zu gleichen, bei dem der Partner das noch nicht Gewusste ist. Dieses zu erkennen, zu beweisen und den Regeln entsprechend zu erarbeiten, könnte, so Staudinger

---

[7] Der Begriff des „Zwecklosen" ist sprachlich hier nicht ganz treffend, da er zumeist im Sinne von „etwas führt nicht zum Erfolg", „etwas ist vergebens" verstanden wird. Ich werde daher im Weiteren den Begriff der „Zweckfreiheit", im Sinne von „etwas ist nicht auf einen unmittelbaren Nutzen ausgerichtet", verwenden.

(ebd.), letztendlich zum „großen Spiel der Forschung“ und der Freude am Gelungenen als Gewinn führen.

Huizinga (1987, S. 219) stellt eine weitere offensichtliche Gemeinsamkeit von Spiel und Wissenschaft fest: Ein eigens abgegrenzter Handlungsbereich, in dem gewisse Regeln gelten. Aufgrund dieses isolierten Raums wäre es durchaus möglich, jede Wissenschaft innerhalb methodischer und begrifflicher Grenzen als Spiel zu betrachten. Jedoch benennt er als weitere Kennzeichen von Spiel dessen zeitliche Gebundenheit, das Tragen des Ziels in sich selbst sowie eine Erholung vom gewöhnlichen Leben darzustellen. Gerade diese Merkmale gelten aber nicht für die Wissenschaft. Folglich kann, so Huizinga, die Wissenschaft als Ganzes nicht der Spielwelt zugeordnet werden, da sie ja „einen Kontakt mit der Wirklichkeit und eine Gültigkeit für die allgemeine Wirklichkeit“ (ebd.) sucht. Man habe daher:

> „[...] alle Gründe dafür, den Schluß: alle Wissenschaft ist nur ein Spiel, vorläufig als eine allzu billige Weisheit beiseite zu schieben. Etwas anderes ist die Frage, ob nicht eine Wissenschaft innerhalb des durch ihre Methode abgeschlossenen Gebiets ‘spielen gehen‘ kann.“ (Huizinga 1987, S. 219)

Die Wissenschaft als Ganze kann somit zwar nicht als Spiel gelten, Spiel kann jedoch innerhalb der Wissenschaft in einem zeitlich und räumlich begrenzten Bereich durchaus möglich sein und wird auch, zumeist *implizit*, praktiziert.

Innerhalb der Wissenschaft sind zwei verschiedene Modi des kreativen Erkenntnisgewinns relevant: das „Ideenspiel des Forschers“ sowie die „Bricolage“. Der erste Modus, das Ideenspiel des Forschers, wird von Richard Feynman, Nobelpreisträger für Physik, in dessen Autobiografie folgendermaßen beschrieben:

> „Then I had another thought: Physics disgusts me a little bit now, but I used to *enjoy* doing physics. Why did I enjoy it? I used to *play* with it. I used to do whatever I felt like doing – it didn’t have to do with whether it was important for the development of nuclear physics, but whether it was interesting and amusing for me to play with. [...] It was effortless. It was easy to play with these things. It was like uncorking a bottle: Everything flowed out effortlessly. I almost tried to resist it! There was no importance to what I was doing, but ultimately there was. The diagrams and the whole business that I got the Nobel Prize for came from that piddling around [...].“ (Feynman et al. 1985, S. 173-174)

Auch Konrad Lorenz beschreibt diese spielerische Ausrichtung in den Wissenschaften:

> „Das Gesetz ‘L’art pour l’art‘ hat allgemeinste Gültigkeit. In bezug auf die Forschung bestehen sehr ähnliche Gesetze. Die Freiheit des Spiels, die für alles schöpferische Werden auch schon in der Phylogenese Vorbedingung war, ist offenbar für die Kreativität des forschenden Menschen ebenso unentbehrlich. Der Weg zum Ziel oder zu dem, was sich nachträglich als ein erstrebenswertes Ziel erweist, führt anfangs oft in eine ganz

> unerwartete und scheinbar abwegige Richtung. [...] Das Ideenspiel des Forschers entbehrt eines eng definierbaren Zieles ebenso wie das Spiel der Lebensformen in der Phylogenese. Der Forscher weiß nicht, was er finden wird, seine Gestaltwahrnehmung erteilt ihm nur eine ungefähre Information, in welcher Richtung sie Interessantes 'wittert'. Was dieses Interessante aber nun eigentlich ist, muß er durch ein Verfahren ermitteln, in dem Versuch und Irrtum, Hypothese und Falsifikation eine Rolle spielen, die der Funktion zu gleichen scheint, welche der Mutation und der Selektion im Spiel des organischen Werdens zukommt." (Lorenz 1983, S. 83-84)

Beim Ideenspiel des Forschers wird zu Beginn intuitiv bestimmten Richtungen gefolgt. Der Forscher ist aber in jedem Moment dazu bereit, von seinen Zielen abzulassen und sich anderen Zielen, die sich im Arbeitsprozess bieten, zuzuwenden (Künsting 1990, S. 31-35). Diese Form des spielerischen Vorgehens ist spontan, kaum kontrolliert und entsteht zu einem großen Teil aus der Improvisation heraus. Die Handlungen unterliegen keiner starken Reglementierung und sind insbesondere nicht zweckgebunden, das Ergebnis bleibt somit stets offen. Der externe Zweck des Erkenntnisgewinns ist dabei nur in der Nichtspielwelt relevant. Innerhalb des eigentlichen Ideenspiels steht er nicht im Vordergrund; der interne Zweck des Spiels ist einzig das Spiel selbst. Dabei bleibt es jedoch immer eingebettet in die alltägliche Welt des Nichtspiels. Hierin ist auch der Wissenschaftler stets verankert, wenn er sich zeitweilig in den Raum des Spiels begibt. Zumeist wird das Ideenspiel des Forschers jedoch ohne das Bewusstsein um dessen spielerischen Charakter angewandt (ebd., S. 32). Mitunter wird es sogar für „unwissenschaftlich" gehalten und auch aus diesem Grund als eine Art des Erkenntnisgewinns nicht besonders hervorgehoben.

Ein zweiter Modus des kreativen wissenschaftlichen Erkenntnisgewinns ist die Bricolage (von frz. bricoler, *basteln, werkeln, tüfteln*). Diese Haltung des Bastelns ist für Lévi-Strauss (1968, S. 29) das Mittel jeden Fortschritts. Dabei sammelt der *Bricoleur*, ein Bastler, Dinge, die er vorfindet und fertigt aus diesen brauchbare Gegenstände (Jacob 1983, S. 50-55). An dieser anwendungsorientierten Haltung des *Bricoleurs* wird deutlich, dass die Bricolage ein zweckgebundenes Handeln darstellt.

Während das Ideenspiel des Forschers demnach als eine Möglichkeit aufgefasst werden kann, Spiel in den Wissenschaften zeitlich und räumlich begrenzt stattfinden zu lassen, ist die Bricolage aufgrund ihrer Zweckgebundenheit im engeren Sinne kein Spiel. Dennoch kann sie in der Wissenschaft als ein kreatives Mittel zum Zweck dienen, neue Dinge zu erkennen und zu gestalten.

4.3 Kritik am Spielcharakter der Synthetischen Biologie: Spiel als Akteurskonzept

4.3.1 Finanzielle und akademische Profitorientierung

Wie zu Beginn dieses Kapitels bereits deutlich wurde, ist eine explizit spielerische Ausrichtung der Synthetischen Biologie insbesondere am Forschungsansatz zur Neusynthese von DNA-Abschnitten und Genomen sowie dem Ansatz zur umfangreichen genetischen Modifikation von Organismen auszumachen. Insbesondere in diesen Forschungsbereichen stehen zugleich technisch-ingenieurwissenschaftliche Methoden im Vordergrund, weshalb die Synthetische Biologie auch häufig als Bioingenieurwissenschaft bezeichnet wird (vgl. Billerbeck & Panke 2012; Köchy 2012b). Lebewesen sollen, zumindest programmatisch, technischen Produkten vergleichbar geplant und kontrollierbar gemacht und gezielt mit spezifischen Eigenschaften und Funktionen ausgestattet werden. Jacob (1983, S. 41-68) zufolge arbeitet der Ingenieur nach einem vorgefassten Plan, um Objekte herzustellen. Ihm stehen spezielle Mittel zur Verfügung, sowohl Werkzeuge als auch Materialien, um ein neues Objekt detailliert zu planen und anschließend zu produzieren.

Zwar befinden sich die meisten Forschungszweige der Synthetischen Biologie noch im Stadium der – scheinbar „spielerischen“ – Grundlagenforschung, dennoch sind zugleich meist langfristig die Anwendungen von Interesse, die von den Wissenschaftlern eigens gegründeten Unternehmen auf den Markt gebracht werden sollen. Im Forschungsprozess sollen dabei ergebnisorientiert vordefinierte Zwecke verfolgt werden. So bestehen Erwartungen, dass mit der Ausweitung der Möglichkeiten der Synthetischen Biologie der ökonomische Profit ansteige:

> „Der Paradigmenwechsel innerhalb der Biologie wird verstanden als Wechsel von einer analytischen, ‘unproduktiven‘ Wissenschaft hin zu einer synthetischen ‘produzierenden‘ Disziplin, die wirtschaftliche Blüte mit sich bringen wird.“ (Cserer et al. 2011, S. 383)

Diese Forschungsbereiche basieren somit auf einem zweck- und anwendungsorientierten Ansatz. Hieran wird deutlich, dass der *explizite* Spielcharakter der Ansätze weniger auf dem Modus des Ideenspiels des Forschers als eine Möglichkeit von Spiel in den Wissenschaften beruht. Vielmehr steht die Bricolage, die kreative, aber zweck- und ergebnisorientierte Bastelei, im Vordergrund. Dies wird auch am Konzept der DIY-Biologie deutlich, das ebenfalls an der kreativen Herangehensweise der Bastelei ausgerichtet ist. Und auch die Forschung zu BioBricks im Kontext des iGEM-Wettbewerbs ist nicht als reiner wissenschaftlicher Selbstzweck zu verstehen. Denn auch hier rücken ökonomische Gesichtspunkte in den Fokus. So werden BioBrick-Konstrukte patentiert, Industriepartner aus Kostengründen von den Teams als Sponsoren gewonnen oder Projektideen im Anschluss an den Wettbewerb vermarktet (vgl. Wagner & Morath 2012, S. 134-135; s. Kap. 2.3.3). Die ökonomische Orientierung steht dabei nicht nur im klaren Gegensatz zum Open-Source-Gedanken der *Parts Registry* (vgl. ebd), sondern auch zum scheinbar zweckfreien Spielcharakter der Synthetischen Biologie. Hieran zeigt sich deutlich die Ambivalenz der programmatischen Ausrichtung dieser Forschungsansätze der Synthetischen Biologie zwischen anwendungsorientierter Zweckgebundenheit und scheinbar spielerischer Zweckfreiheit.

Gleichermaßen ambivalent präsentiert sich auch Craig Venter in der Öffentlichkeit: Einerseits als ein an „reiner" Erkenntnis orientierter Wissenschaftler, andererseits als Ökonom, der seine Forschungsergebnisse lukrativ zur Anwendung bringen möchte. Als Wissenschaftler mag er dabei das Einwerben finanzieller Mittel für seine Forschungen im Blick haben; als Ökonom vielmehr die Profitabilität späterer Anwendungen auf dem Biotechnologiemarkt. Diese Anwendungsorientierung und Zweckgebundenheit des Bioingenieurs als *Bricoleur* steht dabei dem Kriterium „Zweckfreiheit" von Spiel klar entgegen. Der Anwendungsbereich der Wissenschaft ist eben gerade kein Bereich eines zweckfreien Spiels, denn insbesondere in den neuen Biotechnologien können über den Zweck des Erkenntnisgewinns hinaus, die wissenschaftlichen Ergebnisse zur wirtschaftlichen Nutzung seitens der Forschenden selbst eingesetzt werden. Wie in Kapitel 3.3.1 bereits deutlich wurde, können finanzielle Stimuli auf den wissenschaftlichen Wettbewerb zwar durchaus anregend wirken, jedoch unterliegt auch die Synthetische Biologie einer starken Kommerzialisierung, die zunehmend in den Fokus rückt. Staudinger (1984, S. 36-38) betont darüber hinaus, dass infolge der negativen Entwicklung in den Wissenschaften oftmals nur noch ein fragwürdiges Geltungsbedürfnis und bloße Wichtigtuerei der Forschenden im Vordergrund stehen. Wissenschaft verkomme folglich zur bloßen Spielerei. Der Freibrief der Öffentlichkeit, das investierte Geld, das der Wissenschaft zur Verfügung gestellt wird, werde so zunehmend missbraucht.

Im Kontext der zunehmenden Orientierung von Forschenden an Werten wie finanziellem Gewinn und Prestige kommt dem scheinbaren Spielcharakter der Synthetischen Biologie eine besondere Bedeutung zu. Eine Analogie zur Finanzwelt mag dies verdeutlichen: Bereits das „Glücksspiel" wird nicht allein um des „Spieles" willen betrieben, sondern zu einem erheblichen Teil aus finanziellen Aspekten. So wird neben der Lust am Spiel an sich, insbesondere wirtschaftlicher Gewinn angestrebt. Die Gier nach finanzieller Bereicherung wird dabei jedoch durch den Spielcharakter in die Sphäre des harmlosen Spiels gerückt und somit überdeckt.

Hieran wird deutlich, dass mittels des Spielbegriffs im Kontext der Synthetischen Biologie eine nicht zweck- oder zielorientierte Ausrichtung vorgegeben wird. Diese augenscheinliche Zweckfreiheit ist jedoch nicht gegeben, denn der eigentliche Zweck des Spiels wäre das Spiel selbst. Innerhalb der Forschungsansätze der Synthetischen Biologie, die scheinbar einen Spielcharakter aufweisen, hat sich jedoch gezeigt, dass nicht das Spiel, sondern die Bricolage, als kreatives Mittel zum Zweck im Vordergrund steht. Dieser Zweck ist in erster Linie jedoch die Produktion neuer gewinnbringender Anwendungen für den Biotechnologiemarkt.

Demnach wird sich mit Hilfe eines Spielkonzepts schlicht eines von Synthetischen Biologen selbst massiv „ins Spiel" gebrachten Akteurskonzeptes bedient, das die voranschreitende Ökonomisierung der Wissenschaft zu überdecken vermag. Das Akteurskonzept „Spiel" ist demzufolge verbunden mit einer inadäquaten Darstellung der Forschungen zur Synthetischen Biologie in der Öffentlichkeit, da hierbei die Orientierung auf akademischen und finanziellen Profit aus dem Blick geraten kann.

4.3.2 Verharmlosung potentieller Risiken

Bei der Beurteilung neuer Biotechnologien wie der Synthetischen Biologie in der Bevölkerung, stehen insbesondere Fragen bezüglich des potentiellen Risikos im Vordergrund (vgl. Leopoldina & IfD Allensbach 2015, S. 14-17). Für Ried et al. (2011) resultiert aus der Furcht vor möglichen Risiken und aus der Sorge hinsichtlich der impliziten moralischen Konsequenzen ein Unbehagen bezüglich der Synthetischen Biologie in der Gesellschaft. Tatsächlich wurde in Kapitel 2 bereits deutlich, dass die möglichen Risiken der verschiedenen Forschungsansätze der Synthetischen Biologie für den Menschen und die Umwelt derzeit noch nicht ausreichend untersucht und nicht vollständig abschätzbar oder auszuschließen sind.

Dennoch erscheinen die selbst von „undergraduates" und wissenschaftlichen Laien durchführbaren Techniken der Synthetischen Biologie scheinbar einfach und kontrolliert anwendbar. Aufgrund der Konnotation von „Spiel" als „harmlos" und (moralisch) unschuldig, vermittelt der scheinbare Spielcharakter der Synthetischen Biologie ein Bild spielerisch-unbedenklicher Forschung. Hierbei können jedoch die möglichen Risiken der Forschung in den Hintergrund rücken.

Die Etikettierung der Synthetischen Biologie als „Spiel" kann demnach nicht nur zu einer Überdeckung der zunehmenden finanziellen und akademischen Profitorientierung beitragen. Der scheinbare Spielcharakter steht zudem in einem starken Kontrast zu den potentiellen Risiken der Forschungsbereiche der Synthetischen Biologie. Auch in diesem Kontext ist das Akteurskonzept „Spiel" verbunden mit einer unsachgemäßen Darstellung der Forschungen der Synthetischen Biologie in der Öffentlichkeit. So wird das Unbehagen der Gesellschaft bezüglich risikoreicher Forschungen und „impliziter moralischer Konsequenzen" (ebd., S. 350) der Synthetischen Biologie schlichtweg „überspielt". Dabei können die potentiellen Risiken verschiedener Ansätze der Synthetischen Biologie für Mensch und Umwelt aus dem Blick geraten. Es wird deutlich, dass das Akteurskonzept

„Spiel“ auch insofern ein „falsches Spiel“ ist, da es ein Bild harmloser, risikofreier Forschungen zur Synthetischen Biologie in der Öffentlichkeit bedingen kann.

4.4 Die Metapher „Playing God“ in der Synthetischen Biologie

Im Kontext von Spiel in der Synthetischen Biologie gerät auch die Metapher „Playing God“ oder „Gott spielen“ in den Blick. Sie wird für Wissenschaftler der neuen Biotechnologien häufig herangezogen (vgl. Belt 2009; Chadwick 1989; Kirkham 2006) und ist auch im Bereich der Synthetischen Biologie Thema der wissenschaftlichen und öffentlichen Diskurse (vgl. Belt 2009; Dabrock 2012). So lautete beispielsweise im Jahr 2010 der Titel eines Artikels der *Süddeutschen Zeitung*: „Künstliches Leben: Premiere – Craig Venter spielt Gott“ (Charisius 2010b).

Im Folgenden untersuche ich die im Zusammenhang mit der Synthetischen Biologie häufig angeführte Metapher „Gott spielen“ anhand der Verwendungskontexte. Im Fokus der bisherigen Untersuchungen steht meist der Gottesbegriff (vgl. Dabrock 2012). Es wird sich jedoch zeigen, dass innerhalb der Formulierung religiöse und naturwissenschaftliche Weltbilder ineinanderfließen. Die Formulierung wird sowohl von Außenstehenden zur Beschreibung von Wissenschaftlern herangezogen als auch von einigen Wissenschaftlern selbst zur Eigeninszenierung verwendet. Die Metapher „Gott spielen“ kann dabei einerseits als Warnung vor einer Haltung der Arroganz auf Seiten der Wissenschaftler und der hiermit zumeist verknüpften Angst der Bevölkerung vor unvorhergesehenen und ungewissen Risiken verstanden werden. Andererseits kann in einer säkularen Gesellschaft diese Warnung auch umgedeutet werden, wobei die Wissenschaftler bewusst und selbstbewusst diese Anmaßung auf sich nehmen bzw. auf sich nehmen müssen.

4.4.1 Der Gottesbegriff und die Charakterisierung von Wissenschaftlern

Da der Begriff „Gott“ auf den theologischen Bereich verweist, erläutert Dabrock (2012, S. 195-196), dass durch das Zurückgreifen auf die Formel „Gott spielen“ sowohl bei religiös gestimmten als auch bei säkularen Menschen mit Religion verbundene Verknüpfungen hergestellt werden sollen. Da es um „Themen großer Bedeutung“ gehe, werde mit der Formulierung auch ausgedrückt, dass der Mensch selbst möglicherweise die Rolle und das Sein von Gott übernehmen möchte. So solle zumeist zum Ausdruck gebracht werden, dass bestimmte Menschen vermeintlich sichere Grenzen aufgeweicht haben. Nach Ried et al. enthält die Metapher im Kontext der Synthetischen Biologie die normative Wertung:

> „[…], dass das Schaffen von künstlichen Lebensformen, eben ein dem Menschen nicht zukommendes *Er*schaffen ist und damit das (unstatthafte) Einnehmen einer superioren, göttlichen Position.“ (Ried et al. 2011, S. 351)

Im religiösen Sinn wird mit dem Begriff somit die kritische Beurteilung der Möglichkeit von Schöpfungshandlungen des Menschen zum Ausdruck gebracht. So liegt nach Dabrock (2012, S. 199) in vielen Religionen das Problem darin, dass es der Gottheit obliegt, den Übergang vom Nichtlebenden zum Lebendigen und wieder zum Nichtlebenden zustande zu bringen. Er argumentiert jedoch anhand von schöpfungstheologischen und sündentheologischen Reflexionen:

> „[…], dass mit der Synthetischen Biologie weder ein Eingriff in eine vermeintlich sakrosankte Domäne Gottes vorliegt, noch dass diese Technologie per se, also deontologisch, als mehr oder weniger verwerflich angesehen werden muss als andere Technologien oder menschliche Handlungen oder Institutionen.“ (Dabrock 2012, S. 210)

So betreibt der Mensch schon längst beispielsweise das Zerstören von Lebewesen und das Auslöschen ganzer Arten, also gerade das Gegenteil des Erschaffens.

Aus einem weiteren Blickwinkel argumentiert Belt (2009, S. 265) allerdings, es wirke befremdend, wenn säkulare Nichtregierungsorganisationen oder Journalisten Synthetischen Biologen den Wunsch unterstellen, die „Rolle Gottes“ einnehmen zu wollen, wenn gerade eine Existenz Gottes häufig bestritten wird. Möglicherweise ist jedoch auch, so Peters (2006, S. 383), nicht der Gott der Bibel gemeint, sondern viel eher eine „vergötterte Natur“. Somit ist nach Belt (2009, S. 265) auch für Säkulare, das heißt in Indifferenz zu oder Abwesenheit eines Gottes, das Überschreiten fester Grenzen der Natur durch die Wissenschaft mit der Angst vor unvorhergesehenen und ungewissen Risiken verknüpft.

Allerdings kann die Metapher „Gott spielen“ auch schlicht als journalistisches Klischee aufgefasst werden, wie der Wissenschaftsjournalist Ball (2007) konstatiert. Jedoch ist der alarmierende Slogan trotzdem dazu geeignet, Journalisten und Nichtregierungsorganisationen eine große Zuhörerschaft zu vermachen:

> „To accuse scientists of playing God may thus be just another way of alerting the wider public to the recklessness of their pursuits in the relentless quest for profit and glory.“ (Belt 2009, S. 265-266)

Dient die Metapher „Playing God“ zur Beschreibung von Wissenschaftlern, so wird sie folglich zumeist als Form der Warnung bzw. Anschuldigung verstanden, denn: „[…] 'Gott spielen' ist rhetorisch und performativ als Vorwurf und nicht als Lob gemeint“ (Dabrock 2012, S. 196). Kirkham betont dabei eine Haltung der Arroganz auf Seiten der Wissenschaftler, die in der Metapher zum Ausdruck gebracht werde:

> „In secular formulations, such phrases can act as metaphors for mistaking a considerable amount of power, knowledge and foresight for omnipotence and omniscience, and as metaphors for humans letting their power and knowledge exceed their caution.“ (Kirkham 2006, S. 176)

4.4.2 Der Spielbegriff und die Selbstinszenierung von Wissenschaftlern

Allerdings nehmen auch einige *visible scientists* der neuen Biotechnologien in der Öffentlichkeit äußerst selbstbewusst eine Haltung ein, die in der Metapher „Gott spielen“ zum Ausdruck gebracht wird und in der eine Umwertung der Warnung vor der Hybris anklingt. James Watson formulierte beispielsweise die Frage: „If scientists don't play God, who else is going to?“ (Watson, Interview in: Adams 2003). Und Craig Venter lässt sich in der Öffentlichkeit auch mit dem Beinamen „Herr der Gene“ betiteln. Venter betreibt sein „Spiel“ allem Anschein nach in dreifacher Hinsicht: als mit „*LEGO*-Steinen“ spielender Forscher, als Ökonom, der mit finanziellen Risiken spielt, und als Wortspielereien betreibender Selbstinszenierer in den Medien. Indem sich Venter jedoch selbst als „mächtigen Dämon“ darstellt, überspitzt und ironisiert er die Metapher „Gott spielen“, und mag so eventuell seinen Kritikern von vornherein den Wind aus den Segeln nehmen.

Konträr hierzu beharrt Venter jedoch zugleich darauf, dass es nicht seine Aufgabe sei, neues Leben zu kreieren. Er sehe sich nur im Begriff Leben zu modifizieren, um neue Lebensformen daraus hervorzubringen (Borenstein 2007). Sein Mitarbeiter Hamilton Smith ließ darüber hinaus verlauten: „We don't play“ (Belt 2009, S. 262).

Die Ambivalenz dieser Aussagen ist dabei offensichtlich. Nach Belt (ebd.) wechseln Synthetische Biologen häufiger von einer Haltung der Arroganz zu einer Haltung der Bescheidenheit. Dabei seien diese konträren Positionen lediglich zwei verschiedene Register des gleichen rhetorischen Repertoires, das Wissenschaftler je nach Anforderung der Situation ziehen könnten. Auch Dupuy (2011) betont, dass manche Wissenschaftler häufig zwischen zwei gegensätzlichen Einstellungen schwanken. Auf der einen Seite herrsche Prahlerei vor, im Sinne eines exzessiven und unangebrachten Stolzes. Wenn es jedoch notwendig erscheine, Kritiker zum Schweigen zu bringen, trete auf der anderen Seite eine übertriebene Bescheidenheit zu Tage. Dann werde bestritten, dass etwas getan wurde, das vom üblichen Betrieb der Wissenschaft abweiche. Folglich kann die Metapher „Gott spielen“ nicht nur Journalisten, sondern auch den Wissenschaftlern selbst als mediales Mittel zur Generierung öffentlicher Aufmerksamkeit dienen (vgl. Ball 2007).

In diesem Kontext ist es kaum überraschend, dass sich das Bild von wissenschaftlichen Experten in der Öffentlichkeit mit der Zeit gewandelt hat. Peters (1999, S. 233-234) führt zwei konträre Vorstellungen von „wissenschaftlichen Experten“ an, die in der Öffentlichkeit präsent sind: Ein Bild ist am Modell des neutralen Sachverständigen ausgerichtet, nach dem der Experte zwar nicht als unfehlbar, aber dennoch als „Quelle des bestmöglichen Wissens“ gilt. Dieses Bild werde in öffentlichen Kontroversen jedoch nicht mehr geteilt. Mohr konstatiert, dass ein Experte meist nicht mehr als neutraler Sachverständiger begriffen werde, „sondern als voreingenommener – vielleicht sogar käuflicher – Interessensvertreter, der mit

Halbwahrheiten operiert“ (Mohr 1996, S. 5). Allerdings sind, so Peters (1999, S. 234), beide Vorstellungen von „wissenschaftliche Experten“ als Extreme zu verstehen, da „[…] Erkenntnis grundsätzlich (d.h. auch ohne bewußte Täuschungsabsicht) perspektiven- und interessenabhängig ist und wissenschaftliche Erkenntnis dabei keine Ausnahme darstellt“ (ebd.).

Dennoch hat das öffentliche Bild von Wissenschaftlern Auswirkungen auf das Verhältnis zwischen wissenschaftlichen Experten und der Bevölkerung. Die Metapher „Gott spielen“ transportiert folglich nicht nur eine unangebrachte Selbsterhöhung der Forschenden. Wenn die Metapher klischeehaft wirkt, bzw. ironisiert wird, kann sie auch dazu beitragen, einen eher positiven Eindruck der Forschung und der Forschenden entstehen zu lassen, ohne dem vorhandenen Unbehagen der Gesellschaft bezüglich „impliziter moralischer Konsequenzen“ (Ried et al. 2011, S. 350) der verschiedenen Ansätze der Synthetischen Biologie tatsächlich zu begegnen.

4.5 Verantwortung und Transparenz bezüglich Spiel in der Synthetischen Biologie

Der scheinbare Spielcharakter einiger Forschungsansätze der Synthetischen Biologie hat sich hinsichtlich einer möglichen Verschleierung der voranschreitenden Ökonomisierung der Wissenschaften sowie einer möglichen Verharmlosung potentieller Risiken als problematisch erwiesen. Zudem wurde deutlich, dass die Verwendung der Metapher „Gott spielen“ im Kontext der Synthetischen Biologie nicht dazu beiträgt, dem vorhandenen Unbehagen der Bevölkerung angemessen zu begegnen. Dies spiegelt sich auch in einer Umfrage der Leopoldina und IfD Allensbach aus dem Jahr 2015 wider, laut der 60% der Bevölkerung in Deutschland den Begriff „Synthetische Biologie“ spontan als „unsympathisch“ empfinden (Leopoldina & IfD Allensbach 2015, S. 41-46). Nach Peters (1999) könnte eine Möglichkeit zur Überwindung der Kluft zwischen Technikproduzenten und Betroffenen in der individuellen Kontrolle der Technik liegen. Da dies jedoch auch aus kognitiver und zeitlicher Überforderung des Einzelnen nicht immer möglich ist, sei eine Ausweitung des Vertrauens in die gesellschaftliche Kontrollierbarkeit der Technik notwendig. Er nennt hierbei zwei Wege: erstens die „[…] gesellschaftliche Kontrolle durch demokratisch legitimierte politisch-administrative Prozesse und Institutionen […]“ (ebd., S. 228-229) und zweitens das Vertrauen der Bevölkerung in die Wissenschaftler selbst. Letzteres könne durch die Schaffung einer „Brücke zwischen Experten und Bevölkerung“ (ebd.) vergrößert werden, indem die Kommunikation zwischen beiden Gruppen verstärkt werde. Die Form der Kommunikation solle dabei nicht in einer Belehrung der Laien durch die Experten münden, sondern die politische Öffentlichkeit in die Entwicklung, Bewertung und

Anwendung der Techniken involvieren (ebd., S. 228). Auch die Experten der Synthetischen Biologie sind dabei im Besonderen dazu aufgefordert, sich aktiv an Dialogen zwischen Politik, Wissenschaft und Gesellschaft zu beteiligen und in der Politikberatung mitzuwirken (vgl. Engels 2003, S. 43; Grunwald 2012, S. 96-99). Nach Engels kommt der Bioethik eine besondere Rolle zu:

> „Da jeder in unserer Gesellschaft von den Lebenswissenschaften und ihren technischen Innovationen betroffen sein kann, müssen die damit verbundenen Aspekte transparent gemacht und in ihrer Bedeutung für Individuum und Gesellschaft beleuchtet werden. Chancen und Risiken, mögliche Implikationen und Folgen sind in einem Dialog zwischen Wissenschaft, Politik und Gesellschaft zu reflektieren, zu beurteilen und zu bewerten." (Engels 2003, S. 43)

Mit Bezug auf Kapitel 3 wird deutlich, dass der scheinbare Spielcharakter der Synthetischen Biologie einer verantwortungsvollen, sachlichen medialen Aufklärung und Einbeziehung der Öffentlichkeit zu potentiellen Chancen und Risiken der verschiedenen Forschungsansätze sowohl von Seiten der Außenstehenden, wie Nichtregierungsorganisationen und Journalisten, als auch der Wissenschaftler selbst nicht entgegenstehen darf. Transparente Dialoge zwischen Zivilgesellschaft, Institutionen, Politik, Wirtschaft und Wissenschaft fördern innerhalb einer deliberativen Demokratie das Vertrauen in einen sicheren Umgang mit den neuen Biotechnologien wie der Synthetischen Biologie. Dieses Vertrauen ist eine grundsätzliche Voraussetzung für eine gemeinsam verantwortlich gestaltete Zukunft unserer Gesellschaft und sollte nicht „aufs Spiel gesetzt" werden.

Für besonders wichtig halte ich daher das Wahrnehmen der Verantwortung durch die Forschenden der Synthetischen Biologie selbst. Dies gilt insbesondere hinsichtlich einer transparenten Aufklärung der Öffentlichkeit über die Chancen und Risiken der verschiedenen Forschungsansätze der Synthetischen Biologie und der Selbstverpflichtung der Wissenschaftler, sich nicht ausschließlich und nicht primär von finanziellen Bestrebungen oder Karriereinteressen leiten zu lassen. Der Verantwortung als Experten der Synthetischen Biologie nachzukommen, beinhaltet dabei auch dem Unbehagen der Gesellschaft vor potentiell risikoreichen Forschungen angemessen zu begegnen. Dazu bedarf es *visible scientists*, die aktuelle wissenschaftliche Fragen und Ergebnisse für die Bevölkerung differenziert, transparent und sachlich aufbereiten und zur Verfügung stellen. Risiken sollten hierbei weder „heruntergespielt" werden, noch sollte es zu überzeichneten Nutzenversprechungen von Seiten der Forschenden kommen (s. Kap. 3.3.1). So sollten insbesondere potentiell risikoreiche Biotechnologien in einem hohen Maße von ethischer Reflexion begleitet und von Verantwortungsbewusstsein getragen werden und dürfen nicht zum sorglosen „Spiel mit den Möglichkeiten" werden.

4.6 Zusammenfassung

Gegenstand meiner Untersuchungen in diesem Kapitel war der häufig hervorgehobene Spielcharakter der Synthetischen Biologie. In Kapitel 2 habe ich bereits verdeutlicht, dass explizit spielerische Elemente insbesondere beim Forschungsansatz zur Neusynthese von DNA-Abschnitten und Genomen, beim Ansatz zur umfangreichen genetischen Modifikation von Organismen, der Forschung zu BioBricks und der DIY-Biologie ausgemacht werden können.

Anhand theoretischer Aspekte von „Spiel“ und „Spiel in den Wissenschaften“ habe ich in diesem Kapitel gezeigt, dass Forschung zwar nicht gänzlich als Spiel gelten kann, spielerisch-kreative Elemente jedoch als wesentliche Komponenten zur Gewinnung neuer wissenschaftlicher Erkenntnisse dienen können. Ich konnte nachweisen, dass zeitlich und räumlich begrenztes spielerisches Vorgehen als eine implizite Form des wissenschaftlichen Erkenntnisgewinns bereits vor der Entstehung der Synthetischen Biologie in den Wissenschaften vorhanden war. Dies ist den Wissenschaften durchaus förderlich und ist aus dem wissenschaftlichen Alltag nicht wegzudenken. Für die Forschungsbereiche der Synthetischen Biologie konnte ich allerdings aufzeigen, dass spielerische Elemente zur Gewinnung wissenschaftlicher Erkenntnisse nicht länger nur *implizit* angewendet, sondern auch *explizit* gewollt und gefördert werden. Daher hat sich nicht *die spielerische Komponente* des Erkenntnisgewinns an sich, sondern deren *Explizitheit* als neu in den entsprechenden Forschungsbereichen der Synthetischen Biologie herausgestellt.

In diesem Kontext habe ich zwei Modi des kreativen wissenschaftlichen Erkenntnisgewinns unterschieden: zum einen das spontane, improvisierte und zweckfreie Ideenspiel des Forschers und zum anderen die kreative, aber zweckgebundene Haltung des Bastelns, die Bricolage. Da als ein wesentliches Merkmal von Spiel die Zweckfreiheit ausgemacht wurde, konnte die Bricolage zwar nicht als „Spiel“ im engeren Sinn aufgefasst werden, jedoch als kreative Möglichkeit, Neues zu erkennen und hervorzubringen.

Dabei habe ich aufgezeigt, dass aufgrund der starken Anwendungsorientierung der Bioingenieurwissenschaft Synthetische Biologie nicht das freie Ideenspiel des Forschers, sondern die zweckgebundene Bricolage im Vordergrund steht. Denn wie die meisten neuen Biotechnologien verfolgen auch die im Kontext von „Spiel“ relevanten Forschungsbereiche der Synthetischen Biologie das Ziel vermarktbare Produkte hervorzubringen und unterliegen somit zunehmend der Kommerzialisierung. Der scheinbar zweckfreie Spielcharakter der entsprechenden Forschungsansätze hat sich dabei vielmehr als ein Akteurskonzept herausgestellt, das die voranschreitende Ökonomisierung der Wissenschaft aus dem Blick geraten lassen kann.

Darüber hinaus wurde deutlich, dass dieses Akteurskonzept auch dazu beitragen kann, bestehende gesellschaftliche Bedenken bezüglich potentieller Risiken und moralischer Konsequenzen der Synthetischen Biologie schlicht zu „überspielen“. Der vermeintliche Spielcharakter der Synthetischen Biologie kann dabei durch die Konnotation von „Spiel“ als harmlos und (moralisch) unschuldig ein Bild scheinbar spielerisch-unbedenklicher Forschung vermitteln. Tatsächlich konnte ich jedoch bereits in Kapitel 2 darlegen, dass die potentiellen Risiken der meisten Forschungsansätze der Synthetischen Biologie derzeit noch nicht ausreichend untersucht sind und daher nicht vollständig beurteilt werden können.

Darüber hinaus ergab meine Untersuchung zur Metapher „Playing God“ oder „Gott spielen“, dass diese sowohl als Warnung bzw. Vorwurf von Außenstehenden an Synthetische Biologen als auch zur Selbstinszenierung von Wissenschaftlern verwendet wird. Die bei Letzterem wirkende Ironisierung kann dazu beitragen, einen positiven Eindruck der Forschungen zur Synthetischen Biologie und der Forschenden selbst entstehen zu lassen, ohne mit dem vorhandenen Unbehagen der Bevölkerung gegenüber der Synthetischen Biologie angemessenen umzugehen. In beiden Kontexten kann die Metapher zudem als mediales Mittel zur Generierung öffentlicher Aufmerksamkeit verstanden werden.

Schließlich habe ich, an Kapitel 3 anknüpfend, darauf hingewiesen, dass im Kontext eines scheinbaren Spielcharakters bestimmter Forschungsansätze der Synthetischen Biologie die Verantwortungswahrnehmung auch von Seiten der Forschenden selbst besonders relevant ist. Dies gilt insbesondere hinsichtlich einer differenzierten und transparenten Aufklärung der Öffentlichkeit über die möglichen Chancen und Risiken der verschiedenen Forschungsansätze, aber auch der Selbstverpflichtung der Wissenschaftler, sich nicht hauptsächlich und nicht zuerst von finanziellen Bestrebungen oder Karriereinteressen leiten zu lassen und auf das Unbehagen der Gesellschaft in Bezug auf potentielle Risiken der Forschungen zur Synthetischen Biologie entsprechend einzugehen, also diese nicht „herunterzuspielen“ oder zu überzeichnen. Insgesamt halte ich einen sachlichen und transparenten Dialog zwischen Synthetischen Biologen, Zivilgesellschaft, Politik, Institutionen und Wirtschaft für notwendig, um einen verantwortungsvollen Umgang aller Beteiligten in und mit den verschiedenen Forschungsbereichen der Synthetischen Biologie zu gewährleisten. Dies ist schließlich auch eine Voraussetzung dafür, spielerisch-kreative Elemente in den Forschungsbereichen der Synthetischen Biologie weiterhin als konstruktive Mittel des wissenschaftlichen Erkenntnisgewinns einbringen zu können.

5 Zum Lebensbegriff in der Synthetischen Biologie

Die genauere Betrachtung des Begriffs „Synthetische Biologie" in Kapitel 1.2 ließ deutlich werden, dass bereits der Name des neuen Forschungsfelds auf dessen Anspruch verweist, Lebendiges durch Herstellung künstlich zu erzeugen. Demnach sind im Forschungsfeld der Synthetischen Biologie der Lebens- und der Naturbegriff von besonderer Bedeutung. Bevor in Kapitel 6 der Naturbegriff im Zentrum meiner Untersuchungen stehen wird, werde ich zuvor in diesem Kapitel den Lebensbegriff in der Synthetischen Biologie differenziert betrachten.

Zu Beginn dieses Kapitels werde ich einen Blick auf das breite Spektrum der auf unserer Erde existierenden Lebensformen werfen. Zudem werde ich verschiedene Hypothesen zu möglichem extraterrestrischen Leben beleuchten. Hieran anschließend nehme ich eine detaillierte Untersuchung des Lebensbegriffs im Kontext seiner verschiedenen Bedeutungszusammenhänge vor. Es wird sich zeigen, dass neben biowissenschaftlichen Definitionen des Lebensbegriffs auch umfassendere Bedeutungen dessen „was Leben ist" bestehen, beispielsweise in der Philosophie oder der Sozialanthropologie. Hieran wird auch deutlich werden, dass eine umfassende Definition von „Leben" mit Anspruch auf Vollständigkeit derzeit nicht möglich ist.

Die Ansprüche der Synthetischen Biologie, Organismen gezielt zu planen, umfangreich zu verändern, mit neuen Eigenschaften und Funktionen auszustatten oder gar von Grund auf zu synthetisieren, zeigen auf, dass Organismen in diesem Forschungsbereich als technische Objekte verstanden werden und somit herstellbar und kontrollierbar erscheinen. Im Kontext dieser Technifizierung des Lebendigen rücken insbesondere die Gegenbegriffe „Lebewesen" und „Artefakte" bzw. „Maschinen" in den Fokus. Dabei wird sich abzeichnen, dass die Grenzen zwischen Lebewesen und Artefakten zunehmend zu verschwimmen scheinen. In diesem Zusammenhang wird deutlich werden, dass methodische Reduktionismen, wie sie innerhalb der Synthetischen Biologie zur Beschreibung von Forschungsobjekten eingesetzt werden, sinnvoll und notwendig für Kausalerklärungen der Naturwissenschaften sind. Sie sind jedoch von einer umfassenderen Definition des Lebensbegriffs zu unterscheiden und die jeweiligen ontologischen Implikationen sind zu berücksichtigen. Schließlich werde ich den Begriff „neues Leben" für zukünftig möglicherweise lebende, *de novo* synthetisierte Forschungsobjekte einführen und deren Bedeutung für die Synthetische Biologie explizieren.

5.1 Die Vielfältigkeit der Lebensformen

5.1.1 Lebensformen unserer Erde

Die Evolution bringt stetig eine Vielzahl mannigfaltiger Lebensformen auf unserer Erde hervor, die in der naturwissenschaftlichen Forschung analysiert und beschrieben werden. Diese Vielzahl der Organismen der Erde kann unter sehr unterschiedlichen Bedingungen existieren. Adaptation von Organismen an extreme Habitate ist jedoch häufig bei Prokaryonten vorzufinden. Diese sogenannten extremophilen Organismen können beispielsweise sehr hohe oder niedere Temperaturen, hohe Salzgehalte, einen hohen hydrostatischen Druck oder hohe Dosen ionisierender Strahlung tolerieren (Thermo-, Kryo-, Halo-, Baro- oder Radiophile). Derzeit werden eine Höchsttemperatur von 121 °C, ein pH-Wert von 0,5 pH, eine Energiedosis von 8 kGy und eine nahezu wasserfreie Umgebung als Grenzwerte für Leben auf der Erde vermutet (vgl. Schrauwers & Poolman 2013, S. 45).

Erstaunlicherweise sind auch einige Eukaryonten wie die Bärtierchen (*Tardigrada*) an extreme Umweltbedingungen angepasst. Die weniger als einen Millimeter großen Organismen kommen global marin oder limno-terrestrisch in feuchten Habitaten, beispielsweise Mooskissen, vor. Extreme Umweltbedingungen wie lange Trockenzeiten, Kälteeinbrüche, Sauerstoffmangel, starker Salzgehalt der Umgebung und nach neuesten Untersuchungen sogar das Vakuum des Weltraums (Jönsson et al. 2008) werden von den Bärtierchen in unterschiedlichen Resistenzstadien überdauert. Hierzu zählen morphologische Umbildungen in Abhängigkeit der Jahreszeiten, die Bildung von dickwandigen Cysten, aber auch die Eigenschaft der Kryptobiose, ein todesähnlicher Zustand, in dem keine metabolische Aktivität mehr festgestellt werden kann. Bei Wiederherstellung der Umweltbedingungen gehen sie wieder in ihre gewohnte Lebensform über, sie „erwachen" sozusagen zur Fortsetzung ihres Lebens (Møbjerg et al. 2011).

Allerdings spiegeln die derzeit bekannten Organismen längst nicht die Gesamtheit aller lebenden Wesen der Erde wider. Insbesondere im Bereich der bislang nicht kultivierbaren Mikroorganismen lassen rRNA-Analysen von Umweltproben die Existenz weiterer Bakterien-Phyla vermuten (Hugenholtz 2002; s. Kap. 2.6.1).

Neben der Entdeckung bislang unbekannter Lebensformen ist auch die Suche nach Organismen, die bereits seit langer Zeit die Erde besiedeln, Gegenstand zahlreicher Untersuchungen. Das Bakterium *Bacillus permians* gilt mit ungefähr 250 Millionen Jahren als aktuell ältestes Lebewesen der Erde. Es wurde im Jahr 2000 vom Forscherteam um Russell Vreeland bei Bohrungen in einer Höhle in New Mexico, USA entdeckt. Das Bakterium befand sich in Salzlake, die in einem größeren Salzkristall eingeschlossen war und überdauerte vermutlich als Spore. In Nährlösung konnte dann Aktivität festgestellt werden (Vreeland et al. 2000).

Diese Entdeckung lässt Raum für Spekulationen bei der Frage nach der grundsätzlichen Entstehung des Lebens. So könnten Organismen, die sich in Überdauerungsstadien befanden, beispielsweise als Sporen in Asteroiden oder Meteoriten eingeschlossen weite Entfernungen im Weltall zurückgelegt haben und zufällig auf den noch unbelebten Planeten Erde gelangt sein (vgl. Horneck 1999). Die Entstehung des Lebens an sich wäre mit dieser These jedoch noch nicht aufgeklärt. Möglicherweise ist davon auszugehen, dass Leben nicht plötzlich entstand, sondern sich in einem allmählichen Prozess entwickelte, der mit einfachen geochemischen Abläufen anfing und zu biologischer Komplexität führte (vgl. Davies 2010, S. 45; s. Kap. 2.5.1). Wie in Teil I dieser Arbeit deutlich wurde, sind an der Suche nach dem Ursprung des Lebens auch Forschungsbereiche der Synthetischen Biologie beteiligt. So werden beispielsweise beim Protozellenansatz künstlich hergestellte Lipidvesikel mit molekularen Komponenten als Modelle für Urzellen herangezogen. Hierdurch sollen nicht nur Erkenntnisse über die Entstehung des Lebens, sondern auch ein besseres Verständnis der Grundprinzipien lebender Zellen gewonnen werden (s. Kap. 2.5).

Die phänotypische Ausprägung der Organismen unserer Erde ist vielfältiger Art. Konträr hierzu gelten die genetischen Grundbausteine des Lebens auf der Erde als (mit wenigen Ausnahmen) universell (s. Kap. 2.4.2). Diese Universalität des genetischen Codes bildet die Grundlage einiger Forschungsansätze der Synthetischen Biologie. Beispielsweise ist sie eine Voraussetzung für die Standardisierung künstlich erzeugter genetischer Elemente (BioBricks; s. Kap. 2.3.2). Allerdings wird die Universalität des genetischen Codes auch als Sicherheitsrisiko im Forschungsbereich der Synthetischen Biologie diskutiert. Eine Ausbringung von künstlich veränderten Organismen in die Umwelt kann zu einer unkontrollierten Übertragung genetischer Elemente an bereits etablierte Organismen führen. Hierdurch könnten bislang bestehende Arten verdrängt werden, aber auch neue pathogene Organismen entstehen. Aus diesem Grunde sollen unter anderem mit dem Forschungsansatz zur Erzeugung „paralleler organismischer Welten“ neue Sicherheitstechniken entwickelt werden. Da sich diese Organismen unter anderem der Universalität des genetischen Codes entziehen, könnte dies zur Erzeugung einer „genetischen Firewall“ führen (s. Kap. 2.4).

5.1.2 Mögliches extraterrestrisches Leben

Neben der Erforschung der vielfältigen Lebensformen auf unserer Erde wird vermutet, dass auch auf anderen Planeten des Universums Leben existieren könnte. Die Suche nach extraterrestrischem Leben bedingt jedoch, dieses auch als Lebensform erkennen zu können. Aus diesem Grunde stellte Joyce eine mögliche Definition von „Leben“, spezifisch für die extraterrestrische Weltraumforschung, auf: „*[L]ife* is a self-sustained chemical system capable of undergoing Darwinian evolution“ (Joyce 1994, S. xi). Diese weiter gefasste Definition lässt die Möglichkeit alternativer Bausteine und Parameter extraterrestrischer Lebensformen zu.

In einem Bericht der *National Academy of Sciences* (NAS, 2007) der USA wurde untersucht, ob alternatives Leben auf anderen Planeten unseres Sonnensystems möglich sein könnte. Eine notwendige Vorannahme der Analyse war, dass extraterrestrisches Leben auf Kohlenstoffverbindungen basieren musste, das heißt organisch ist. Als eindeutige Signale, die auf die Existenz oder Entstehungsmöglichkeit von Leben hinweisen könnten, wurden Chiralität und ein thermodynamisches Ungleichgewicht ausgemacht. Im Kontext der Untersuchung ergaben sich verschiedene Parameter, die bei extraterrestrischen Lebensformen variabel sein könnten: Ein Parameter könnte beispielsweise Wasser als Lösungsmittel von Lebewesen der Erde sein, welches bei alternativem Leben durch andere flüssige Lösungsmittel wie Formamid oder Ammoniak substituiert sein könnte. Aber auch Kryolösungsmittel wie Wasserstoff oder Stickstoff und möglicherweise sogar Feststoffe werden als Medien in Betracht gezogen. Zudem könnten alternative Informationsspeicher das Nukleinsäuresystem von Lebewesen unserer Erde ersetzen. Auch könnten anorganische Katalysatoren Proteine substituieren. Denkbar wäre darüber hinaus, dass der als Bedingung für die Suche nach extraterrestrischem Leben vorausgesetzte Kohlenstoff durch die Elemente Silizium oder Phosphor ersetzt sein könnte. Im Bericht wird jedoch auch deutlich gemacht, dass die Suche nach alternativen Lebensformen nicht zuletzt durch die Grenzen der menschlichen Vorstellungskraft eingeschränkt bleibt (vgl. Schrauwers & Poolman 2013, S. 45-53).

5.2 Überlegungen zum Lebensbegriff

5.2.1 Der biowissenschaftliche Lebensbegriff

Das Griechische kennt zwei Begriffe für „Leben“, *bios* (βίος) und *zoë* (ζωή), die in der griechischen Antike sowohl komplementär als auch zur gegenseitigen Abgrenzung verwendet wurden. Mit *zoë* wird insbesondere das faktische, physische Leben von Menschen, Tieren oder Pflanzen benannt. Unter *bios* wird hingegen das menschliche Sein, die menschliche Lebensform verstanden (Kusmierz 2011, S. 1383-1384). Aristoteles (1987, S. 51-57; vgl. Engels 2011, S. 2647-2652) gliederte alles Seiende in die Naturgegenstände sowie die Gegenstände anders gearteter Gründe. Die Produkte der Natur umfassen dabei sowohl Lebendiges wie Pflanzen und Tiere, als auch unbelebte Gegenstände, darunter auch die Elementarkörper Erde, Wasser, Feuer und Luft. Er ging davon aus, dass alle Naturdinge das Prinzip ihres Daseins in sich selbst tragen. Im Unterschied zu unbelebten Gegenständen verfüge Lebendiges jedoch über eine Seele. Konträr hierzu verstand er Artefakte als Produkte anders gearteter Gründe und vom Menschen planmäßig hergestellt.

Im Lateinischen findet sich mit *vita* nur ein Begriff für „Leben“ und auch im Deutschen gibt es keine weitere Differenzierung des Begriffs (Kusmierz 2011, S. 1384). Nach Töpfer (2011, S. 420) bedeutet das germanische Verb „leben“ dem Sinn nach „(übrig)bleiben, fortbestehen“. Es stehe daher etymologisch mit einer Wortgruppe mit der Bedeutung „Fortbestand, Erhaltung“ in Verbindung. Dabei habe „Leben“ als das „Bleibende“ anfangs nicht nur in der Biologie, sondern vor allem im christlichen Glauben an das „ewige Leben“ eine bedeutende Rolle gespielt.

Das naturwissenschaftliche Verständnis von „Leben“ wurde im 20. Jahrhundert zumeist an einzelne Eigenschaften des Lebendigen gekoppelt. Obwohl einige Merkmale wie Metabolismus, Reproduktion und Mutation zwar allen Lebewesen gemein sind, bleibt jedoch eine Definition von „Leben“ auf Basis einer Aufzählung von Eigenschaften des Lebendigen unzureichend. Ein Grund hierfür ist, dass diese Merkmale zur Kategorisierung von Grenzerscheinungen zwischen Lebendem und Nichtlebendem, beispielsweise Viren oder einige physikalische und chemische Systeme, unzureichend sind. Cleland und Chyba (2002) setzen Ansätze zur Charakterisierung von Leben durch die Auflistung von Eigenschaften des Lebendigen mit Versuchen im 18. Jahrhundert gleich, Wasser zu definieren. Zu dieser Zeit war eine Beschreibung von Wasser nur über die Auflistung verschiedener Eigenschaften wie klar oder flüssig möglich. Diese beobachteten Merkmale kommen allerdings auch bei anderen Stoffen wie Ölen vor. Zur Charakterisierung von Wasser war eine Aufzählung bloßer Eigenschaften folglich nicht ausreichend. Jedoch waren die Entdeckung von Molekülen und die Atomtheorie noch nicht vorauszusehen und so war der besondere molekulare Aufbau von Wasser nicht zu erkennen.

Die von Maturana und Varela (1992) entwickelte *Autopoiesistheorie* geht schließlich über die Aufzählung von Eigenschaften des Lebendigen hinaus. Demnach sind lebende Systeme zu verstehen als der Prozess, der diese verwirklicht. Lebewesen werden dabei als Produkt ihrer Selbstorganisation beschrieben, bei der es keine Trennung zwischen Erzeuger und Erzeugnis, Sein und Tun gibt. Auch das theoretische *Chemoton-Modell* von Gánti (2003) beschreibt ein ideales, minimales lebendes System, das zur Selbstreproduktion fähig ist und nähert sich somit der *Autopoiesistheorie* an (s. Kap. 2.5.2).

Im Laufe der Zeit wurden in der Biologie also unterschiedliche Konzeptionen einer Definition von „Leben“ entwickelt, die je nach Forschungsstand und -gegenstand der jeweiligen Disziplin unterschiedlich ausfielen. Trotz der regen Beschäftigung mit dieser Thematik ist es dennoch bislang keiner biologischen Disziplin gelungen, eine hinreichende biowissenschaftliche Definition von „Leben“ zu geben.

Die Biologie selbst bezieht sich zudem mit jedem Definitionsvorschlag nur auf einen kleinen Ausschnitt des viel umfassenderen Phänomens „Leben“. Schark weist darauf hin, dass die Biologie zwar die Wissenschaft von den lebenden Wesen ist, aber nicht die Wissenschaft davon, was ein Lebewesen ist, denn:

> „Gerade daß die Biologie *voraussetzt*, daß es *Lebens*phänomene sind, die sie studiert, macht die Auffassung plausibel, daß ihr Gegenstand schon vorgängig konstituiert ist." (Schark 2005, S. 5)

Während also gewöhnlich unter „Leben" diejenige Daseinsform von Lebewesen verstanden wird, die von „Nichtleben" abgegrenzt wird, wobei schon vorab gewusst werden muss, was „lebendig" ist, ist eine hinreichende biowissenschaftliche Definition zumindest bislang nicht gefunden worden. Letztlich verzichten die heutigen Biowissenschaften meist auf weitere Definitionen von „Leben", sowohl aufgrund der geschilderten praktischen Schwierigkeiten als auch aufgrund von weitreichenderen philosophischen Implikationen des Lebensbegriffs, wie im nächsten Abschnitt deutlich wird. Dennoch sind biowissenschaftliche Auffassungen von „Leben" heutzutage in unserer Gesellschaft dominierend. Töpfer vermutet, dass ein Grund hierfür auch ökonomische Interessen darstellen, die mit den Begriffsverwendungen verbunden sind:

> „'Leben' bildet eines der im öffentlichen Sprachgebrauch attraktivsten Wörter, und so ist es kein Wunder, dass viele Wirtschaftsunternehmen es in einem fest mit dem Markennahmen verbundenen Slogan benutzen […]. Aber auch der Biologie selbst, die für sich den Titel 'Lebenswissenschaft' in Anspruch nimmt […], sichert der Bezug zu diesem schönen Wort öffentliche Aufmerksamkeit und Gelder." (Töpfer 2011, S. 467)

Schließlich macht gerade die Besonderheit des Lebensbegriffs, auch im Zusammenhang einer möglichen „Lebensherstellung", diesen interessant für Synthetische Biologen und Biotechnologie-Unternehmen. So betont Fritsche, im Kontext von Venters Behauptung der Erzeugung von „künstlichem Leben" (s. Kap. 2.2.6), dies sei

> „Ein gedanklicher Winkelzug, über den die Mehrheit der Wissenschaftler nur die Stirn runzeln kann. Zugleich aber ein genialer PR-Coup, denn dank seiner Wortspielerei stürmten die Medien genau in jene Richtung vor, die Venter brauchte, um Aufmerksamkeit zu erhalten und die Erschaffung künstlichen Lebens schon einmal prophylaktisch mit seinem Namen zu verknüpfen." (Fritsche 2013, S. 138)

5.2.2 Die Vieldeutigkeit des Lebensbegriffs

Der biowissenschaftlich verstandene, jedoch lebensweltlich und ontologisch verkürzte Lebensbegriff kann nach Engels (1982, S. 241-250) allerdings schon allein aus ethischen Erwägungen nicht ausreichend sein. In den rechtlichen, politischen und ethischen Kontexten, die Gegenstand der praktischen Philosophie sind, sei ein Begriff des Lebens notwendig, der den besonderen Wert desselben in solchen Kontexten umfasse. Als dringend erforderlich erachtet sie daher eine Lebenskonzeption, die eine Unterscheidung von Lebewesen und Nichtlebendem „im nichttrivialen Sinn“ ermöglicht.

Eine solche, über den biowissenschaftlich geprägten Lebensbegriff hinausgehende Bestimmung von „Leben“, sollte auch insbesondere im Kontext der zunehmenden Technifizierung von Lebendigem eine Unterscheidung zwischen Lebendem und Nichtlebendem ermöglichen. Hierzu wurden bereits verschiedene Kriterien wie „Schmerz-“ bzw. „Druckempfindungen“, aber auch „Wahrnehmung“ vorgeschlagen (Kambartel 1996; Krebs 2000). Diese Eigenschaften sind jedoch nach Töpfer (2011, S. 460-462) mit gewissen Schwierigkeiten verbunden: So sind beide Begriffe bereits in der Biologie verankert und könnten zudem bestimmte Entitäten wie Pflanzen aus dem Bereich der Lebewesen ausschließen. Auf Basis eines weiteren Kriteriums, der „Herkunft“, lassen sich Lebewesen darüber hinaus als Naturgegenstände und Maschinen als vom Menschen geschaffene Artefakte verstehen. Insbesondere diese Unterscheidung wird jedoch von den verschiedenen Forschungsansätzen der Synthetischen Biologie in Frage gestellt.

Darüber hinaus sind auch die Begriffsverwendungen von „Lebewesen“ und „Organismus“ von zentraler Bedeutung. Nach Schark (2005, S. 1-13) wurde der Organismusbegriff seit den 40er Jahren des 20. Jahrhunderts vor allem in den „suborganismischen“ Disziplinen der Biologie abgelöst von dem des „lebenden Systems“. Während mit „Organismus“ die Organisation des Körpers als statisch aufgefasst wurde, rücken mit dem Begriff „lebendes Systems“ vor allem die zugrundeliegenden Prozesse in den Fokus. Der Begriff des „Lebewesens“ hingegen ist einer der Grundbegriffe der Metaphysik. Schark (ebd.) verweist darauf, dass dennoch die beiden Begriffe, „Organismus“ und „Lebewesen“ im biologischen Sinne häufig äquivalent gebraucht werden, da im Vordergrund des fachlichen Diskurses zumeist nicht die Auseinandersetzung mit den Grundbegriffen der Disziplin, sondern Kausalerklärungen stehen. Der Begriff „Lebewesen“ finde darüber hinaus zumeist in normalsprachlichen Aussagen Verwendung. Da die lebensweltlichen und die biologischen Konzeptualisierungen demnach auseinandergingen, seien einerseits „Lebewesen“ und andererseits „Organismus“ oder „lebendes System“ nicht als intensionsgleiche, sondern lediglich als extensionsgleiche Begriffe aufzufassen.

Da „Leben“ sowohl deskriptive wie normative Bedeutungselemente umfasst, je nach Zusammenhang, in dem der Begriff verwendet wird, bezieht sich der Lebensbegriff somit einerseits auf Organismen als Naturphänomene und andererseits auf die vielschichtige menschliche Erfahrung der eigenen Lebendigkeit. Diese deskriptiven und normativen Elemente zusammenführend, vertritt Hartung (2015) ein integratives Verständnis von „Leben“. Die Lebenswissenschaften lieferten demnach die Merkmale für eine Bestimmung des Lebens auf Basis von Beschreibungen wie Selbsterhaltung, -bewegung und -organisation. Auf dieser Grundlage gehe die Philosophie der Frage nach, was in diesen Beschreibungen das „Selbst" sei, um ein tieferes Verständnis zu entwickeln. So baue die normative Auffassung von Leben, beispielsweise in der Philosophie oder Ethik, auf einem deskriptiven Ansatz der Naturwissenschaften auf. Dabei sei einerseits der Mensch, wenn von „Leben" gesprochen werde, immer auch selbst gemeint, andererseits müsse diese tiefere Sichtweise auf das Leben mit naturwissenschaftlicher Objektivität verbunden werden. Insofern sei das Verhältnis dieser partiellen Lebensbegriffe weniger als konträr zu verstehen, sondern vielmehr interdisziplinär anthropologisch zu verknüpfen.

Ein anderer Zugang zu „Leben" aus sozialanthropologischer Perspektive wird beispielsweise von Ingold (1990, 1991 und 1996) vertreten. Demnach seien Lebewesen vom sozialen Kontext abhängig. Ihre Eigenschaften gingen nur aus der gegenseitigen Bedingung von Umwelt und Organismus hervor. Ingold sieht von kategorialen Differenzierungen ab und sieht die Fähigkeiten und Eigenschaften des aktiven Organismus im sozialen Kontakt als im ständigen Wandel begriffen. Aus dieser gegenseitigen Bedingung von Umwelt und Organismus entstehe erst das Leben.

Brenner (2007, S. 164) verweist zudem darauf, dass Lebendiges weder reine Materie, noch der Mensch ein rein geistiges Phänomen ist. Die Frage nach dem Leben ließe sich unter diesen gegensätzlichen Annahmen nicht endgültig klären. Vermeide man aber diese Gegenüberstellung, entziehe sich das Leben einer abschließbaren Antwort. Brenner versteht Leben als eine Art „Geheimnis" oder, aktueller gesprochen, als eine Art „ungeklärte Emergenz". Für Brenner kann man sich keinen Begriff von Leben machen, da es wohl auf vielfältige Art und Weise beschrieben werden kann, sich aber nicht endgültig bestimmen lässt und somit eine offene Frage bleibt.

An den Ausführungen in diesem Abschnitt wird deutlich, dass der Begriff „Leben" offensichtlich vieldeutig ist und nicht umfassend definiert werden kann. Auf der Objektebene wird folglich eine Definition von „Leben" aufgrund der Komplexität des Lebensbegriffs, der zahlreichen Implikationen sowie den weitreichenden Folgen auf vielfältigen Ebenen, trotz des offensichtlichen Bedarfs, zur Unmöglichkeit. Für Töpfer kann es demnach: „[...] von 'Leben' nur eine Pluralität von Wissenschaften geben, die erst zusammen dem Gegenstand gerecht werden" (Töpfer 2011, S. 468). So rückt nicht nur die Frage nach dem „was Leben ist" in den Vordergrund – vielmehr besteht eine starke Ungewissheit darüber, was eine mögliche Antwort auf diese Frage eigentlich bedeutet.

Dennoch ist es nicht gänzlich unmöglich etwas über das Leben zu erfahren, ohne sich hierbei auf alle Bedeutungszusammenhänge des Lebensbegriffs zu beziehen. Es kommt darauf an, wie die Frage nach dem „was Leben ist" zu verstehen und gegebenenfalls zu beantworten ist. Denn wird „Leben“ empirisch erforscht, konzeptionell gedacht oder auf seinen ontologischen Gehalt hin untersucht, macht dies durchaus einen Unterschied in der Art des Erkenntnisgewinns. Demnach trägt auch der naturwissenschaftliche Blick auf das Leben einen wesentlichen spezifischen Teil zu einem umfassenden Erkenntnisgewinn über das Leben bei. So kann durchaus explizit auf einzelne Ebenen Bezug genommen werden, wenn dies deutlich von einem umfassenderen Verständnis von Leben differenziert wird.

5.3 Der Lebensbegriff in der Synthetischen Biologie

Der Synthetische Biologe Venter versteht „[...] Leben als dynamischen Prozess, voll und ganz gesteuert vom Informationssystem“ (Venter, Interview in: Mejias 2010). Dabei bezeichnet er „Leben [...] als das minimale Genom, das nötigt ist, um ein biologisches System am Laufen zu halten“ (Venter 1999, in: Schrauwers & Poolman 2013, S. 31). Dies verweist deutlich auf die spezifische biowissenschaftliche, aber auch technisch-ingenieurwissenschaftlich geprägte Sichtweise der verschiedenen Ansätze der Synthetischen Biologie auf das Leben. Leben wird dabei nicht nur als prinzipiell kontrollier- und steuerbar, sondern auch als von Grund auf herstellbar begriffen.

Zur Beschreibung von Organismen sowie deren Lebensprozesse und Bestandteile wird im Forschungsfeld der Synthetischen Biologie daher nicht ausschließlich auf biologische Begriffe zurückgegriffen. Vielmehr stehen technomorphe Deutungen des Lebendigen im Vordergrund. Beispiele für häufig im Kontext der Synthetischen Biologie verwendete Metaphern für Zellen bzw. Mikroorganismen sind „living machine“ oder auch „Chassis“. Zudem werden Zellstrukturen häufig als „Hardware“ und die Information der Nukleinsäure als „Software“ bezeichnet: „DNA ist die Software und die Grundlage allen Lebens“ (Venter 2014, S. 181).

Unter anderem an der Forschung zu Minimalorganismen wird das Verständnis von Zellen als technische Objekte deutlich. Dabei werden die Analyse und Versuchsanordnungen rein aus der Perspektive des Produktionsinteresses vorgenommen und sind demzufolge stark vereinfachend und reduziert auf das gewünschte Produkt bzw. die angestrebte Funktion der Organismen (s. Kap. 2.1). Dieses Verständnis von Lebendigem verweist auf die Mittelstellung des neuen Wissenschaftsbereichs zwischen Biologie, Informationstechnologie und Technik- bzw. Ingenieurwissenschaft. „Leben“ ist in der Synthetischen Biologie somit einer Technifizierung unterworfen, mit der Lebewesen nicht als komplexe Einheit erfasst werden. Das wirft die Frage auf, ob dies ein angemessener Weg des Verständnisses von Leben ist.

5.3.1 Technifizierung des Lebendigen als methodischer Reduktionismus

Die philosophische Diskussion um Zweckursachen in der Natur, die über die Annahme von reiner Zweckmäßigkeit hinausreichen, geht bis auf Aristoteles zurück (vgl. u.a. Engels 1982 und 2011). Sie führte schließlich zur Einführung des Begriffs der „Teleonomie“ (Pittendrigh 1967). Teleonomische Prozesse sind nach Mayr (1974) als programmkontrollierte Prozesse aufzufassen, wobei Programm verstanden wird als „coded or prearranged information that controls a process (or behavior) leading it toward a given end“ (ebd., S. 102). Nach Engels (2011) ist die Teleonomie dabei als evolutionär bedingtes Ergebnis zu begreifen. Sie verweist darauf, dass wir zur Beschreibung von Organismen nicht auf den Zielbegriff verzichten können, denn „Die Zielstrebigkeit steht […] im Dienste der Zweckmäßigkeit“ (ebd., S. 2659). Durch eine reine Beschreibung der Kausalketten ließe sich die Bedeutung der Mittel, die das Wohlergehen eines Lebewesens bedingen, nicht ausdrücken (ebd.). Dies schließt auch an Kants (2006, §§65-66) Konzeptionen, aus methodischer Perspektive eine Zweckhaftigkeit von Lebewesen vorauszusetzen, an.

Hinsichtlich des Organisationsgrads, der strukturellen und funktionellen Wechselwirkung ihrer Teile oder der „Planhaftigkeit“ ihres Verhaltens sind daher auch technomorphe Deutungen von Lebewesen durchaus zulässig (Köchy 2012b, S. 152). Für Boldt et al. (2009, S. 42-64; Schark 2005) lässt die Technifizierung des Lebendigen die Synthetische Biologie jedoch ambivalent erscheinen, da sie einerseits ausdrücklich das Ziel verfolge, Lebendiges herzustellen, dieses jedoch andererseits von vornherein als Maschine deklariere. Dies wird in zweifacher Hinsicht als problematisch aufgefasst: Zum einen werde hierbei die Existenz von Entitäten postuliert, zum anderen werde auch eine klare Trennung von Lebewesen und Nichtlebendem in Frage gestellt. Ein minimalisierter Lebensbegriff laufe daher Gefahr, einen reduktionistischen Blick auf das Leben zu erzeugen. So würden Zellen durch technomorphe Deutungen verdinglicht und dies trage zur Artifizialisierung des Natürlichen bei.

Nach Gorke (2010, S. 91-92) generiert der Blick „*durch die abstrahierende Brille der Naturwissenschaften*“ jedoch eine analytische Herangehensweise. Dabei beansprucht diese reduktionistische Sichtweise auf Organismen zweifellos die Unabhängigkeit von der subjektiven Perspektive des Forschenden. Sie ist daher, rein auf der Ebene der naturwissenschaftlichen Beschreibung, kein Mangel an umfassender Betrachtung des Feldes, sondern soll im Gegensatz zu anderen Wissenschaftsbereichen gerade ein Garant für Objektivität und Universalität sein. Zu vermeiden sei jedoch, dass Reduktionismen, wie naturwissenschaftliche Kausalbeschreibungen, kurzerhand auf andere Ebenen der Bedeutung des Lebensbegriffs wie im Alltag oder aber auch in der Philosophie übertragen werden und hierbei eine unzulässige Ausweitung erfahren (ebd.).

Boldt et al. (2009, S. 46-61; vgl. Gorke 2010, S. 89-98) verweisen darauf, dass es auch aus ethischen Gründen zu vermeiden ist, methodische Reduktionismen als ontologische Reduktionismen zu verstehen. So könnten technomorphe Deutungen für Lebewesen implizieren, dass diese zu benutzen seien wie Maschinen. Metaphern könnten eine Einordnung bestimmter Entitäten in einen anderen Gegenstandsbereich bedingen und so den Umgang mit diesen Entitäten verändern. Dementsprechend muss zwar nicht die biowissenschaftliche Definition von Lebendigem im Kontext der Synthetischen Biologie normativ erweitert werden, jedoch müssen die Grenzen der jeweiligen Definitionsebene gewahrt werden.

Als rein naturwissenschaftliche Beschreibungen des Lebendigen sind technomorphe Deutungen des Lebendigen also auf diesen Erkenntnisbereich zu beschränken. Sie bilden nur eine mögliche Betrachtungsweise auf das Leben. Es ist folglich relevant, bei der Verwendung des Lebensbegriffs die Ebenen der Betrachtung zu differenzieren und abzugrenzen. Dies ist für den wissenschaftlichen und öffentlichen Diskurs zur Synthetischen Biologie von großer Bedeutung, da Missverständnissen vorgebeugt werden kann, wenn den Grenzen der verschiedenen Zugänge zu „Leben“ Rechnung getragen wird.

5.3.2 Zwischen Organismus und Maschine

Im Kontext der Technifizierung des Lebendigen im Bereich der Synthetischen Biologie kommt den Maschinenmetaphern eine besondere Bedeutung zu. Neben der bereits angeführten Metapher „living machine“ für synthetisch-biologisch veränderte lebende Forschungsobjekte der Synthetischen Biologie wird beispielsweise auch mit der Bezeichnung des studentischen Wettbewerbs „iGEM“, dem Akronym für *international Genetically Engineered Machines*, metaphorisch auf den Maschinenbegriff zurückgegriffen. Und Craig Venter geht noch einen deutlichen Schritt weiter, wenn er auch Menschen mit dem Maschinenmodell der Synthetischen Biologie gleichsetzt:

> „Wir haben herausgefunden, dass wir ganz eindeutig durch DNA-Software betriebene Informationsmaschinen sind.“ (Venter, Interview in: Mejias 2010)

Cserer et al. konstatieren im Kontext der von ihnen angestellten Medienanalysen bezüglich der Verwendung von Maschinenmetaphern zur Beschreibung von lebenden Forschungsobjekten der Synthetischen Biologie sowie deren Bestandteile und Prozesse dementsprechend:

> „Die in der medialen Berichterstattung wie in den Experteninterviews herangezogenen Metaphern reflektieren den Charakter der Synthetischen Biologie zumeist mittels mechan(ist)ischer und industriebezogener Analogien.“ (Cserer et al. 2011, S. 384)

Vergleiche zwischen Maschinen und Lebewesen sind indes nicht neu und wurden im Laufe der Geschichte wiederholt angestellt. Bereits Descartes (2011) begriff Lebewesen als gänzlich mathematisch beschreibbar und setzte Körper mit kompliziert aufgebauten Automaten gleich. Einzig die dualistische Trennung in eine körperliche und eine geistige Welt (*res extensa* und *res cogitans*) führte zu der Annahme, menschliche Personen wären aufgrund geistiger Vorgänge wie Denken und Sprechen von allen anderen Lebewesen zu unterscheiden. Sie seien aus diesem Grunde als einzige Lebewesen nicht als reine Automaten zu begreifen. Im Anschluss an Descartes wies La Mettrie (1988) jegliche metaphysischen Annahmen zurück und verfocht, unter anderem in seinem Werk *Der Mensch als Maschine*, einen materialistischen Monismus.

Schließlich entwickelten sich mit dem Mechanismus und dem Vitalismus bipolare Tendenzen. Einem mechanistischen Verständnis von Lebendigkeit zufolge, kann es nur Aufgabe der empirischen Naturwissenschaft sein, den Lebensbegriff zu definieren. Nach Schark (2005, S. 98-99) hat sich dabei die naturwissenschaftliche Auffassung von „Leben" im Laufe der Zeit verändert. So entstand zunächst ein mechanistisch verstandener Lebensbegriff, bei dem „Leben" als „Faktum allein der Physik" begriffen wurde. Hieraus entwickelte sich ein physikochemisches und prozessorientiertes Verständnis, nach dem Leben als ein „komplexer, geregelter chemischer Prozess" aufgefasst wird. Gemäß Schark sind demnach im Laufe der Geschichte „lediglich die zur Erklärung der Lebensphänomene verwendeten mechanistischen Modelle verfeinert worden" (Schark 2005, S. 99).

Der Mechanismus wird zumeist als Gegenposition des Vitalismus verstanden. Letzterer postuliert als Hauptursache aller Lebensvorgänge eine allgemeine Lebenskraft, die sogenannte *vis vitalis*, die sich naturwissenschaftlichen Methoden des Erkenntnisgewinns entziehe. Nach Engels (1994 und 1982, S. 62 und S. 93-109) wurde der Begriff „Vitalismus" allerdings von den Lebenskraftlehrern in Deutschland selbst nicht verwendet. Seine Entstehung könne vielmehr auf nachfolgende Kritiker dieser Lehren zurückgeführt werden und sei eher als zumeist negativ konnotierte Etikettierung zu verstehen. Sie grenzt dabei eine metaphysisch-teleologische Naturauffassung, mit Hans Driesch als einflussreichstem deutschen Vertreter dieser Lehre, von den methodologischen Lebenskraftlehren im Deutschland des 18. Jahrhunderts, mit wichtigen Vertretern wie Blumenbach oder Kielmeyer, ab. Der methodologische Vitalismus sei im Gegensatz zur metaphysischen Konzeption der Lebenskraft mit einem mechanistischen Verständnis der naturwissenschaftlichen Forschung zu vereinbaren und auch vereinbart worden.

Aktuell postuliert Craig Venter (2014, S. 30-31 und S. 39-40) eine neue Art des Vitalismus, versteht diese jedoch als subtiler. Demnach werde nicht länger von einem möglichen Lebensfunken ausgegangen, sondern schlicht die derzeitige reduktionistisch-materialistische Lebensauffassung als unzureichend verstanden.

Dies äußere sich erstens in einer Überbetonung unmessbarer Eigenschaften des Cytoplasmas, wie dies zum Teil in der Epigenetik der Fall sei. Zweitens zeige sich dies auch in der Annahme „geheimnisvoller emergenter Eigenschaften der Zelle" (ebd., S. 31), die die Bedeutung der DNA verkenne. Und drittens ließe sich dieser neue Vitalismus erkennen, an einer „[…] Wiederbelebung der Idee *Omnis cellula e cellula*, wonach lebende Zellen ausschließlich aus schon vorhandenen Zellen hervorgehen können" (ebd.), da weder Gott noch anderes Leben für die Entstehung von Leben notwendig sei. Für Venter gilt es folglich, diesen neuen Vitalismus zu überwinden. Er beschreibt seine Gedanken im Verlauf des Projekts zur Neusynthese des Genoms von *Mycoplasma mycoides* rückblickend folgendermaßen:

> „Eines aber wussten wir schon zu jener Zeit: Wenn wir die Information des Lebendigen im Computer konstruieren, durch chemische Synthese in DNA-Software umsetzen und die synthetische Information zur Schaffung eines neuen Organismus verwenden konnten, war der Vitalismus endgültig tot; entsprechend würden wir ein klareres Bild davon haben, was das Wort 'Leben' in Wirklichkeit bedeutet. Die Verbindung der digitalen Welten von Maschine und Biologie würden bemerkenswerte neue Möglichkeiten zur Schaffung neuer Arten und zur Lenkung der zukünftigen Evolution eröffnen." (Venter 2014, S. 111-112)

Dieser Annahme liegt jedoch eine erweiterte Interpretation von „Vitalismus" in seiner eigentlichen Bedeutung zugrunde. Hierbei werden alle nicht auf einem reduktionistisch-materialistischen Verständnis von Leben basierenden Perspektiven schlicht als naturwissenschaftlich widerlegt abgetan. Venter begründet diese Annahme mit dem Verweis auf die vermeintliche Neusynthese von *M. mycoides*:

> „Nachdem wir aus Chemikalien synthetische Lebensformen erschaffen hatten, glaubte ich, wir hätten endlich alle noch verbliebenen Vorstellungen von Vitalismus ein für alle Mal begraben. Anscheinend hatte ich aber unterschätzt, in welchem Umfang der Glaube an den Vitalismus immer noch im Denken der modernen Wissenschaft verankert ist. Glaube ist der Feind wissenschaftlicher Fortschritte." (Venter 2014, S. 39)

Tatsächlich war jedoch, wie bereits erläutert, lediglich das Genom eines Organismus synthetisch erzeugt worden. Dies ist folglich nicht als eine *De-novo*-Herstellung von Organismen durch den Menschen zu verstehen (s. Kap. 2.2). Da bis dato eine *De-novo*-Komplettsynthese von Organismen nicht möglich ist, wäre diese entsprechend erst zu beweisen.

Im Laufe der Zeit haben sich jedoch nicht nur die Vorstellungen des Menschen von den Lebewesen, sondern auch von den Maschinen gewandelt. Nach Köchy lassen sich, trotz einer Vielzahl an heterogenen Definitionen und unter Vorbehalt, „Maschinen" bestimmen als:

> „[…] künstliche, durch Menschen entworfene Gebilde, deren struktureller und materialer Aufbau zur Erfüllung einer definierten Funktion, zur Erreichung eines definierten

Zweckes oder zur Erzeugung eines definierten Effektes konzipiert wurde." (Köchy 2012b, S. 152)

Er beschreibt einen Wandel der Maschinenvorstellung, der sich weg von den Maschinen der Antike wie Theater- und Kriegsmaschinen, hin zur neuzeitlichen Debatte vollzog (ebd., S. 150-157). Zu dieser Zeit standen Vergleiche zwischen Organismen und Uhren im Vordergrund. Im 20. Jahrhundert wurde weiterhin Bezug auf diese Konzeptionen genommen. Köchy (ebd.) verweist in diesem Zusammenhang auf Schelers (1972) Kritik an der Analogie von Maschinen und Organismen. Demnach werde das Lebendige in Analogie mit dem Toten verstanden und hierbei der aktive Charakter lebender Systeme verkannt. Auch Bertalanffy (1937, S. 11) konstatierte, dass die organische Plastizität gegen einen Maschinenvergleich spreche und nach Uexküll (1973, S. 168f) gebe es keine plastischen Maschinen.

Allerdings wandelte die dann aufkommende Konzeption der kybernetischen Maschinen, so Köchy (2012b, S. 150-157), die bisherigen Vorstellungen von Maschinen als klassische Energiewandler ab. Der Vergleich von Organismen mit Maschinen wurde nicht mehr allein auf Basis biologischer Kraftwandlersysteme angestellt, sondern auch anhand biologischer Informationsverarbeitungssysteme (Ewald 1971, S. 11). Köchy (2012b, S. 150-157) nimmt hierbei Bezug auf Wieser (1959, S. 16), der zwischen klassischen Maschinen als „Kraftmaschinen" zur Kraftwandlung und elektronischen Maschinen als „Nachrichtenmaschinen" oder „Steuerungsmaschinen" unterscheidet. Auf die Funktionen dieser elektronischen Maschinen seien Begriffe wie „Suchen", „Zielbewusstsein", „Anpassung", „Assoziation" oder „Wahl" anwendbar. Da diese Begriffe von Maschinen auf Organismen rücktransferiert werden könnten, ist für Wieser der Wandel zu plastischen Maschinen vollzogen. Köchy (2012b, S. 155) vermerkt in diesem Zusammenhang allerdings einen wesentlichen Unterschied: während kybernetische Artefakte auf einen außer ihnen liegenden Konstrukteur zurückgehen, ist biologische Regelung ohne Konstrukteur selbstorganisierend.

Im Forschungsgebiet zu „Künstlichem Leben" (engl. *Artificial Life*) wird daher an Systemen und Prozessen geforscht, die in zumeist technischen Medien wie Computern gewisse Eigenschaften von Lebewesen natürlichen Ursprungs imitieren sollen. Christopher Langton (1986 und 1989) gab im Jahre 1986 dem sich zu dieser Zeit entwickelnden Bereich seinen Namen, jedoch reichen die Wurzeln des Faches zurück bis in die 70er Jahren des 20. Jahrhunderts, zu den Gründern Norbert Wiener und John von Neumann.

Als einer der Vorreiter des „Künstlichen Lebens" entwickelte John Horton Conway im Jahre 1970 das sogenannte „Spiel des Lebens" (engl. *Conway's Game of Life*). Dieses Computermodell basiert auf der Grundidee eines zweidimensionalen zellulären Automaten. Solche Computersimulationen können einen wissenschaftlichen Beitrag zur Beantwortung von Fragen ermöglichen, die sich auf natürliche Lebensvorgänge beziehen. Mit „Künstlichem Leben“ werden aber ebenso praktische und kommerzielle Zwecke verfolgt. Drei Hauptrichtungen des Forschungsbereichs zu „Künstlichem Leben“ werden dabei unterschieden: 1) „soft artificial life“ von Software, 2) „hard artificial life“ von Hardware und 3) „wet artificial life“ für „künstliches Leben“, das aus biochemischen Substanzen synthetisiert wurde (Bedau 2003, S. 505). Letzterer Ansatz überschneidet sich demnach mit dem Protozellenansatz der Synthetischen Biologie (s. Kap. 2.5).

Ein prominentes Beispiel für „künstliches Leben“ ist das Computersystem „Tierra“ des Evolutionsbiologen Thomas S. Ray. Er begab sich in den 70er und 80er Jahren des 20. Jahrhunderts in den Regenwäldern Costa Ricas auf Forschungsreise. Aufgrund des mitunter langwierigen Evolutionsgeschehens kam ihm im Jahre 1990 die Idee, die Evolution auf einem Computer beschleunigt nachzuahmen. Das daraufhin entwickelte Simulationsprogramm „Tierra“ sollte zu Beginn die Replikation des genetischen Codes imitieren. Doch neben Replikation und Reproduktion beobachtete er zudem „spontane“ Mutationen. Das Computermodell verhielt sich ähnlich wie ein lebendes System. Ray konnte durch Vernetzung mehrerer Computer später sogar mehrzellige Systeme erstellen (vgl. Schrauwers & Poolman 2013, S. 37). Dabei teilen jedoch nur wenige extreme Vertreter des Forschungsbereichs derzeit die Auffassung, dass solch „künstliches Leben“ tatsächlich als lebendig zu begreifen ist. Zumeist wird unter Wissenschaftlern davon ausgegangen, dass diese als nichtlebende Strukturen zu verstehen sind.

Allerdings war nach Köchy (2012b, S. 155-157) im Anschluss an die Kybernetik ein weiterer Wandel des Maschinenparadigmas zu beobachten. Drexlers (1986) Utopie der frühen Nanotechnologie von selbstreplizierenden Nanorobotern, Assemblern oder Nanobots begründete demnach die heutige biologische Verwendung des Maschinenbegriffs, beispielsweise in der Nanobiotechnologie. Köchy (2012b) nimmt hierbei Bezug auf die veränderte Vorstellung einer Organismus-Maschinen-Analogie im Nanokosmos. So greife nach Jones (2004) in Bereichen der Nanoskala die tradierte Maschinenvorstellung nicht. Ganz im Gegenteil würden Prozesse des Nanokosmos wie das sogenannte „self-assembly“ vielmehr an Eigenschaften lebender Systeme erinnern. Nach Köchy (2012b, S. 157) gibt es demnach eine Richtungsänderung im Modelltransfer, da nicht mehr nur Geschehen in Maschinen zur Deutung von Organismen herangezogen werden, sondern auch organismische Abläufe als Vorbild für komplexe Maschinen dienen.

In diesem Abschnitt wurde deutlich, dass im Kontext der Forschungen zur Synthetischen Biologie die Grenzen zwischen lebendig und mechanisch zunehmend zu verschwimmen scheinen. Jedoch waren sowohl die Konzeptionen des Lebendigen als auch die der Maschinen im Laufe der Zeit bereits zahlreichen Wandeln unterworfen. Diese Perspektiven entwickelten sich nicht getrennt voneinander, sondern vielmehr mit gegenseitiger Bezugnahme, sowohl in Analogie als auch in Abgrenzung zueinander. Hieran anschließend werde ich im nächsten Unterkapitel Bezug nehmen auf die im Kontext der Synthetischen Biologie ebenfalls vorherrschende Auffasung von Lebewesen als von Grund auf herstellbare Produkte.

5.4 Leben *de novo*?

5.4.1 Die Vision einer künstlichen Herstellung von Leben

Die mythische Idee, Leben aus Nichtlebendem erschaffen zu können, begleitet die Menschheit von frühester Zeit an. Die jüdisch-kabbalistische Tradition schildert die Erschaffung eines menschenähnlichen „Golem“ (hebr. für *noch nicht entwickelt, unfertig*) durch bestimmte Buchstaben- und Zahlenkombinationen. Auch Alchemisten des Spätmittelalters wollen einen „Homunkulus“ (lat. für *Menschlein*) hervorgebracht haben. Eine detailgenaue Beschreibung dieser angeblichen Erzeugung eines „kleinen Menschen“ ist in der Schrift *De natura rerum* aus dem Jahre 1538 von Paracelsus überliefert. Zudem wurde die Idee der Erschaffung von Lebewesen immer wieder literarisch aufgegriffen, unter anderem in Goethes Faust II von 1832 oder in Mary W. Shelleys Werk „Frankenstein“ aus dem Jahre 1818.

Die schon seit der Antike vorherrschende Theorie der *Abiogenese*, die spontane Entstehung von Lebendem aus Nichtlebendem, konnte Mitte des 19. Jahrhunderts maßgeblich von Louis Pasteur widerlegt werden. Schon von Aristoteles war beobachtet worden, dass auf verdorbenem organischem Material, zum Beispiel Lebensmitteln, verschiedene Organismen wie Insekten und Maden zu finden sind. Seit der Erfindung des Mikroskops konnten zudem Bakterien ausgemacht werden, die auf frischen Materialien nicht vorhanden sind. Es wurde daher weithin vermutet, diese Organismen gingen spontan aus nichtlebender Materie hervor. Im Jahre 1864 widerlegte Pasteur aufgrund seiner Beobachtungen aus Sterilisationsexperimenten und den damit verbundenen theoretischen Annahmen die *Abiogenesetheorie* (Pasteur Vallery-Radot 1922; vgl. Madigan & Martinko 2006, S. 14-15). Diese Annahme findet sich jedoch auch bereits in dem von William Harvey (1578-1657) formulierten Grundsatz *omne vivum ex vivo* wieder.

Ab Ende des 19. Jahrhunderts entwickelte sich eine erneute wissenschaftliche Auseinandersetzung mit der Vision, der Mensch könne selbst Leben aus Nichtlebendem hervorbringen. Jaques Loeb war durch seine Experimente an Seeigeleiern und Beobachtungen an weiteren Organismen der Überzeugung, dass Leben nur erklärt werden könne, wenn es gelänge dieses *de novo* herzustellen. Im Jahr 1905 erschien ein Artikel von Loeb in der *New York Times* mit dem Titel *Chemical Creation of Life*. Auch in einem späteren zweiten Artikel erläuterte er seine Mutmaßungen über die Möglichkeit, Leben im Labor herzustellen (vgl. Schrauwers & Poolman 2013, S. 34-35).

Allerdings ist es auch bislang nicht möglich, einen lebenden Organismus von Grund auf aus chemischen Bausteinen komplett zu synthetisieren. Dennoch ist die Vision der Möglichkeit einer Lebensherstellung *de novo* immer noch aktuell und wird insbesondere am Anspruch des Protozellenansatzes der Synthetischen Biologie deutlich (s. Kap. 2.5). Dabei findet sich der Begriff des „Herstellens", wie Boldt et al. (2013) herausstellen, in Publikationen und Darstellungen der Synthetischen Biologie häufig neben Begriffen wie „konstruieren", „erschaffen", „kreieren" und „designen". Sie weisen dabei auf eine wesentliche Differenz des Herstellungsbegriffs zu anderen Bezeichnungen hin:

> „Im Gegensatz zu den künstlerisch-gestalterischen Konnotationen der Rede von 'design' und 'create' scheint der Herstellungsbegriff *prima vista* neutraler zu sein, doch wirkt die Kombination von 'herstellen' mit dem Begriffsfeld des Lebendigen dissonant: In dem Ausdruck 'Leben herstellen' werden viele intuitiv einen Kategorienfehler vermuten." (Boldt et al. 2013, S. 91)

So konstatiert Brenner bezüglich des Herstellungsbegriffs im Bereich des Lebendigen:

> „Leben kann nicht hergestellt oder künstlich gemacht werden, es lassen sich lediglich günstige Bedingungen künstlich arrangieren unter denen Leben entsteht." (Brenner 2009, S. 95)

Wie sich diese Entstehung dann vollzieht, bleibt jedoch offen bzw. bei Brenner (2007, S. 162-164) ein „Geheimnis" und in diesem Sinne eine offene Frage. Dieses „Geheimnis" zu lüften bzw. die offene Frage nach der Möglichkeit einer *De-novo*-Synthese von Leben zu beantworten, hat sich die Synthetische Biologie jedoch zur Aufgabe gemacht.

5.4.2 „Neues Leben" in der Synthetischen Biologie

Wie bereits in Teil I erläutert wurde, soll das Ziel so nah wie möglich an die Grenze zwischen Nichtleben und Leben zu gelangen, innerhalb der verschiedenen Ansätze der Synthetischen Biologie aus zwei entgegengesetzten Richtungen realisiert werden: mittels *Top-down-* oder *Bottom-up-*Verfahren. Der *Top-down-*Ansatz, der insbesondere mit dem Minimalorganismenansatz verfolgt wird, strebt die Reduktion eines Organismus natürlichen Ursprungs auf sein essentielles Genset an. Hierbei könnte minimales Leben an der äußersten Grenze zu Nichtleben erzeugt werden (s. Kap. 2.1). Der *Bottom-up-*Ansatz hingegen, der insbesondere bei der Protozellenforschung angewendet wird, soll es ermöglichen, Leben von Grund auf herzustellen, das heißt, es sollen Zellen aus chemischen, nichtlebenden Stoffen synthetisiert werden. Hierbei wurde bereits deutlich, dass es zwar auch in diesem Bereich momentan nicht möglich ist, komplexe Lebensformen im Ganzen zu erzeugen.

Dennoch kann der Protozellenansatz als derzeit aussichtsreichste Methode angesehen werden, mit der es denkbar wäre, die Grenze zwischen Nichtleben und Leben zukünftig künstlich zu überschreiten (s. Kap. 2.5).

Bislang können jedoch nur, wie in Teil I ebenfalls gezeigt wurde, Veränderungen an bereits bestehenden Organismen natürlichen Ursprungs oder die künstliche Herstellung einzelner Zellbestandteile vorgenommen werden. Folglich werden aktuell lediglich künstliche Eingriffe an Organismen durchgeführt, die eine Veränderung oder Neusynthese einzelner Bestandteile von Organismen ermöglichen. Die auf diese Weise veränderten Organismen werden dann häufig als „synthetische Organismen" bezeichnet (vgl. J. Craig Venter Institute 2010a; s. Kap. 2.2). In diesem Kontext ist jedoch eine qualitative von einer genetischen, das heißt herkunftsbezogenen Dimension der Natürlichkeit bzw. Künstlichkeit, zu unterscheiden (vgl. Birnbacher 2006, S. 7-9), worauf ich in Kapitel 6 näher eingehen werde. Nach Boldt et al. (2009, S. 57-59) können lebende Forschungsobjekte der Synthetischen Biologie daher nicht qualitativ als „künstliche Organismen", sondern vielmehr herkunftsbezogen als „künstlich hergestellte Organismen" aufgefasst werden.

Dabei ist ein Organismus natürlichen Ursprungs, an welchem künstliche Veränderungen durchgeführt werden oder in den künstlich hergestellte Bestandteile eingebracht werden, auch deutlich zu unterscheiden von einem vollständig *de novo* synthetisierten „künstlich hergestellten Organismus". Nur bei letzterem, das heißt bei einer möglicherweise zukünftig gelungenen Komplettsynthese eines Organismus aus nichtlebenden Bestandteilen, kann somit metaphorisch von „neuem Leben" gesprochen werden.

Die Synthetische Biologie hat es sich demnach unweigerlich zur Aufgabe gemacht, der offenen Frage nach dem „was Leben ist" durch die Bemühungen „wie Leben gemacht werden kann" nachzugehen und diese vielleicht eines Tages beantworten zu können:

> „Vermeiden es Naturwissenschaftler häufig, die Frage zu beantworten, was Leben ist, so sieht das bei den Pionieren der Synthetischen Biologie anders aus, sie sehen sich durch ihre eigene Ambition, Leben zu schaffen oder, wie es in der Fachsprache heisst, Leben zu 'synthetisieren', darauf verwiesen, zu sagen, was Leben sei. Dieser Herausforderung können sie sich schon aus dem einfachen Grunde nicht entziehen, weil sie andernfalls ihre eigenen Forschungsanstrengungen nicht als zielführend ausweisen könnten." (Brenner 2007, S. 156)

Dabei stellt gerade der Mangel an einer konkreten Definition von „Leben", wie zu Beginn dieses Kapitels deutlich wurde, eine fundamentale Hürde bei der angestrebten *De-novo*-Erzeugung von Organismen dar. Denn um sagen zu können, dass Leben hergestellt wurde, müssten vorerst die Grenzen des Lebendigen abgesteckt worden sein. Somit ist zumindest eine Definition von „Leben" nach biowissenschaftlichen Kriterien, beispielsweise auf Basis der *Autopoiesistheorie* oder des

Chemoton-Modells, unabdingbar. Anhand dieser Kriterien wäre zu entscheiden, ob zukünftige Protozellen im biowissenschaftlichen Sinn als lebendig aufzufassen sind oder nicht. Bei einer möglicherweise zukünftigen *De-novo*-Synthese eines Organismus anhand dieser biowissenschaftlichen Kriterien wäre jedoch nicht abschließend geklärt, ob tatsächlich davon gesprochen werden kann, dass Leben künstlich hergestellt wurde oder ob eben lediglich günstige Bedingungen hergestellt werden konnten, unter denen Leben entstand (Brenner 2007 und 2009). Somit verweist auch die Möglichkeit einer zukünftigen Herstellung von „neuem Leben" nicht zuletzt auf die jeweilige Ebene der Betrachtung. Auch bleibt die Frage offen, ob eine *De-novo*-Synthese aufgrund der bereits erläuterten Komplexität von Lebwesen auf eine unüberwindbare Grenze trifft oder ob die Überwindung dieser Grenze lediglich eine Frage der Zeit und der technischen Möglichkeiten ist.

5.5 Zusammenfassung

In diesem Kapitel standen der Lebensbegriff und dessen Implikationen im Forschungsbereich der Synthetischen Biologie im Fokus meiner Untersuchungen. Ich habe dargelegt, dass sich die biowissenschaftliche Abgrenzung von Lebewesen und Nichtlebendem von einer Aufzählung bestimmter Eigenschaften des Lebendigen hin zu einer vermehrt prozesshaften Auffassung von Leben entwickelte. Dabei wurde auch deutlich, dass eine umfassende Definition von „Leben" aufgrund der Komplexität des Begriffs, der zahlreichen Implikationen sowie den weitreichenden Folgen auf vielfältigen Ebenen trotz des offensichtlichen Bedarfs nicht vorhanden ist.

Diese Unklarheit in Bezug auf die Grenzen des Lebendigen ist für den Lebensbegriff im Forschungsbereich der Synthetischen Biologie von besonderer Bedeutung. Einige Ziele und Visionen der Synthetischen Biologie, wie die Kreation neuer Lebensformen oder die *De-novo*-Synthese von Lebewesen, verweisen auf ein Verständnis von „Leben", das vom Menschen als mach-, kontrollier- und verfügbar begriffen wird und das folglich mit einer Technifizierung des Lebendigen einhergeht. In diesem Kontext hat sich durch die Gegenüberstellung von Lebewesen und Maschinen und deren Konzeptionen im Wandel der Zeit verdeutlicht, dass die Grenzen zwischen diesen Entitäten in unserer Vorstellung mehr und mehr verschwimmen. Folglich stellte es sich als relevant heraus, die Ebenen der Betrachtung des Lebensbegriffs zu differenzieren, um Missverständnissen vorzubeugen und den verschiedenen Zugängen zu „Leben" gerecht zu werden. Methodische Reduktionismen, wie sie häufig von Synthetischen Biologen zur Beschreibung von Forschungsobjekten eingesetzt werden, erwiesen sich dabei als notwendig für Kausalerklärungen der Naturwissenschaften oder für technische Zugangsweisen. Allerdings hat sich gezeigt, dass es zu vermeiden gilt, diese auf andere Ebenen der

Bedeutung des Lebensbegriffs wie den Alltag oder die Philosophie unzulässig auszuweiten.

Bereits in Kapitel 2.5 habe ich gezeigt, dass eine Lebensherstellung von Grund auf auch im Bereich der Synthetischen Biologie (bislang) visionär ist. Dennoch stellt die Forschung zu Protozellen den aussichtsreichsten Ansatz zu einer zukünftig eventuell möglichen Komplettsynthese von Organismen dar. Hieran anknüpfend habe ich in diesem Kapitel den Begriff „neues Leben“ als Bezeichnung für einen möglicherweise zukünftig *de novo* synthetisierten lebenden Organismus eingeführt. Im Kontext einer solchen eventuell zukünftig realisierbaren *De-novo*-Herstellung von Organismen wurde die Notwendigkeit einer Unterscheidung von Lebendigem und Nichtlebendigem offensichtlich. Eine biowissenschaftliche Definition der Grenze des Lebendigen, die freilich nicht als eine umfassende Definition von „Leben“ zu verstehen ist, hat sich daher als zwingend erforderlich herausgestellt, um sagen zu können, dass ein Organismus im biowissenschaftlichen Sinn vollständig synthetisiert wurde. Eine solche Grenzziehung ist darüber hinaus unerlässlich, um eine Kategorisierung der Forschungsobjekte der Synthetischen Biologie vorzunehmen und schließlich eine moralische Berücksichtigung dieser Entitäten prüfen zu können. Dies wird Inhalt der nächsten beiden Kapitel 6 und 7 dieser Arbeit sein.

6 „Natürlich künstlich“? Systematik der Forschungsobjekte der Synthetischen Biologie

Im ersten Teil dieser Arbeit habe ich aufgezeigt, dass die Forschung zur Synthetischen Biologie bestrebt ist, das vormals als natürlich verstandene Lebendige künstlich zu verändern oder sogar von Grund auf herzustellen. Es wurde deutlich, dass der Naturbegriff und die mit ihm in Zusammenhang stehenden Komplementärbegriffe „Natürlichkeit“ und „Künstlichkeit“ neben dem Lebensbegriff (s. Kap. 5) im Kontext des neuen Forschungsfeldes gleichermaßen bedeutsam sind. Zu Beginn dieses Kapitels wird folglich der Naturbegriff im Allgemeinen sowie spezifisch für den Forschungsbereich der Synthetischen Biologie Gegenstand der Untersuchungen sein. Hierbei wird sich unter anderem zeigen, dass die sich gegenüberliegenden Pole „Künstlichkeit“ und „Natürlichkeit“ in Reinform in heutigen Entitäten praktisch kaum vorzufinden sind, sondern vielmehr ein Kontinuum besteht (vgl. Birnbacher 2006, S. 9ff; Gorke 2010, S. 64ff). Dennoch ist eine Grenzziehung für eine mögliche Kategorisierung, wie ich sie in diesem Kapitel vornehmen werde, und eine anschließende Bestimmung des moralischen Status von Forschungsobjekten[8] der Synthetischen Biologie im nächsten Kapitel notwendig.

Der von Karafyllis (2003 und 2006) konzipierte Begriff „Biofakt“ wird sich hierbei als fruchtbar erweisen. Biofakte nehmen eine Mittelstellung zwischen Artefakten und Lebewesen ein. An die Biofakt-Typisierung nach Karafyllis (2006) anknüpfend, werde ich auf einem biowissenschaftlichen Verständnis des Lebensbegriffs basierend, in diesem Kapitel eine mögliche Systematik der Forschungsobjekte der Synthetischen Biologie aufstellen. Hierbei werden sich die Kriterien „lebend“ und „nichtlebend“ sowie die hierzu quer verlaufenden Kriterien „künstlich“ und „natürlich“ als richtungsweisend herausstellen.

---

[8] Im Weiteren werde ich nicht näher zwischen Forschungsobjekten und Produkten der Synthetischen Biologie unterscheiden. Produkte werden immer hervorgebracht und sind das Resultat von Eingriffen. Im Gegensatz hierzu können Forschungsobjekte analysiert oder beobachtet werden, ohne unbedingt technisch verändert zu werden. Jedoch werden bei den Hauptforschungsansätzen der Synthetischen Biologie, auf die ich mich in dieser Arbeit beziehe, auch technische Eingriffe an Forschungsobjekten vorgenommen. Daher muss und kann der Unterschied zwischen reinen Forschungsobjekten und reinen Produkten in diesem Zusammenhang nicht eigens hervorgehoben werden.

6.1 Der Naturbegriff

Der Naturbegriff (von lat. natura, nasci, *entstehen, geboren werden*) als solcher weist, ebenso wie der Lebensbegriff (s. Kap. 5), eine sehr große Spannweite bezüglich seines Bedeutungsgehaltes auf. Heiland (1992, S. 3-4) verweist auf eine Vielzahl von Begriffsinhalten von „Natur", die auch mit dem jeweiligen Kontext variieren können. Eine klassifizierende Einteilung in die Naturgegenstände und die Gegenstände der Technik unternahm bereits Aristoteles (1987, S. 51-57; s. Kap. 5.2.1). Auf ihre Entstehung bezogen ist Natur all das, was aus sich selbst heraus ohne Zutun des Menschen geworden ist. Technik hingegen kann als das vom Menschen Hergestellte und somit der Natur Gegenübergestellte begriffen werden. Im Allgemeinen kann somit unter „Natur" nach Eser und Potthast (1999, S. 14-15) zum einen alles von sich aus Existierende verstanden werden, das nicht vom Menschen gemacht oder hergestellt wurde, also die unberührte lebende und nichtlebende Natur. Nach Karafyllis ist demgegenüber ein Artefakt:

> „[...] stets durch Fertigkeiten und Techniken Menschengemachtes und dient als Sammelbegriff für so unterschiedliche, künstlich geschaffene Dinge wie Bauwerke, Kunstwerke und Maschinen. Artefakte sind im allgemeinen tot." (Karafyllis 2003, S. 12)

Da unberührte Natur heute jedoch kaum noch vorhanden ist, können zum anderen auch vom Menschen geprägte Lebensräume zur Natur gehören, wenn diese etwas vom Menschen Unabhängiges, eine gewisse Eigenständigkeit oder Eigengesetzlichkeit aufweisen und so wiederum bestimmte Lebensgemeinschaften ausbilden (Eser & Potthast 1999, S. 14-15).

Zumeist ist zur Bestimmung des Naturbegriffs das Heranziehen eines Komplementärbegriffs üblich. Neben dem Gegensatzpaar „Technik-Natur" werden oft „Kultur", aber auch das „Unechte", „Widernatürliche" oder „Gezwungene" als Gegenpole zum Naturbegriff verwendet. Häufig werde auch der „Mensch" selbst als Komplement zu „Natur" angeführt, um die Gegensätze „Menschenwelt" und „restliche Welt" zu verdeutlichen (Birnbacher 2006, S. 1-7). Allerdings verweist Oldemeyer (1983, S. 15) darauf, dass bei einer Gegenüberstellung von „Mensch" und „Natur" leicht der Eindruck entstehen könnte, es handle sich dabei um zwei unabhängige Größen. Dabei mag jeweils eines als Subjekt das andere als Objekt verstanden werden und

> „[...] ihr Verhältnis mag als ein technisch-utilitäres oder als ein partnerschaftliches akzentuiert sein – eine naive Vereinfachung besteht in beiden Fällen eben darin, daß 'Natur' und 'Mensch' in einer Beziehung des Gegenüber gedacht werden." (Oldemeyer 1983, S. 15)

Es werde vernachlässigt, dass der Mensch einerseits, gleichgültig allen metaphysischen Deutungen, als leibhaftes Wesen auch ein Teil der Natur ist und Definitionen von „Natur" immer aus der Sicht des Menschen vorgenommen werden (ebd.).

Dabei ist nach Heiland (1992, S. 12) das vorherrschende menschliche Verständnis von Natur in unserer Zeit selektiv und zwiespältig. Mit Blick auf die Natur als Ressource für menschliche Bedürfnisse und Interessen scheine sie als Objekt ohne eigenen Wert zur Ausbeutung freigegeben zu sein. Gleichzeitig werde sie als wertvolles Subjekt verehrt, wenn sie uns als „grüne Natur" eine Erholung vom Alltag biete. Die Natur werde für derlei menschliche Zwecke gezähmt und geordnet und so existiere „wilde" Natur für die meisten Menschen heute nur noch im Fernsehen und somit, im wahrsten Sinne, „in weiter Ferne". Der Wunsch nach Zähmung der für den Menschen schon immer als wild und gefährlich eingestuften Natur sei ein Grund dafür, dass die Natur auch Objekt der Naturwissenschaften ist. So sei unser von den Naturwissenschaften geprägtes Naturverständnis häufig statisch und linear. Natur werde dabei als prinzipiell berechenbar und vorhersagbar gedacht. Jedoch ist, so Heiland, bislang „[...] ein klares Bewußtsein dessen, daß die Natur nicht in dem Ausmaße beherrschbar ist, wie die technisierte Zivilisation den Eindruck erweckt und wir uns wünschen, [...] nicht entstanden" (Heiland 1992, S. 12).

6.2 „Natürlichkeit" und „Künstlichkeit" in der Synthetischen Biologie

Wie sich bereits herausgestellt hat, liegt dem Forschungsfeld der Synthetischen Biologie als Bioingenieurwissenschaft ein Naturverständnis zugrunde, das auf die Kontrollierbarkeit und Machbarkeit der Natur durch den Menschen verweist. Bereits zuvor wurde deutlich, dass die Neusynthese des Genoms von *Mycoplasma mycoides* von Craig Venter in unzutreffender Weise als gelungene Erzeugung einer „künstlichen Zelle" öffentlich bekannt gemacht wurde (J. Craig Venter Institute 2010a; s. Kap. 2.2.6). Venter beschreibt diese Forschungen rückblickend dennoch mit den Worten: „[...] wir konnten nun tatsächlich erreichen, was Francis Bacon als Herrschaft über die Natur bezeichnet hatte" (Venter 2014, S. 112).

Im Kontext der mit dem Begriff „künstliche Zellen" bezeichneten Forschungsobjekte der Synthetischen Biologie wird deutlich, dass „Künstlichkeit" und „Natürlichkeit" in zwei verschiedenen Weisen voneinander abgegrenzt werden können: Einerseits kann eine *genetische*, das heißt *herkunftsbezogene* Natürlichkeit bzw. Künstlichkeit angeführt werden, von der andererseits eine *qualitative* Natürlichkeit bzw. Künstlichkeit unterschieden werden kann. Ersteres sagt dabei etwas über die Entstehungsweise einer Sache aus, letzteres etwas über deren Beschaffenheit und Erscheinungsform (Birnbacher 2006, S. 7-9).

Hieraus folgt für Boldt et al. (2009, S. 57-58), dass diese Zellen in qualitativer Hinsicht als „natürlich“ zu verstehen sind, auch wenn deren Herstellungsprozess ein künstlicher ist. Sie halten daher die Formulierung „künstliche Zelle“ für missverständlich und die Bezeichnung „künstlich hergestellte Zelle“ für treffender. Tatsächlich ist jedoch, wie gezeigt wurde, die „künstliche Herstellung“ eines lebenden Organismus bislang nicht gelungen, sondern, im Falle der Erzeugung von *Mycoplasma mycoides* JCVI-syn1.0, lediglich der chemische Nachbau eines Genoms (s. Kap. 2.2). Der auf diese Weise aus Zellbestandteilen natürlichen Ursprungs sowie einem synthetisierten Genom zusammengesetzte Organismus bleibt somit qualitativ „natürlich“; herkunftsbezogen hingegen ist er nur zum Teil als „künstlich hergestellt“ aufzufassen.

Birnbacher (2006, S. 1-7) verweist darüber hinaus auf eine wesentliche Gegebenheit bei der Unterscheidung zwischen Natürlichem und vom Menschen Hergestelltem: der Zwischenbereich, auf den eine Vielzahl von Dingen in der Welt entfällt. So sind das in Reinform Künstliche und Natürliche eher gedachte Pole eines Spektrums. Ein Beispiel aus der Ökologie verdeutlicht diesen graduellen Charakter von Natürlichkeit und menschlichem Einfluss auf Natürliches, da auch hier eine Einteilung in die beiden Kategorien „Wildnis“ und „Kulturlandschaft“ zu kurz greift: Das von Linkola (1916) Anfang des 20. Jahrhunderts entwickelte Konzept der *Hemerobiegrade*, das später von Jalas (1955) weiterentwickelt wurde. Diesem liegt eine Kategorisierung von Pflanzen nicht aufgrund ihres gebietsspezifischen Vorkommens, sondern aufgrund ihrer Beeinflussung durch den Menschen zugrunde. Das Hauptkriterium dabei ist die Beziehung einer Art zur menschlichen Kultur (Eser 1999, S. 77-79). Das Konzept basiert auf einer graduellen Auffassung von natürlichen und vom Menschen geprägten pflanzlichen Lebensräumen. Die Hemerobiestufen reichen von *ahemerob*, das heißt ohne menschlichen Einfluss, über *oligo- und mesohemerob*, mit schwachem und mäßigem Einfluss, bis *eu-*, *poly-* und *metahemerob* mit starkem und sehr starkem Einfluss des Menschen auf die Vegetation sowie der vollständigen Vernichtung von Pflanzenbeständen (Frey & Lösch 2004, S. 39).

Auch Gorke (2010, S. 62-69) verweist auf das graduelle Verhältnis von Natürlichkeit und Künstlichkeit. Er konstatiert, dass es zwar reine Naturwesen gebe, aber keine reinen Artefakte. Jedes Artefakt bestehe letztlich aus Naturstoffen, die vom Menschen teilweise bis zur Unkenntlichkeit hin umgestaltet worden sind. Hieraus folgt für ihn, dass es unmöglich sei, zumindest auf der materialen Ebene des „Produkts“ zwischen Artefakten und Naturwesen eine klare Grenze zu ziehen. Eine Einteilung in Kategorien mag, so Gorke (ebd.), für praktische Zwecke nützlich sein, auf der theoretischen Ebene sei eine Zuordnung jedoch größtenteils Ermessenssache. Er verweist in diesem Kontext auf Ingensiep (2003, S. 155), der die

Fragen aufwirft, wie stark ein künstlicher Anteil zu gewichten sei und wie man unterschiedliche Arten der Künstlichkeit miteinander vergleichen soll.

In den folgendenden Abschnitten werde ich aufzeigen, dass sich Unterschiede auf weiter entfernten Punkten dieses Kontinuums dennoch herausarbeiten lassen, wenn der künstliche bzw. natürliche Anteil nicht nur *materiell-qualitativ*, sondern auch *herkunftsbezogen* verstanden wird. Erst wenn beides, genetische bzw. herkunftsbezogene und materiale Ebene einbezogen werden, können Unterschiede im Grad der Natürlichkeit bzw. Künstlichkeit von Forschungsobjekten der Synthetischen Biologie deutlich ausgemacht werden.

6.3 Biofakte

Zwar wurde der Bereich des Lebendigen vormals als natürlich gedacht, nach Karafyllis (2003 und 2006) können jedoch durch Biotechniken im weiteren Sinne transformierte Lebewesen auch künstlich bzw. technisch sein. Dabei ist die technische Zurichtung von Lebewesen nicht neu, wie es sich an der klassischen Züchtung zeigt. Jedoch führt Karafyllis (ebd.) mit dem Neologismus „Biofakt“ einen systematisierenden Begriff ein, der auf die technische Einflussnahme des Menschen auf das vormals natürliche Wachstum von Lebendigem verweist. Der Begriff „Biofakt“ leitet sich von „Bios“ und „Artefakt“ ab und bildet somit den Mittelbereich der Trias Artefakte – Biofakte – Lebewesen (Karafyllis 2003, S. 12 und S. 16; Karafyllis 2006, S. 547).

Nach Karafyllis sind Biofakte „biotische Artefakte, d.h. sie sind oder waren lebend“ (Karafyllis 2003, S. 12). Der Biofaktbegriff basiert dabei auf dem aristotelischen Wachstumsbegriff, wobei Wachstum als substantielles Vermögen des Lebendigen verstanden wird, sowie auf einem alltäglichen Begriff von „Wachstum“, von dem wir auf Leben schließen, weil wir es wachsen sehen. Als Beispiel führt sie den pflanzlichen Trieb an, der es als Wahrnehmungsgegenstand erlaube, symbolisch den Schluss auf die Regel zuzulassen, dass er weiterwachsen wird, was sich aus der Erfahrung mit dem Wachsenden ergebe (Karafyllis 2006, S. 547-555).

Demnach sind Biofakte durch zwei wesentliche Kriterien charakterisiert: 1) Biofakte sind phänomenologisch betrachtet Lebewesen, aber 2) sind dennoch nicht autonom, da die ersten Bedingungen ihres Wachstums verändert wurden. Sie verfügen über einen Urheber oder planenden Konstrukteur der ihr Wachstum veranlasst. In der Autonomie des Wachstums liege folglich die Grenze zwischen natürlichem Lebewesen und Biofakt (Karafyllis 2003, S. 15-16).

Nach Karafyllis (2003, S. 16-17) verdeutlicht die technische Einflussnahme auf Biofakte die Problematik der Kopplung des Lebens- an den Naturbegriff. Denn die vormals als außen gedachte Technik wird nach innen verlagert und der Habitus bislang vertrauter Lebewesen mache eine Unterscheidung zwischen „natürlichem“ und „künstlichem“ Objekt nicht mehr möglich.

6.3.1 Die Typisierung von Biofakten

Anhand des Zeitpunkts der technischen Zurichtung im Wachstum des Lebewesens unterscheidet Karafyllis (2006, S. 553-555 und S. 554: Tab. 2) drei Typen von Biofakten. Wachstum wird dabei als *nachgeordnet*, *vorgeordnet* oder *übergeordnet* genutztes Mittel verstanden:

1) Um Biofakt-Typ I handelt es sich, wenn ein Gewächs (wachsendes Gewebe oder gewachsener Körper) vor seinem Dasein technisch zugerichtet wird. Wachstum ist demnach als *nachgeordnetes* Mittel aufzufassen. Beispiele für diesen Typus sind Gene, Genome, Zellen oder Gewebe, die technisch in Zellen oder Gewebeverbände eingebracht werden sollen.

2) Biofakt-Typ II hingegen liegt vor, wenn Wachstum als Mittel *vorgeordnet* ist. Das Lebewesen existiert demnach und wird in seinem Wachstum technisch verändert und gelenkt. Als Beispiele nennt Karafyllis Doping beim Menschen oder die Gabe von Wachstumshormonen beim Tier.

3) Werden schließlich Reproduktionstechniken angewandt, die die Biofakt-Typen I und II kombinieren, liegt Biofakt-Typ III vor. Bei diesem ist Wachstum als *übergeordnetes* Mittel zu verstehen. Hierbei ist der Körper bzw. die Zelle Reproduktionsmittel für die Hervorbringung von sich selbst als optimierter Prototyp seiner selbst. Nach Karafyllis wird somit die Modellierung des Gewächses im Hinblick auf die Vermehrung seiner Einheiten (Proliferation) vorgenommen. Beispielhaft führt sie unter anderem das reproduktive Klonen an, bei dem ein genetischer Prototyp (Biofakt-Typ I), also ein für optimal befundenes „Programm“, mit einem Inkubator (Biofakt-Typ II), beispielsweise einer entkernten Eizelle oder einer standardisierten „Leihmutter“, zur Fusion provoziert werde. Im Labor werde zwischen den verschiedenen Biofakt-Typen gewechselt, je nach Zweck der Experimente.

Karafyllis (2003, S. 14) verdeutlicht anhand dieser Typisierung, dass zwar Sportler, die leistungssteigerndes Doping einsetzen, als Biofakt-Typ II einzuordnen sind, nicht aber Menschen, die mehrere Organe und Körperteile durch Prothesen ersetzt haben. Letztere, beispielsweise Menschen mit Herzschrittmachern oder künstlicher Augenlinse, seien zwar in gewisser Weise als natürlich-technische Mischwesen zu verstehen, jedoch nicht als Biofakte, da die Substitution von Organen im Biofaktbegriff nicht (mit) gemeint sei.

6.3.2 Die Biofakt-Typisierung aus kritischer Perspektive

Die Kategorisierung in Biofakt-Typen I-III weist aus biowissenschaftlicher Sicht gewisse Schwierigkeiten auf. So werden Gene und Genome, die in Zellen oder

Gewebe eingebracht werden sollen, dem Biofakt-Typ I zugeordnet. Jedoch sind sie als Großmoleküle schlicht natürliche Gegenstände bzw. technisch veränderte Artefakte. Allein das Vorhaben ein Gen oder ein Genom in eine Zelle einbringen zu wollen, erfüllt nicht hinreichend die Bedingungen, diese Objekte wie einzelne Gene oder Genome als Biofakte zu bezeichnen. Erst die lebende Zelle, in die ein entsprechendes Gen oder Genom eingebracht wurde, wäre folglich als Biofakt zu kategorisieren, weil hier stark auf das Wachstum abgestellt wird.

Ein ähnliches Problem ergibt sich bei entkernten Eizellen, die als Biofakt-Typ II kategorisiert werden. Da diesen Eizellen die Nukleinsäure entfernt wurde, sind sie nach derzeitiger biowissenschaftlich verstandener Definition nicht als lebendig zu begreifen. Aus biowissenschaftlicher Sicht wären demnach diese als nichtlebende Entitäten einzustufen und nicht als „lebendige Artefakte". Vielmehr könnten sie als „potentielle" Biofakte begriffen werden, mit der Möglichkeit zur „Biofaktwerdung". Insgesamt unklar bleibt demnach, bis auf welche molekularen Bestandteile eine Zelle reduziert werden kann, um die Zelle oder die Bestandteile dennoch als Biofakte kategorisieren zu können.

Eine weitere Schwierigkeit, die sich mit dem Biofaktbegriff ergibt, ist die weite Auslegbarkeit. So gilt nach Karafyllis für Biofakte:

> „Man sieht den artifiziellen Anteil nicht und findet ihn womöglich auch nicht einmal auf substantieller, molekularer Ebene, obwohl das lebende Subjekt in weiten Teilen künstlich zum Wachsen veranlaßt oder zumindest technisch zugerichtet wurde. Dies gilt auch für die äußere Natur, für 'künstliche' Landschaften [...]." (Karafyllis 2003, S. 16)

Wie bereits angeführt, fallen beispielsweise mit Wachstumshormonen versetzte Tiere oder mit leistungssteigerndem Doping behandelte Sportler unter den Biofakt-Typ II. Es zeigt sich, dass im Kontext der Biofakt-Typisierung eine Vielzahl vormalig als „Lebewesen" kategorisierter Entitäten als „biofaktisch" gelten, allein aufgrund der Tatsache in ihrem Wachstum einem menschlichen Eingriff unterzogen worden zu sein.

Karafyllis (2003, S. 16-17 und 2001, S. 200-207) räumt ein, dass eine Grenzziehung zwischen Biofakt und Lebewesen noch zu diskutieren sei. So stellt sie die Frage, ob beispielsweise die Autonomie des Wachstums eines menschlichen Wesens schon verändert ist infolge der Verschmelzung von Eizelle und Samenzelle mittels *In-Vitro-Fertilisation* (IVF) oder erst nach genetischer Selektion durch *Präimplantationsdiagnostik* (PID) oder sogar erst bei der Erzeugung eines Klons. In diesem Kontext ist auch für Karafyllis (ebd.) noch ungeklärt, ob sich der Mensch, im Gegensatz zu den funktional optimierten technischen Artefakten, gar selbst bald als technisch unvollkommenes Biofakt begreifen müsse.

Allerdings ist deutlich hervorzuheben, dass der Anspruch eindeutige Definitionen hervorzubringen, aufgrund des phänomenologisch entwickelten Ansatzes des Biofaktbegriffs nicht im Vordergrund steht. Darüber hinaus würden trennscharfe

Definitionen in gewisser Weise auch dem oben ausgeführten und als plausibel erachteten Gedanken eines Kontinuums zwischen „natürlich" und „künstlich" widersprechen. Insofern wird sich im Folgenden die Kategorisierung in die Biofakt-Typen I-III trotz der genannten Schwierigkeiten als ausgesprochen instruktiv zur Einordnung der Forschungsobjekte der Synthetischen Biologie erweisen.

6.3.3 Die Biofakt-Typisierung in der Synthetischen Biologie

Für den Forschungsbereich der Synthetischen Biologie verändert und erweitert Achatz (2013, S. 207-217) die Biofakt-Typisierung nach Karafyllis. Zur Formulierung von Typen von Biofakten zieht er als zusätzliches Kriterium die Eingriffstiefe heran, die er als Koeffizient aus (Ir-)Reversibilität und Reichweite der Folgen versteht. Er gelangt zu einer Kategorisierung in die Biofakt-Typen 0-III:

1) Biofakte des Typs 0 sind als „gewährte Biofakte" zu verstehen, deren gewolltes Verhalten ohne Eingriff geduldet wird. Als Beispiel führt er einen Marienkäfer an, der als Blattlausvernichter vom Menschen geschont wird.

2) Biofakt-Typ II bezeichnet er als „gerichtet", da die Zurichtung des Wachstums am Phänotyp menschlichen Zwecken dient. Als Beispiel für diese Kategorie führt er einen Bonsai oder eine getrimmte Hecke an.

3) Die weiteren Biofakt-Typen I und III werden hingegen als „gestaltend" aufgefasst. Hierbei erfolge eine Handlungsauslagerung in die Biofakte, um auch eine zukünftige Zurichtung sicherzustellen, beispielsweise über Zuchterfolge oder Klonen. Konträr zu Karafyllis bezeichnet Achatz (ebd.) das Wachstum und die Vermehrung von Biofakt-Typ I jedoch als für den menschlichen Zweck reproduziert, wie beispielsweise bei einem Klon. Das Wachstum und die Vermehrung von Biofakt-Typ III hingegen versteht er als zu menschlichen Zwecken verändert, beispielsweise bei einem GVO. Achatz zählt vor allem Artefakte und die Biofakt-Typen I und III zu den bei der Einordnung der Erzeugnisse der Synthetischen Biologie maßgeblichen Kategorien.

Es zeigt sich folglich, dass innerhalb der Biofakt-Typisierung nach Achatz (2013, S. 213: Tab. 2) ebenfalls eine weite Auslegung des Biofaktbegriffs vorgenommen wird. So hätten eine Vielzahl vormaliger Lebewesen nun als biofaktisch zu gelten, allein auf der Grundlage in ihrem Wachstum einem menschlichen Eingriff unterworfen worden zu sein, wie am Beispiel der getrimmten Hecke oder eines Bonsai als Biofakt-Typ II ersichtlich wird, oder gar nur vor einem solchen verschont geblieben zu sein, wie das Beispiel eines vom Menschen als Blattlausvernichter geduldeten Marienkäfers als Biofakt-Typ 0 zeigt. Eine Kategorisierung, bei der sehr viele vormals als Lebewesen begriffene Entitäten nun als Biofakte aufgefasst werden müssen, wirft die Frage auf, ob in diesem Kontext eine stärkere Eingrenzung des Begriffs notwendig ist.

Es zeigt sich, dass die Kategorisierung in die Biofakt-Typen I-III nach Karafyllis bereits einen fruchtbaren Ansatz zur Typisierung von Forschungsobjekten der Synthetischen Biologie bietet. Dabei werden die technische Veränderung und die Lebendigkeit, das heißt die Genese und die Beschaffenheit, von Biofakten in gleichem Maße berücksichtigt. Im Weiteren werde ich mich aus diesem Grunde, wenn nicht anders angegeben, auf die von Karafyllis vorgeschlagene Typisierung von Biofakten beziehen, auch um möglichen Verwechslungen mit anderen Typisierungsansätzen oder Missverständnissen vorzubeugen.

6.3.4 „Neues Leben" als Biofakt-Typ IV

Die Typisierung in Biofakte I-III nach Karafyllis bezieht vorrangig Pflanzen, Tiere und Menschen sowie deren Gene, Genome, Zellen und Gewebe in die Kategorisierung ein. Indes berücksichtigt sie speziell Mikroorganismen, welche in der Synthetischen Biologie neben einzelnen Zellen derzeit hauptsächlich für Versuche verwendet werden, nicht im Detail. So nimmt der phänomenologisch verstandene Wachstumsbegriff, der dem Biofaktbegriff zugrunde gelegt wird, zwar auf lebensweltlich bekannte vielzellige Eukaryonten Bezug, nicht aber auf alle lebenden Organismen im Sinne der Biologietheorie.

Im Gegensatz zu den meisten mehrzelligen Organismen weisen mikroorganismische Einzeller wie Bakterien eine ungeschlechtliche Vermehrung durch Zellteilung auf. Bei dieser erfolgt meist eine Aufteilung in zwei identische Tochterzellen. Die Zellen sind folglich direkt nach der Teilung als „erwachsen" zu begreifen, das heißt sie wachsen nicht weiter zu einem mehrzelligen Organismus heran und bilden keine weiteren wachsenden Elemente, wie die Triebe einer Pflanze.

Hieran wird die Schwierigkeit der Anwendung des phänomenologisch verstandenen Wachstumsbegriffs zur Biofakt-Typisierung einzelliger Mikroorganismen deutlich. Bei Bakterien ist Wachstum mit Zellteilung bzw. Reproduktion verbunden. Modellierungen „vor oder nach dem Wachstum" sind bei Einzellern als „vor oder nach der Reproduktion" zu verstehen. Bezüglich der Kategorisierung in die Biofakt-Typen I-III lässt dies einerseits die Sichtweise zu, dass individuelle Bakterien immer „nach dem Wachstum" modelliert werden, da sich individuelle Bakterien nach der Teilung sofort in einem adulten Stadium befinden. Demnach wären einzellige Organismen dem Biofakt-Typ I zuzuordnen. Gegenteilig lässt sich allerdings auch annehmen, dass Bakterien grundsätzlich „vor dem Wachstum" modelliert werden, noch bevor diese „wachsen" bzw. sich replizieren. Hierbei wären einzellige Organismen unter dem Biofakt-Typ II zu kategorisieren. An der Verbindung von Wachstum und Reproduktion bei Mikroorganismen wird deutlich, dass Bakterien grundsätzlich jedoch auch als Biofakt-Typ III zu kategorisieren wären. Diese Schwierigkeiten bei der Typisierung von einzelligen Mikroorganismen werfen die Frage auf, ob eine Kategorisierung in die bereits bestehenden

Biofakt-Typen I-III generell möglich ist oder ob weitere Kriterien zur Spezifizierung bei der Typisierung herangezogen werden müssten.

Allerdings kritisiert Karafyllis (2006, S. 547-548 und S. 555) die biowissenschaftliche Sichtweise in der Laborwelt, genau anders herum als im Alltäglichen, vom Wahrnehmungsgegenstand „Leben“ auf „Wachstum“ zu schließen. Mit Wachstum sei dann vor allem reduktionistisch Reproduktion gemeint. Da die Terminologie der Biofakte mit auf einem phänomenologisch entwickelten Ansatz beruht, ist der Anspruch, scharf abgegrenzte eindeutige Definitionen wie in der Mathematik oder Logik hervorzubringen, wie bereits erläutert, nicht entscheidend und auch nicht gegenstandsadäquat. Auf Basis einer phänomenologisch entwickelten Begründung ist die Kategorisierung in die vorgeschlagenen Biofakt-Typen, wie oben angeführt, ausgesprochen fruchtbar zur Einordnung der Forschungsobjekte der Synthetischen Biologie.

Auch wenn es derzeit nicht möglich ist, Lebewesen von Grund auf zu synthetisieren, verfolgt beispielsweise der Protozellenansatz dieses Ziel (s. Kap. 2.5). Aus diesem Grunde muss auch über eine Kategorisierung von möglicherweise zukünftig *de novo* synthetisierten Organismen diskutiert werden. Innerhalb der Biofakt-Typisierung I-III nach Karafyllis wäre es zwar möglich, diese als Biofakt-Typ I zu begreifen, da sie in diesem Sinne „vor dem Wachstum“ modelliert wurden. Tatsächlich handelt es sich jedoch nicht um eine „Veränderung vor dem Wachstum“, sondern um eine „Synthese von Grund auf“ aus chemischen Bausteinen. Demnach erachte ich die Einführung eines neuen Biofakt-Typs IV für notwendig und sinnvoll. Dieser Biofakt-Typ IV kennzeichnet Organismen, die nicht nur modelliert oder verändert wurden, sondern zukünftig möglicherweise *de novo* synthetisiert werden.

6.4 Systematik der Forschungsobjekte der Synthetischen Biologie

In Kapitel 5.2 konnte ich aufzeigen, dass eine umfassende Definition von „Leben“ aufgrund der Komplexität des Begriffs und der vielfältigen Implikationen trotz des offensichtlichen Bedarfs nicht vorhanden ist und somit eine Grenze zwischen nichtlebenden und lebenden Entitäten letztlich nicht eindeutig gezogen werden kann. Dennoch trägt die naturwissenschaftliche Perspektive wesentlich zu einem umfassenderen Erkenntnisgewinn über das Leben bei. Wie im Folgenden deutlich wird, ist eine Unterscheidung zwischen „lebenden“ und „nichtlebenden“ Forschungsobjekten der Synthetischen Biologie jedoch notwendig, um eine Kategorisierung vorzunehmen und schließlich auch, um eine moralische Berücksichtigung dieser Entitäten prüfen zu können (s. Kap. 7). Ich gehe daher für die folgende Kategorisierung von einem biowissenschaftlichen Verständnis der Grenzen des Lebendigen, auf Basis der von Maturana und Varela (1992) entwickelten *Autopoiesis*-

theorie aus, auch wenn unzweifelhaft diese Unterscheidung einer umfassenden Definition von „Leben“ nicht genügen kann.

In diesem Kapitel wurde bislang deutlich, dass sich Unterschiede zwischen den Polen „Natürlichkeit“ und „Künstlichkeit“ bei Entitäten auf weiter entfernten Punkten des Kontinuums feststellen lassen. Hierzu wird der künstliche bzw. natürliche Anteil von Entitäten nicht nur *qualitativ-materiell*, sondern auch *genetisch-herkunftsbezogen* verstanden. Unter Einbezug dieser beider Ebenen lassen sich so auch Unterschiede im Grad der „Natürlichkeit“ bzw. „Künstlichkeit“ der Forschungsobjekte der Synthetischen Biologie deutlich herausarbeiten.

Auf Grundlage der vorausgegangenen Untersuchung des Lebensbegriffs in Kapitel 5 und der Biofakt-Typologie nach Karafyllis (2006) in diesem Kapitel, stelle ich im Folgenden eine mögliche Kategorisierung der Forschungsobjekte der Synthetischen Biologie anhand der quer zueinander laufenden Kriterien „nichtlebend“ bzw. „lebend“ sowie „künstlich“ bzw. „natürlich“ auf. Die vielfältigen Forschungsobjekte der Synthetischen Biologie, die im Kontext der Versuche verwendet werden, lassen sich somit auf einem biowissenschaftlichen Verständnis des Lebensbegriffs basierend, untergliedern in die beiden Kategorien (A) „nichtlebende Forschungsobjekte der Synthetischen Biologie“ sowie (B) „lebende Forschungsobjekte der Synthetischen Biologie“. Hierbei werde ich ausschließlich auf Forschungsobjekte der Synthetischen Biologie Bezug nehmen, für die eine qualitativ-materielle „Natürlichkeit“ im Sinne biologischer Strukturen angenommen werden kann. Eine weitere Unterteilung für qualitativ-materiell künstliche Forschungsobjekte der Synthetischen Biologie werde ich aufgrund der geringeren Bedeutung für eine biowissenschaftlich geprägte Untersuchung nicht vornehmen. Den Grad der herkunftsbezogenen „Natürlichkeit“ bzw. „Künstlichkeit“ werde ich dabei jeweils von dem an ihnen vorgenommenen technischen Eingriff bzw. der Genese der Objekte ableiten. Die Bedeutung und die weitere Aufspaltung der von mir unterschiedenen Kategorien mit den entsprechenden Techniken und Beispielen werde ich nachfolgend erläutern und tabellarisch darstellen (s. Tab. 9 und 10).[9]

---

[9] Die Erstellung der Tabellen 9 und 10 entstand auf Anregung von Prof. Dr. Thomas Potthast in der Diskussion meines Vortrags „Leben und Natürlichkeit“ im Rahmen eines Workshops des DFG-Graduiertenkollegs „Bioethik – Zur Selbstgestaltung des Menschen durch Biotechniken“ am 26.06.2013 in Freudenstadt. Eine ähnliche Tabelle im Anschluss an Karafyllis findet sich bei Achatz (2013, S. 221-222, Tabelle 2). Er führt hierin „Typen technischer Handlungen und biotechnischer Eingriffe“ im Bereich der Synthetischen Biologie auf, indem er „technische Entitäten“ (u.a. Vorstellungen, Artefakte, Maschinen, naturidentische Systeme, Biofakte 0-III, natürliche Lebewesen) anhand des Umfangs der ausgelagerten Handlungen, der Eingriffstiefe sowie des Zwecks (rein menschliche Zwecke bis hin zu einem möglichen Selbstzweck) unterscheidet. Zwar beinhalten die hier dargestellten Tabellen 9 und 10 ebenfalls eine Unterscheidung von Entitäten anhand der herkunftsbezogenen Natürlichkeit oder durch technische Eingriffe erzeugten herkunftsbezogenen Künstlichkeit, jedoch ergeben sich auch deutliche Unterschiede: 1) Während Achatz selbst eine an die Biofakt-Typisierung nach Karafyllis (2003 und 2006) angelehnte Typisierung in Biofakte 0-III unternimmt,

6.4.1 Nichtlebende Forschungsobjekte der Synthetischen Biologie

Die Kategorie (A) „nichtlebende Forschungsobjekte der Synthetischen Biologie“ umfasst qualitativ-materiell natürliche Gegenstände, die allgemein nicht als lebendig aufgefasst werden können. Die weitere Unterscheidung der „nichtlebenden Forschungsobjekte“ basiert auf den genetisch-herkunftsbezogenen Kriterien „Natürlichkeit“ bzw. „Künstlichkeit“ (s. Tab. 9):

Nichtlebende Forschungsobjekte der Synthetischen Biologie natürlichen Ursprungs sind demnach Gegenstände natürlicher Herkunft, die im Bereich der Forschungen zur Synthetischen Biologie Verwendung finden, beispielsweise biologische Strukturen oder Viren natürlichen Ursprungs.

Als nichtlebende Forschungsobjekte der Synthetischen Biologie künstlichen Ursprungs werden folglich Gegenstände bezeichnet, die vom Menschen hergestellt wurden und ebenfalls innerhalb der Forschungen zur Synthetischen Biologie eingesetzt werden. Aufgrund ihrer herkunftsbezogenen Künstlichkeit werden diese nichtlebenden Gegenstände auch als Artefakte bezeichnet. Beispiele hierfür sind BioBricks, künstlich hergestellte Aminosäuren, künstlich hergestellte Ribosomen, XNA, PNA oder derzeitige Protozellen.

6.4.2 Lebende Forschungsobjekte der Synthetischen Biologie

Die Kategorie (B) „lebende Forschungsobjekte der Synthetischen Biologie“ umfasst alle qualitativ-materiell natürlichen, lebenden Entitäten, die in der Synthetischen Biologie als Forschungsobjekte verwendet werden. In der von mir erstellten Systematik sind diese anhand ihres Grads der genetisch-herkunftsbezogenen „Natürlichkeit“ bzw. „Künstlichkeit“ in „lebende Forschungsobjekte natürlichen Ursprungs“, „lebende Forschungsobjekte mit synthetisch-biologischen Veränderungen“ sowie „lebende, *de novo* synthetisierte Forschungsobjekte“ unterschieden (s. Tab. 10).

---

beziehe ich mich direkt auf die Biofakt-Typen I-III nach Karafyllis und führe als neue Kategorie den Biofakt-Typ IV für „neues Leben“, das heißt möglicherweise zukünftig lebende Protozellen, ein. 2) Zudem unterscheidet Achatz „technische Entitäten“ anhand des Umfangs der ausgelagerten Handlungen, der Eingriffstiefe sowie des Zwecks und verweist 3) in einem weiter gefassten Rahmen auch auf „technische Entitäten“, die nicht unbedingt den Forschungen zur Synthetischen Biologie zugeordnet werden können, beispielsweise auch auf Abfall, Werkzeuge, Waschmaschinen, Computerviren oder Marienkäfer. In den hier dargestellten Tabellen 9 und 10 beziehe ich mich hingegen explizit auf Forschungsobjekte der Synthetischen Biologie, wie BioBricks, XNA, PNA, künstliche Aminosäuren, Minimalzellen oder Protozellen. Dabei führe ich konkret die jeweiligen Hauptforschungsansätze der Synthetischen Biologie auf, die ich in Teil I dieser Arbeit beschrieben habe und in deren Kontext diese Objekte zur Forschung verwendet werden.

Tab. 9: Systematik (A) „Nichtlebende Forschungsobjekte der Synthetischen Biologie".

Kategorie	Genese	Forschungsansatz	Beispiele	Entität
(A) Nichtlebende Forschungs-objekte der Synthetischen Biologie	Natürlich	Minimal-organismen; Neusynthese von DNA-Abschnitten und Genomen; Umfangreiche genetische Modifikation von Organismen; „Parallele organismische Welten"	DNA; Ribosomen; Aminosäuren; Viren	Gegenstände natürlichen Ursprungs
	Künstlich	Neusynthese von DNA-Abschnitten und Genomen; Umfangreiche genetische Modifikation von Organismen; „Parallele organismische Welten"; Protozellenansatz	Neusynthetisierte DNA; BioBricks; Künstliche Aminosäuren; Künstliche Ribosomen; XNA/PNA; Derzeitige Protozellen	Künstlich hergestellte Gegenstände, Artefakte

Tab. 10: Systematik (B) „Lebende Forschungsobjekte der Synthetischen Biologie“.

Kategorie	Genese	Forschungsansatz	Beispiele	Entität
(B) Lebende Forschungs-objekte der Synthetischen Biologie	Natürlich	Minimalorganismen-ansatz; Neusynthese von DNA-Abschnitten und Genomen; Umfangreiche genetische Modifikation von Organismen; „Parallele organismische Welten“	Prokaryonten; Einzelne eukaryontische Zellen; (Komplexere Eukaryonten)	Lebe-wesen
	Top-down: Teilweise künstlich	Minimalorganismen-ansatz	Minimalorganismen als Chassis	Biofakt-Typ I-III
	Bottom-up: Teilweise künstlich	Neusynthese von DNA-Abschnitten und Genomen; Umfangreiche genetische Modifikation von Organismen; „Parallele organismische Welten“	Zellen mit zusätzlichen „nichtlebenden Forschungs-objekten“ (z.B. neusynthetisierte Genome, BioBricks, XNA oder PNA)	Biofakt-Typ I-III
	Künstlich	Protozellenansatz	*De novo* synthetisierte lebende Zellen	Biofakt-Typ IV, „Neues Leben“

6.4.2.1 Lebende Forschungsobjekte natürlichen Ursprungs

Komplexere Organismen wie Pflanzen oder Tiere werden zwar bereits als Forschungsobjekte der Synthetischen Biologie verwendet, allerdings nur vereinzelt. So wird zum Beispiel zur Prävention von Malaria, wie in Kapitel 2.3.4 beschrieben, ein artifizieller genetischer Schaltkreis in Moskitos eingebracht, der zu einem spezifischen Absterben der Insekten in stark betroffenen Gebieten führen soll (Harris et al. 2011; vgl. Hotz & Weber 2012, S. 119-120). Zukünftig ist allerdings davon auszugehen, dass zunehmend auch an komplexeren Organismen natürlichen Ursprungs direkte technische Eingriffe bei der Forschung im Bereich der Synthetischen Biologie vollzogen werden.

Weitaus häufiger werden komplexere Organismen gegenwärtig als indirekte Forschungsobjekte der Synthetischen Biologie verwendet, indem beispielsweise synthetisch-biologisch veränderte Mikroorganismen oder einzelne Zellen in diese Organismen eingebracht werden. Ein Beispiel hierfür ist die künstliche Befruchtung von Kühen über Mikrokapseln, die, wie bereits gezeigt wurde, mit artifiziellen genetischen Schaltern ausgestattete Zellen enthalten (Kemmer et al. 2011; vgl. Hotz & Weber 2012, S. 125-126; s. Kap. 2.3.4). Zukünftig sollen auch Zellen mit artifiziellen genetischen Schaltern in den menschlichen Organismus eingefügt werden, um biologische Parameter auf einen Sollwert einzustellen, beispielsweise zur Therapie von Gicht (Kemmer et al. 2010; vgl. Hotz & Weber 2012, S. 127-129; s. Kap. 2.3.4).

Darüber hinaus werden komplexe Organismen als Spender von Genen indirekt in die Forschung der Synthetischen Biologie einbezogen. Ein Beispiel hierfür ist die bereits erwähnte Verankerung eines Stoffwechselwegs der Pflanze *Artemisia annua* (die hierbei als Spenderorganismus dient) in *Escherichia coli* und *Saccharomyces cerevisiae* zur Erzeugung des sekundären Pflanzenstoffs Artemisinin als Antimalariamedikament (Ro et al. 2006; s. Kap. 2.3.3 und 2.3.4). Eine direkte synthetisch-biologische Veränderung wird dabei ausschließlich an den Mikroorganismen vorgenommen, in denen der Stoffwechselweg etabliert wird.

Derzeit sind die in den Forschungen zur Synthetischen Biologie verwendeten lebenden Forschungsobjekte natürlichen Ursprungs also hauptsächlich auf einzelne eukaryontische Zellen und Mikroorganismen beschränkt. An ihnen können jedoch Modifikationen vorgenommen werden, wodurch sie unter die nun folgende Kategorie der „lebenden Forschungsobjekte mit synthetisch-biologischen Veränderungen“ fallen.

6.4.2.2 Lebende Forschungsobjekte mit synthetisch-biologischen Veränderungen

Unter der Kategorie „lebende Forschungsobjekte der Synthetischen Biologie mit synthetisch-biologischen Veränderungen" fasse ich zwei weitere Unterkategorien zusammen: Sowohl beim *Top-down-* als auch beim *Bottom-up-*Ansatz werden technische Eingriffe in Zellen oder Mikroorganismen natürlichen Ursprungs vorgenommen, indem biologische Strukturen entweder reduziert oder neu synthetisiert werden. Es handelt sich demnach um Veränderungen einzelner Bestandteile von Organismen natürlichen Ursprungs.

Der Minimalorganismenansatz beispielsweise als *Top-down-*Verfahren der Synthetischen Biologie hat, wie in Kapitel 2.1 erläutert, die Reduktion des Genoms eines Organismus auf dessen essentielle Genausstattung zum Ziel. Diese Forschungsobjekte lassen sich somit als lebende, synthetisch-biologisch veränderte Forschungsobjekte der Synthetischen Biologie bezeichnen.

Beim *Bottom-up-*Verfahren wird hingegen die Synthese einzelner Zellbestandteile von Organismen angestrebt. So werden Zellen beispielsweise mit neusynthetisierten Genomen ausgestattet, wie in Kapitel 2.2 deutlich wurde. Die derart veränderten Zellen können somit als lebende, teilweise synthetisierte Forschungsobjekte der Synthetischen Biologie bezeichnet werden.

Zusammenfassend sind „lebende Forschungsobjekte mit synthetisch-biologischen Veränderungen" als lebende Wesen natürlichen Ursprungs zu begreifen, die jedoch synthetisch-biologischen Eingriffen unterzogen wurden. Diese Eingriffe führen entweder zu einer Veränderung bzw. Reduktion vorhandener biologischer Strukturen der lebenden Forschungsobjekte oder biologische Strukturen werden neu synthetisiert und in die lebenden Forschungsobjekte eingebracht. Da diese Organismen in ihrem vormals natürlichen Wachstum durch den Menschen technisch beeinflusst wurden, können sie, wie oben beschrieben, als Biofakte nach Karafyllis (2003 und 2006) bezeichnet werden.

6.4.2.3 Lebende, *de novo* synthetisierte Forschungsobjekte

Bereits in Kapitel 5.4.2 wurde deutlich, dass ausschließlich eine möglicherweise zukünftig gelingende *De-novo-*Synthese eines Organismus als Herstellung von „neuem Leben" begriffen werden kann. Eine solche künstliche Herstellung eines lebenden Organismus ist mit der Forschung zu Protozellen zukünftig eventuell umsetzbar (s. Kap. 2.5). Diese möglicherweise zukünftig von Grund auf erzeugten Zellen sind dabei als lebende, *de novo* synthetisierte Objekte der Synthetischen Biologie zu bezeichnen.

Achatz begreift eine solche *de novo* synthetisierte Protozelle als ein „naturidentisches System“ und als Erzeugnis der Synthetischen Biologie, das jedoch nicht mehr als Biofakt definiert werden könne:

> „Unerreichtes Ideal der Protozellforschung wäre etwa die Herstellung naturidentischer Zellen, [...]. Damit wäre der mögliche Selbstzweck der Zelle hinfällig – sie wäre nicht einmal mehr Biofakt, sondern eine naturidentische technische Entität, die vollumfänglich Ergebnis menschlicher Zwecksetzung und Handlung ist.“ (Achatz 2013, S. 223)

Dieser Argumentation zugrunde liegt die Annahme, dass Lebewesen durch den Menschen nicht hergestellt werden können. Die entstehende Entität „[...] kann nach Karafyllis’ Begriffsbestimmungen kein Lebewesen sein, da sein Wachstum *ausschließlich* menschliches Mittel ist“ (Achatz 2013, S. 214). Folgt man dieser Annahme, so würde es sich bei einem zukünftig möglicherweise „lebenden, *de novo* synthetisierten Forschungsobjekt“ der Synthetischen Biologie um ein „Artefakt mit biofaktischen Zügen“ (Achatz 2013, S. 214) handeln. Dieses Verständnis führt schließlich zu folgender Auffassung:

> „Dass möglicherweise die Eigenheit der Biofakte nicht mehr berührt wird, da zukünftig an ihrer statt naturidentische Systeme geschaffen werden können, entlastet [...] den Menschen von der Aufgabe, die Eigenheit von Lebewesen, die auf menschliches Fragen nach Sinn stumm bleiben, bei Anwendungen der Synthetischen Biologie jeweils zu berücksichtigen [...].“ (Achatz 2013, S. 223)

Träfe diese Begriffsbestimmung zu, hätte dies demnach deutliche Auswirkungen auf die moralische Berücksichtigung von möglicherweise zukünftig *de novo* erzeugten lebenden Protozellen. Hierauf werde ich in Kapitel 7.3.2 näher eingehen. Mit Blick auf das angestrebte Ziel der Protozellenforschung wird jedoch deutlich, dass eine Bestimmung von zukünftig möglicherweise *de novo* synthetisierten Protozellen als „naturidentisches System“ ungenügend sein muss. Möglicherweise zukünftig lebende Protozellen sind nicht als Artefakte zu begreifen, denn „Artefakte sind im allgemeinen tot“ (Karafyllis 2003, S. 12). Im Bereich der Protozellenforschung wird nicht etwa die Herstellung eines Artefakts angestrebt – dies ist mit Stand der derzeitigen Forschung bereits möglich. Vielmehr ist Ziel der Protozellforschung, dass die erzeugten zukünftigen Protozellen (im biowissenschaftlichen Sinne) als vollständig lebendig zu begreifen wären. Gelänge dies, wären die der Zelle eigentümliche Lebendigkeit und der damit verknüpfte Selbstzweck, verbunden mit der technischen Einflussnahme des Menschen, jedoch Kennzeichen eines Biofakts nach Karafyllis (2003 und 2006).

6.5 Zusammenfassung

Aufgrund der Bedeutung im Kontext der Forschungen zur Synthetischen Biologie habe ich in diesem Kapitel eine umfassende Betrachtung des Naturbegriffs vorgenommen. Dabei hat sich gezeigt, dass auf der materialen Ebene auf einem Kontinuum zwischen „Natürlichkeit" und „Künstlichkeit" zwischen Artefakten und Naturwesen keine eindeutige Grenze gezogen werden kann. Das Hinzuziehen der Ebene der Herkunft von Entitäten ließ jedoch eine Unterscheidung in qualitative und genetisch-herkunftsbezogene Dimensionen der Natürlichkeit bzw. Künstlichkeit zu und es konnten wesentliche Unterschiede von Forschungsobjekten der Synthetischen Biologie herausgearbeitet werden.

Da Biofakte eine Mittelstellung zwischen Artefakten und Lebewesen einnehmen, stellten sich der Biofaktbegriff und die Biofakt-Typologie nach Karafyllis als richtungsweisend und ausgesprochen instruktiv für eine mögliche Systematik der Forschungsobjekte der Synthetischen Biologie heraus. Auf Basis einer biowissenschaftlichen Definition des Lebensbegriffs habe ich eine Kategorisierung der Forschungsobjekte der Synthetischen Biologie nach den Kriterien „nichtlebend / lebend" sowie „natürlich / künstlich" erstellt: Kategorie (A) „nichtlebende Forschungsobjekte der Synthetischen Biologie" sowie (B) „lebende Forschungsobjekte der Synthetischen Biologie". Die weitere Differenzierung der Objekte habe ich anhand des Grads der herkunftsbezogenen „Natürlichkeit" bzw. „Künstlichkeit" abgeleitet. Die den Kategorien zuzuordnenden verschiedenen Forschungsansätze der Synthetischen Biologie habe ich mit Beispielen und der Biofakt-Typisierung tabellarisch aufgeführt. In diesem Kapitel habe ich zudem einen neuen Biofakt-Typ IV eingeführt. Dies ermöglichte die Kategorisierung von „neuem Leben", das heißt von möglicherweise zukünftig lebenden, *de novo* erzeugter Protozellen in der von mir erarbeiteten Systematik. Hierdurch konnte deutlich herausgestellt werden, dass diese Organismen nicht nur technisch verändert werden, sondern auf eine Genese durch *De-novo*-Synthese zurückzuführen sind.

Die in diesem Kapitel aufgestellte Kategorisierung der Forschungsobjekte der Synthetischen Biologie hat deutliche Auswirkungen auf die Diskussion des moralischen Status dieser Entitäten. Wie bereits angedeutet, ist insbesondere für möglicherweise zukünftig lebende, *de novo* synthetisierte Forschungsobjekte die Zuordnung zu Kategorie (B), den „lebenden Forschungsobjekten der Synthetischen Biologie" und somit zu den Biofakten, relevant. Anhand der in diesem Kapitel ausgearbeiteten Systematik der Forschungsobjekte der Synthetischen Biologie werde ich im nun folgenden Kapitel 7 den moralischen Status der Forschungsobjekte der Synthetischen Biologie untersuchen und sowohl Gemeinsamkeiten als auch Unterschiede in den verschiedenen Positionen der Naturethik herausarbeiten.

7 Untersuchungen zum moralischen Status von Forschungsobjekten der Synthetischen Biologie

Im Anschluss an die Untersuchungen zum Lebens- und Naturbegriff sowie zur Biofakt-Typologie nach Karafyllis (2003 und 2006) habe ich in Kapitel 6 eine Systematisierung der Forschungsobjekte der Synthetischen Biologie anhand der beiden Kategorien „nichtlebend / lebend“ sowie „natürlich / künstlich“ vorgenommen. In diesem Kapitel werde ich nun eine dritte, moralphilosophische Kategorie zur Bestimmung des moralischen Status der Forschungsobjekte der Synthetischen Biologie anführen. Hierbei werden sich anthropozentrische und physiozentrische Ansätze der Naturethik gegenüberstehen. Den verschiedenen Forschungsobjekten der Synthetischen Biologie wird in diesen Ansätzen der Naturethik ein je unterschiedlicher moralischer Status zugesprochen. Im Folgenden werde ich prüfen, welche Gemeinsamkeiten der ethischen Beurteilungen und Handlungsanweisungen bestehen, aber auch inwiefern sich entsprechend unterschiedliche Regeln für den Umgang mit den verschiedenen Forschungsobjekten der Synthetischen Biologie in den Ansätzen ergeben.

7.1 Der moralische Status

Die Frage nach dem „moralischen Status“ von Entitäten bedeutet in anderen Worten die zentrale Frage nach dem Selbstwert von Entitäten bzw. die Frage, aufgrund welcher Werte eine Entität moralische Berücksichtigung finden kann. Im englischen Sprachraum ist zumeist die Auffassung verbreitet, einer Entität könne entweder ein moralischer Status zukommen oder nicht. Besitzt eine Entität keinen moralischen Status, kann sie dennoch als moralisch relevant berücksichtigt werden und zwar aufgrund der Relevanz dieser Entität für eine andere Entität, der ein moralischer Status zukommt. Stellt man fest, dass einem Wesen ein moralischer Status zugesprochen werden kann, ist dieses in moralischer Hinsicht direkt zu berücksichtigen. „Moralischer Status“ ist hier also gleichbedeutend mit „Selbstwert“ bzw. „Mitglied der *moral community*“. Aus der Feststellung des moralischen Status können dann normative Konsequenzen gezogen werden. Bedrohte Schutzgüter dieses Wesens sind in konkreten Situationen gegen andere Schutzgüter abzuwägen, woraus dann moralische Forderungen resultieren können (Düwell 2002, S. 417-418).

Im deutschen Sprachraum hingegen wird der Terminus zumeist anders aufgefasst und zwar in dem Sinne, dass grundsätzlich jede existierende Entität über einen im einzelnen gegebenenfalls unterschiedlichen moralischen Status verfügt. Zu klären ist, *welcher* moralische Status einer Entität zugesprochen werden kann, das heißt, ob eine Entität direkt oder indirekt moralisch zu berücksichtigen ist. In dieser Arbeit werde ich mich auf die im deutschsprachigen Raum gängige Begriffsauffassung beziehen.

Bezüglich der Werte, die zur Entscheidung über eine moralische Berücksichtigung einer Entität herangezogen werden können, finden sich unterschiedliche Annahmen und Begriffsverwendungen. Eser und Potthast (1999, S. 52-56) unterscheiden beispielsweise einen Gebrauchswert (*instrumenteller Wert*) von einem Eigenwert (*inhärenter Wert*) sowie einem Selbstwert (*intrinsischer Wert*) von Entitäten. Die ersten beiden Werte werden einer Entität ausschließlich vom Menschen zugesprochen. So wird ein *instrumenteller Wert* aufgrund eines Zwecks der Entität für den Menschen zuerkannt. Beispielsweise liegt der Zweck eines Messers darin, dass es schneidet. Ein *inhärenter Wert* kommt einer Entität hingegen aufgrund einer „besonderen *Eigen*art“ zu. Eser und Potthast (ebd.) führen das Beispiel eines alten Apfelbaums im Garten an, der zwar instrumentell wertlos ist, da er keine Ernte mehr einbringt, allerdings aufgrund seiner Beziehung zu seinem Besitzer einen Eigenwert hat und folglich wertvoll (und als solcher unersetzbar) ist. Dementgegen wird unter *intrinsischem Wert* der Wert verstanden, den eine Entität „*aus sich selbst heraus* hat“ (ebd., S. 55), ohne dass dies einer Wertzuschreibung durch den Menschen bedarf. Beispielsweise kommt dem Hund einer Freundin aufgrund der Beziehung zu seiner Halterin ein Eigenwert zu. In die Obhut anderer gegeben, soll der Hund jedoch nicht allein aufgrund des Eigenwertes gefüttert werden, sondern möglicherweise auch aufgrund eines dieser Beziehung unabhängigen Selbstwertes des Hundes.

7.2 Positionen der Naturethik

Im Folgenden werde ich die zentralen Ansätze der Naturethik, basierend auf der Unterscheidung in anthropozentrische und physiozentrische Positionen, wie sie unter anderem von Krebs (1997, S. 337-379) angeführt wurde, näher erläutern. Ich werde dabei einzelne Vertreter dieser Positionen herausgreifen. Deutlich wird hierbei zu erkennen sein, dass sich der Kreis der Entitäten, die als direkt moralisch zu berücksichtigen gelten, ausgehend vom Menschen innerhalb des anthropozentrischen Ansatzes auf nichtmenschliche Entitäten in den physiozentrischen Positionen ausweitet.

7.2.1 Anthropozentrische Position

Die *anthropozentrisch begründete Position* der Naturethik (von gr. anthropos, *Mensch*) argumentiert für eine direkte moralische Berücksichtigung ausschließlich des Menschen. Da einzig der vernunftbegabte Mensch als moralfähig gilt, schreibt diese Position allein dem Menschen einen Selbstwert zu. Die Basis für anthropozentrisch begründete Argumentationen bilden Grundbedürfnisse sowie emotionale und ästhetische Bedürfnisse des Menschen. Für nichtmenschliche Entitäten ist eine moralische Berücksichtigung innerhalb dieses Ansatzes nur mit Bezug auf den Menschen zu rechtfertigen.

Die anthropozentrisch begründete Naturethik geht unter anderem auf Kant (2008, §16) und seine Unterscheidung von Personen und Sachen zurück. Da Kant ausschließlich Personen Vernunft zuspricht, sind nur diese direkt moralisch zu berücksichtigen. Dass der Mensch trotzdem nicht grausam gegen beispielsweise Tiere als Sachen vorgehen soll, begründet er in der *Tugendlehre:* Grausames Handeln gegenüber Tieren sei unzulässig, da es zu einer Abstumpfung des menschlichen Mitgefühls und so zu einer Verrohung des Menschen führen könne (ebd., §17). Ein heutiger Vertreter der anthropozentrischen Position ist beispielsweise John Arthur Passmore (1974).

7.2.2 Physiozentrische Positionen

Physiozentrisch begründete Positionen der Naturethik (von gr. physis, *Natur*) argumentieren nicht nur für eine direkte moralische Berücksichtigung des Menschen, sondern auch für nichtmenschliche Lebewesen oder darüber hinaus für die gesamte Natur und zwar ohne Bezug auf den Menschen. Hierbei werden der pathozentrische, der biozentrische sowie der holistische Ansatz unterschieden. Diese verschiedenen Ansätze begreifen je unterschiedliche Entitäten um ihrer selbst willen als moralisch relevant.

7.2.2.1 Pathozentrischer Ansatz

Der *pathozentrisch begründete Ansatz* der Naturethik (von gr. pathos, *Leiden*) stellt die Leidens- bzw. Empfindungsfähigkeit von Lebewesen in das Zentrum der ethischen Begründung. In dieser naturethischen Position werden alle Wesen anhand des Kriteriums der Empfindungsfähigkeit um ihrer selbst willen als moralisch relevant eingestuft, beispielsweise bei Dieter Birnbacher (1988) oder Angelika Krebs (1999). Aufgrund dieser Empfindungsfähigkeit bestimmter Wesen ist man moralisch dazu verpflichtet, diesen kein Leid zuzufügen. In den Kreis der direkt moralisch zu berücksichtigenden Wesen werden daher neben dem Menschen insbesondere „höhere“ bzw. komplexere Tiere, neuerdings zum Teil auch Pflanzen einbezogen.

7.2.2.2 Biozentrischer Ansatz

Der *biozentrisch begründete Ansatz* der Naturethik (von gr. bios, *Leben*) schließt nicht nur den Menschen sowie empfindungsfähige Wesen in den Kreis der direkt moralisch zu berücksichtigenden Entitäten ein, sondern alle lebenden Wesen. *Egalitäre biozentrische Positionen*, beispielsweise bei Paul W. Taylor (1986) oder Albert Schweitzer (1926 und 1966), messen jedem Lebewesen die gleiche moralische Bedeutung zu. Schweitzer ist mit seinem Prinzip der *Ehrfurcht vor dem Leben* einer der wichtigsten Vertreter der biozentrischen Position. Das Leben zu achten, ist für ihn geboten, da alles was lebt, leben will und Leben deshalb nicht vernichtet werden soll. *Abgestufte* bzw. *hierarchische biozentrische Positionen*, beispielsweise bei Hans Jonas (1979), sprechen Lebewesen hingegen mit ansteigender Organisationshöhe („*Scala naturae*") eine gradualisierte moralische Berücksichtigungswürdigkeit zu.

7.2.2.3 Holistischer Ansatz

Der *holistisch begründete Ansatz* der Naturethik (von gr. holos, *ganz*) postuliert einen eigenen Wert des „Ganzen", im Sinne eines Selbstwerts der gesamten Natur. Der Begriff „Holismus" wurde von Jan Christiaan Smuts (1926) geprägt. Wichtige Vertreter sind Arne Naess (1973 und 1997), Aldo Leopold (1992) und die Landethik,[10] Klaus Michael Meyer-Abich (1997), Martin Gorke (2010) sowie James Lovelock (1991) mit der von ihm entwickelten Gaia-Theorie, in der die Erde als ein Lebewesen begriffen wird, das es zu heilen gilt.

Der holistische Ansatz lässt sich zudem unterscheiden in die *monistisch-holistische Position*, auch *ökozentrische Ethik* genannt (von gr. oikos, *Haus*) und die *pluralistisch-holistische Position*. Während erstere nur dem Gesamtsystem einen Selbstwert zuschreibt und der Wert der einzelnen Teile von ihrer Bedeutung für das Ganze abhängt (Callicott 1996, S. 44f; vgl. Gorke 2010, S. 23), sind in der *pluralistisch-holistischen Position*, unter anderem von Martin Gorke (2010) vertreten, sowohl Individuen als auch Systeme, das heißt alle lebenden und nichtlebenden existierenden Entitäten direkt moralisch zu berücksichtigen (vgl. Norton 1987, S. 177; Gorke 2010, S. 21-26).

7.2.3 Vermittelnder Ansatz

Neben den hier dargestellten Grundpositionen der Naturethik existieren vermittelnde Ansätze, die die Gegenüberstellung von anthropozentrischen und physiozentrischen Positionen auf der Begründungsebene aufzugeben versuchen. Nach

[10] Potthast (2011) weist allerdings darauf hin, dass Leopolds Ansatz auch deutlich mehr in Richtung anthropozentrisch interpretiert werden kann.

Eser und Potthast (1999, S. 48; Potthast 2002, S. 289-290) versteht die „inklusive Ethik" das Verhältnis von Mensch und Natur als in gegenseitiger Abhängigkeit. Nicht Mensch oder Natur stehen im Zentrum der Betrachtungen, sondern die Beziehung zwischen Mensch und Natur. Diese Position bleibe anthroporelational, versuche aber dem „entweder-oder" der „Zentriken" zu entgehen.

Vertreter der sogenannten *Konvergenzhypothese* wie Brian Norton (1991) argumentieren darüber hinaus, dass trotz der unterschiedlichen Begründungen der Ansätze der Naturethik Empfehlungen häufig in einem Konsens auf praktischer Ebene münden. Nach Potthast muss dennoch davor gewarnt werden, die praktische und die theoretische Ebene zu vermengen, denn: „Das Ringen um die richtige Begründung der Umweltethik ist nicht ausschließlich strategisch-praktischen Erfordernissen geschuldet" (Potthast 2002, S. 289).

7.3 Der moralische Status von Forschungsobjekten der Synthetischen Biologie

Mit Blick auf die im vorangegangenen Kapitel aufgestellte Systematik der Forschungsobjekte der Synthetischen Biologie sowie die oben aufgeführten Positionen der Naturethik stellen sich vor allem zwei Fragen: 1) Welcher moralische Status wird den unterschiedlichen Forschungsobjekten der Synthetischen Biologie in den verschiedenen Ansätzen der Naturethik zugeschrieben, das heißt ist es überhaupt moralisch gerechtfertigt, bestimmte Entitäten mit den Techniken der Synthetischen Biologie zu verändern bzw. herzustellen? Und 2) was sind die hieraus resultierenden ethischen Implikationen, also wie soll mit diesen Entitäten im Forschungskontext der Synthetischen Biologie umgegangen werden?

Um diesen Fragen nachzugehen, werde ich im Folgenden bei der Bestimmung des moralischen Status von Forschungsobjekten der Synthetischen Biologie, wie bereits zuvor, von einem biowissenschaftlichen Verständnis des Lebendigen auf Basis der von Maturana und Varela (1992) entwickelten *Autopoiesistheorie* ausgehen. Dies kann zwar, wie schon herausgestellt wurde, einem umfassenden Verständnis von Leben nicht genügen, eine Grenzziehung ist jedoch notwendig, um eine moralische Berücksichtigung dieser Entitäten prüfen zu können. Denn Gorke (2010, S. 62-69) zufolge ist die Frage nach dem moralischen Status von Entitäten nur binär zu beantworten, das heißt mit „ja" oder „nein" (bzw. direkt oder höchstens indirekt). Die Frage nach dem Grad der Künstlichkeit bzw. der Natürlichkeit von Entitäten hingegen sei als graduell aufzufassen und folglich mit „gar nicht" über „ein bisschen" bis „in höchstem Maße" zu beantworten. Eine klare Grenze zwischen Naturwesen und Artefakten sei somit schwer zu ziehen, was jedoch für eine normative Bewertung erforderlich wäre (Zoglauer 1997, S. 148; Gorke 2010, S. 62-69).

Demnach ist zur Bestimmung des moralischen Status von Forschungsobjekten der Synthetischen Biologie eine Kategorisierung, wie ich sie in Kapitel 6 anhand der Kriterien „lebend" bzw. „nichtlebend" sowie der herkunftsbezogenen „Natürlichkeit" bzw. „Künstlichkeit" erstellt habe, notwendig. Hierbei habe ich unterschieden in die Kategorie (A) „nichtlebende Forschungsobjekte der Synthetischen Biologie", darunter „nichtlebende Objekte natürlichen Ursprungs" sowie „nichtlebende Objekte künstlichen Ursprungs", und in die Kategorie (B) „lebende Forschungsobjekte der Synthetischen Biologie", darunter die „lebenden Objekte natürlichen Ursprungs", die „lebenden Objekte mit synthetisch-biologischen Veränderungen" sowie die „lebenden, *de novo* synthetisierten Objekte". Im Folgenden werde ich untersuchen, inwiefern es innerhalb der verschiedenen Ansätze der Naturethik Gemeinsamkeiten und Unterschiede der ethischen Beurteilungen für diese Forschungsobjekte der Synthetischen Biologie gibt und welche Regeln sich für den Umgang mit ihnen ergeben.

7.3.1 Moralischer Status von nichtlebenden Forschungsobjekten

„Nichtlebende Forschungsobjekte der Synthetischen Biologie" habe ich in Kapitel 6.4.1 bestimmt als materiell-qualitativ natürliche Gegenstände, die biowissenschaftlich als nichtlebendig aufzufassen sind. Ferner ist zur Bestimmung des moralischen Status dieser Forschungsobjekte der Grad der herkunftsbezogenen „Natürlichkeit" bzw. „Künstlichkeit" relevant. Nichtlebende Forschungsobjekte der Synthetischen Biologie werden als Gegenstände, wie sich im Folgenden zeigen wird, in den meisten Ansätzen der Naturethik grundsätzlich nicht direkt moralisch berücksichtigt. Einzig der pluralistisch-holistische Ansatz begründet eine direkte moralische Berücksichtigung von Gegenständen natürlichen und künstlichen Ursprungs.

7.3.1.1 Anthropozentrischer, pathozentrischer und biozentrischer Ansatz

Da der anthropozentrische Ansatz ausschließlich vernunftfähigen Personen eine direkte moralische Berücksichtigungswürdigkeit zuschreibt, kann dieser naturethische Ansatz zur Begründung einer direkten moralischen Berücksichtigung von nichtlebenden Forschungsobjekten der Synthetischen Biologie nicht herangezogen werden.

Auch mit dem pathozentrischen naturethischen Ansatz und dem Kriterium der Empfindungsfähigkeit kann nicht für eine direkte moralische Berücksichtigung von nichtlebenden und somit nicht empfindungsfähigen Forschungsobjekten der Synthetischen Biologie argumentiert werden.

Schließlich kann eine direkte moralische Berücksichtigung von nichtlebenden Objekten der Synthetischen Biologie auch mit dem biozentrischen Ansatz der Naturethik anhand des Kriteriums „Lebendigkeit“ nicht begründet werden.

7.3.1.2 Holistischer Ansatz

Da die monistisch-holistische Position, wie oben beschrieben, einzig Systemganzheiten eine direkte moralische Berücksichtigungswürdigkeit zuerkennt, argumentiert nur der pluralistisch-holistische Ansatz für eine direkte moralische Berücksichtigung auch von individuellen nichtlebenden Forschungsobjekten der Synthetischen Biologie.

Die von Gorke (2010, S. 36-69) entwickelte pluralistisch-holistische Position gründet auf einem *erweiterten Kategorischen Imperativ* (der „Achtung vor dem Selbstzweckcharakter aller Naturwesen“) sowie dem *Gleichheitsgrundsatz*, der besagt, dass Gleiches gemäß seiner Gleichheit gleich und Verschiedenes nach Art seiner Verschiedenheit verschieden zu bewerten und zu behandeln ist. Er argumentiert, dass kein Wesen aus dem Kreis der direkt moralisch zu berücksichtigenden Entitäten ausgeschlossen werden könne und dürfe. Moral sei universal, beziehe sich auf „alle“ und lasse daher keine Ausnahmen zu. Hieraus ergebe sich gegenüber den anderen Ansätzen der Naturethik eine Umkehrung der Begründungslast, da nicht Einschlüsse in die Moralgemeinschaft zu begründen seien, sondern Ausschlüsse.

Die Autonomie nichtlebender Wesen natürlichen Ursprungs könne dabei durch menschliche Instrumentalisierung beeinträchtigt werden, beispielsweise bei Einfassung eines frei fließenden Flusses, oder im Extremfall einer Beeinträchtigung zerstört werden, beispielsweise bei Sprengung einer Felsformation. Nach Gorke (2010, S. 62-69, 119-125 und 147) gelten daher für „unbelebte Naturobjekte“ drei Prinzipien erster Ordnung: die negativen Pflichten des „Nicht-Einmischens“ und des „Nicht-Beeinträchtigens“ zur Wahrung der Autonomie dieser Objekte sowie die positive Pflicht des Menschen zur „Restitution“, was eine Form der Wiedergutmachung bzw. Wiederherstellung eines Zustandes meint.

Der pluralistisch-holistische Ansatz schließt darüber hinaus auch Artefakte als Objekte direkter moralischer Berücksichtigung ein. Da es zwar reine Naturwesen, aber keine reinen Artefakte gebe, da kein Artefakt ohne „Rest an Natürlichem“ ist, habe der Mensch auch Artefakten gegenüber die Pflicht, diese zu schonen. Demnach bestehen gegenüber nichtlebenden Forschungsobjekten künstlichen Ursprungs die beiden Pflichten des „Nicht-Schadens“ und „Nicht-Beeinträchtigens“ sowie auch hier die Pflicht zur „Restitution“ (ebd.).

Indes bedeute jedoch Gleichheit aller Entitäten nicht Gleichbehandlung. Bezüglich künstlicher Gegenstände führt Gorke (2010, S. 115-119 und 147) beispielhaft Werkzeuge an und greift so die Problematik auf, die in der Einräumung eines

Selbstwertes von Artefakten und deren Instrumentalisierung durch den Menschen liegt. Er argumentiert, dass nach dem Gleichheitsgrundsatz „Ungleiches gemäß seiner Ungleichheit ungleich behandelt werden darf bzw. muss“ (Gorke 2010, S. 36-69 und 147). Nicht die Instrumentalisierung von Werkzeugen sei demnach moralisch problematisch „[…] als es *zu ihrem Wesen gehört,* instrumentalisiert zu werden“ (Gorke 2010, S. 147), sondern der Schritt davor, die Umwandlung eines Naturwesens zum Werkzeug. Auch der Holismus ist vor Abwägungs- und Gradualisierungsfragen also nicht gefeit. Die Verpflichtungen, die sich aus dem Selbstwert von Entitäten ergeben, sind dabei unterschiedlich groß:

> „Die Sorge, mit der ausnahmslosen Zuschreibung von Eigenwerten [hier gleichbedeutend mit Selbstwerten, Anm. d. Verf.] enthebe man sich jeglicher Differenzierung, ist unbegründet. Im Gegenteil: Da der Holismus als einzige Konzeption davon absieht, der Vielfalt des Seienden den groben Stempel des binären Rasters ‘intrinsisch wertvoll‘ / ‘intrinsisch wertlos‘ aufzudrücken, ist er besser als Anthropozentrismus, Pathozentrismus und Biozentrismus in der Lage, dem gradualistischen Charakter vieler ontologischer Phänomene (z.B. des Bewusstseins, des Lebens, der Selbstorganisation oder der Künstlichkeit) gerecht zu werden.“ (Gorke 2010, S. 69)

Folglich sind nichtlebende Forschungsobjekte der Synthetischen Biologie aus pluralistisch-holistischer Perspektive direkt moralisch zu berücksichtigen. Forschungshandlungen innerhalb der Synthetischen Biologie, die eine vollständige Instrumentalisierung und mitunter auch Vernichtung von nichtlebenden Forschungsobjekten beinhalten, sind aufgrund der genannten Pflichten des Menschen gegenüber nichtlebenden Objekten somit problematisch. Die positive Pflicht zur „Restitution“ verpflichtet darüber hinaus zur Wiedergutmachung bereits stattgefundener Eingriffe.

Die negative Pflicht des „Einmischungsverbots“ steht allerdings der positiven Pflicht zur „Restitution“ entgegen. Zudem kollidieren die genannten Pflichten häufig mit dem Streben des Menschen nach Selbsterhaltung, da dieser als Natur- und Kulturwesen auf die Nutzung anderer Wesen existenziell angewiesen ist (ebd., S. 119-125, 137-138 und 148). Zur Bewältigung unweigerlich aufkommender Zielkonflikte und Pflichtenkollisionen innerhalb der Moralgemeinschaft schlägt Gorke (ebd., S. 148-214) daher ein zweistufiges Regelsystem vor: Den genannten Prinzipien erster Ordnung werden dabei Prinzipien zweiter Ordnung sowie ein Set von Abwägungskriterien zur Seite gestellt, die im Einzelfall helfen sollen, eine Güterabwägung treffen zu können. Bei Kollisionen von Pflichten können so die von Gorke (ebd.) vorgeschlagenen Prinzipien der „Verhältnismäßigkeit“ sowie des „kleinsten moralischen Übels“ ausschlaggebend sein. Demnach sei eine Verletzung der Pflichten erster Ordnung desto unverhältnismäßiger bzw. unverzeihlicher, je weniger notwendig sie ist, also je mehr sie von Luxusinteressen anstelle von Überlebensinteressen des Menschen geprägt ist. Zudem sei sicherzustellen, dass bei jeder Durchsetzung menschlicher Interessen das moralische Übel so gering wie möglich gehalten werde. Für nichtlebende Forschungsobjekte der Synthetischen Biologie bedeutet dies, dass Forschungshandlungen in dem Maße moralisch gerechtfertigt werden können, wie die Prinzipien „Verhältnismäßigkeit“ und „kleinstes moralisches Übel“ beachtet werden, was für den Einzelfall spezifisch zu prüfen ist.

7.3.2 Moralischer Status von lebenden Forschungsobjekten

In Kapitel 6.4.2 habe ich „lebende Forschungsobjekte der Synthetischen Biologie“ bestimmt als materiell-qualitativ natürliche Entitäten, die biowissenschaftlich als lebendig aufzufassen sind. Die Frage nach dem herkunftsbezogenen Grad der „Natürlichkeit“ bzw. „Künstlichkeit“ ist von besonderer Bedeutung bei der Bestimmung des moralischen Status von lebenden Forschungsobjekten, da als ursprünglich „natürlich“ gedachte Lebewesen nun durch biotechnische Eingriffe als herkunftsbezogen „künstlich“ und somit als Biofakte gelten können. Im Folgenden werde ich daher einige Vorüberlegungen zum moralischen Status lebender Forschungsobjekte der Synthetischen Biologie anstellen, bevor ich eine moralische Berücksichtigungswürdigkeit dieser Objekte in den verschiedenen Positionen der Naturethik prüfen und Folgerungen hieraus darlegen werde.

7.3.2.1 Vorüberlegungen zum moralischen Status von „lebenden Forschungsobjekten natürlichen Ursprungs“

Wie bereits deutlich wurde, bilden derzeit einzelne Zellen und Mikroorganismen den größten Anteil der lebenden Forschungsobjekte der Synthetischen Biologie. Ich werde mich bei der Bestimmung des moralischen Status lebender Objekte daher auf diese beziehen. Komplexere Organismen wie Pflanzen, Tiere oder der Mensch werden derzeit meist nur indirekt als Forschungsobjekte der Synthetischen Biologie verwendet. Es ist jedoch davon auszugehen, dass zukünftig zunehmend komplexere Organismen direkten synthetisch-biologischen Eingriffen unterzogen werden (s. Kap. 6.4.2.1). Zukünftig ist demnach auch eine moralische Berücksichtigung dieser Entitäten als direkte lebende Forschungsobjekte der Synthetischen Biologie natürlichen Ursprungs zu prüfen. Indirekt werden sie bereits jetzt im Kontext von Nutzen- und Schadensfragen moralisch berücksichtigt, denn diese beruhen auf moralischen Verpflichtungen gegenüber Menschen mit Selbstwert und der Umwelt mit instrumentellen und gegebenenfalls auch Eigen- und Selbstwerten.

7.3.2.2 Vorüberlegungen zum moralischen Status von „lebenden Forschungsobjekten mit synthetisch-biologischen Veränderungen“

Dass technische Eingriffe in Organismen auch Auswirkungen auf deren moralische Beurteilung haben könnten, zeigen Experimente zu transgenen Tieren, in die menschliches Erbmaterial eingebracht wurde. Beispielsweise wurde das an der menschlichen Sprachentwicklung beteiligte Gen FoxP2 in Mäuse übertragen. Dies hatte Veränderungen der Lautäußerungen der Versuchstiere und Umbildungen bestimmter Strukturen des Gehirns, was auf eine verbesserte Lernfähigkeit hindeutet, zur Folge (vgl. Newbury & Monaco 2010; Enard et al. 2009). Der Deutsche Ethikrat weist in seiner Stellungnahme zu *Mensch-Tier-Mischwesen in der Forschung* darauf hin, dass es

> „Von besonderer ethischer Relevanz ist, ob durch den Transfer einzelner menschlicher Gene mitunter auch bedeutende Eigenschaften der Empfängerart so verändert werden können, dass dies Auswirkungen auf die Beurteilung des moralischen Status des Tieres haben könnte. Biologisch sind derart einschneidende Modifikationen zumindest denkbar.“ (Deutscher Ethikrat 2011, S. 29)

Es ist aktuell jedoch nicht davon auszugehen, dass synthetisch-biologische Eingriffe, die beispielsweise einen Transfer von Genmaterial komplexerer Organismen auf Einzeller oder Mikroorganismen beinhalten, bedeutende Änderungen der Eigenschaften dieser Empfängerarten und somit Änderungen in der Beurteilung des moralischen Status dieser Forschungsobjekte ergeben könnten. Boldt et al. konstatieren allerdings auch bezüglich genetischer Veränderungen, die äußerlich nicht sichtbar werden, an einzelnen Zellen und Mikroorganismen im Vergleich zu Organismen natürlichen Ursprungs Folgendes:

> „Das mag auf zellulärer Ebene ethisch noch nicht relevant erscheinen – doch philosophisch gesehen ist es eben doch erheblich, wenn eine ethisch-ontologische Differenz zwischen zwei phänomenal-qualitativ gleichen Zellen möglich sein soll.“ (Boldt et al. 2009, S. 61)

7.3.2.3 Vorüberlegungen zum moralischen Status von „lebenden, *de novo* synthetisierten Forschungsobjekten“

Wie bereits in Kapitel 6.4.2 dargelegt, sind möglicherweise zukünftig lebende, *de novo* synthetisierte Protozellen im biowissenschaftlichen Verständnis von „Leben“ nicht als Artefakte, sondern als lebende Wesen mit künstlicher Genese bzw. als Biofakte zu bezeichnen. Diese Bestimmung hat Auswirkungen auf die moralische Berücksichtigung dieser Objekte. Zwar wäre unter Umständen zwischen lebenden, *de novo* synthetisierten Forschungsobjekten und solchen natürlichen Ursprungs qualitativ-materiell kein Unterschied festzustellen, dennoch macht nach Boldt et al. (2009) deren Genese möglicherweise einen Unterschied im Umgang des Menschen mit ihnen aus. Demnach könnte sich eine „Zwei-Klassen-Biologie“ entwickeln, innerhalb derer andere Regeln für künstlich veränderte bzw. erzeugte Lebewesen gelten, als für Lebewesen natürlichen Ursprungs. Zudem leuchte zwar die Verfügungsmacht eines Technikers nach Boldt et al. (2013, S. 96) über die von ihm hergestellten Artefakte unmittelbar ein – diese Annahme könne jedoch intuitiv ohne Modifikation bei Produkten wie Lebewesen nicht ohne weiteres getroffen werden. Hierbei stellt sich die Frage, ob eine zukünftig eventuell mögliche Komplettsynthese von lebenden Objekten der Synthetischen Biologie Konsequenzen bezüglich der moralischen Berücksichtigungswürdigkeit dieser Entitäten hätte. Mit Blick auf den Menschen als Forschungsobjekt der neuen Biotechnologien verweist Gorke darauf, dass das Kriterium der herkunftsbezogenen Künstlichkeit jedoch nicht zur Beantwortung der Frage nach dem moralischen Status herangezogen werden kann, denn

> „Seit der Mensch sich anschickt, sein Erbgut gezielt umzugestalten, und sich damit in gewisser Hinsicht selbst zum Artefakt zu machen, kommt *keine* Ethik mehr um die Einsicht herum, dass die Unterscheidung zwischen natürlich und künstlich für die Frage der moralischen Berücksichtigungswürdigkeit keine Rolle spielen darf. Nicht nur ein Mensch mit künstlicher Herzklappe, sondern auch ein komplett geklonter Mensch muss Anspruch auf Würde haben.“ (Gorke 2010, S. 65)

Auch die Kategorisierung von gedopten Sportlern als Biofakt-Typ II nach Karafyllis (2006, S. 554: Tab. 2) aufgrund ihres „künstlichen“ Anteils verdeutlicht diese Thematik. Sollte die *De-novo*-Synthese einer lebenden Protozelle zukünftig möglich sein, würde es sich zwar vorerst um die Erzeugung einer einzelnen lebenden Zelle handeln, zukünftig wäre jedoch die Herstellung einer menschlichen befruchteten Eizelle denkbar, aus der ein *de novo* synthetisierter Mensch heranwachsen könnte. Dieser künstlich hergestellte Mensch müsste selbstverständlich, wie nicht nur in Gorkes Beispiel, trotz seiner Genese als vollumfänglich menschliches Wesen mit entsprechendem moralischem Status begriffen werden.

Diesen hypothetischen Annahmen, die sich auf zukünftig möglicherweise *de novo* erzeugte komplexe lebende Wesen wie den Menschen beziehen, steht jedoch entgegen, dass derzeit hauptsächlich Einzeller und Mikroorganismen als Forschungsobjekte der Synthetischen Biologie verwendet werden und eine *De-novo*-Erzeugung von Protozellen bislang visionär ist. Zwar kann ein künstlicher Eingriff an Forschungsobjekten, wie oben beschrieben, möglicherweise mit Veränderungen von Eigenschaften einhergehen, sodass dies Auswirkungen auf die Beurteilung des moralischen Status dieser Entitäten in den verschiedenen Positionen der Naturethik haben könnte. Dennoch zeigt sich anhand der Überlegungen, dass die herkunftsbezogene „Natürlichkeit“ bzw. „Künstlichkeit“ an sich auch bei einzelnen Zellen keinen Unterschied in der Beurteilung des moralischen Status nach sich ziehen darf.

Hieraus resultierend werde ich den Fokus im Folgenden auf das Kriterium „Lebendigkeit“ legen. Allen Forschungsobjekten der Kategorie (B) ist gemein, dass sie biowissenschaftlich als lebende Organismen aufzufassen sind. Hieraus folgt, dass für die Begründung der moralischen Berücksichtigung von „lebenden Objekten mit synthetisch-biologischen Veränderungen“ und zukünftig möglicherweise „lebenden, *de novo* synthetisierten Objekten“ dieselben Annahmen zugrunde gelegt werden können, die für „lebende Objekte natürlichen Ursprungs“ in den verschiedenen Positionen der Naturethik gelten.

Im Folgenden ist also zu untersuchen, inwiefern das Kriterium „Lebendigkeit“ Auswirkungen auf die moralische Berücksichtigungswürdigkeit von Mikroorganismen als lebende Forschungsobjekte hat. Zudem ist zu untersuchen, inwiefern sich möglicherweise Übereinstimmungen, aber auch Unterschiede in der ethischen Beurteilung für den Umgang mit diesen Objekten in den bereits dargestellten Positionen der Naturethik ergeben.

Die bei diesem Umgang stattfindende Interaktion zwischen Forscher und Forschungsobjekt in der Biologie versteht Köchy als „‘Kooperation‘ oder Wechselwirkung zwischen ‘Akteuren‘“ (Köchy 2008, S. 200-203) und er sieht hierin eine mögliche „moralische Qualität“ (ebd.).[11] Denn die „Widerständigkeit des Untersuchungsmaterials“ lege gerade in der Biologie die Zuschreibung „aktiver Gegenwirkung“ nahe (ebd.). Auch wenn nach Köchy

> „[...] eine Spezifizierung dieser ‘Aktivität‘ von Lebewesen – als ‘Spontaneität‘ respektive ‘Intentionalität‘ – umso problematischer ist, je weiter wir uns phylogenetisch vom Menschen entfernen, entsteht doch grundsätzlich eine besondere ethische Situation.“ (Köchy 2008, S. 203)

In dieser Aktivität bzw. Widerständigkeit, die auch als Selbsttätigkeit verstanden werden kann, liegt nach Boldt (2011, S. 315-319 und 323-326) der normative Kern der Lebewesen. Denn die „Selbsttätigkeit“ eines Wesens lasse es vom nicht selbsttätigen Material, vom Objekt, zu etwas Subjekthaftem werden, das erst einmal wahrzunehmen sei. Köchy konstatiert darüber hinaus:

> „Wenn Biologie als Forschungshandeln gegenüber Lebewesen verstanden wird, dann muss die Frage gestellt werden, welcher ethische Status der zu erforschenden Lebewesen sich aus dem möglichen Vorhandensein inneren Erlebens ergibt.“ (Köchy 2008, S. 206)

Für Mikroorganismen und einzelne Zellen ist ein „inneres Erleben“ jedoch nicht grundsätzlich anzunehmen. Es ist zu betonen, dass der moralische Status von Mi-

---

[11] Vgl. hierzu den Vorschlag von Eser & Potthast (1999) zur „inklusiven Ethik“, die das Verhältnis von Mensch und Natur als in gegenseitiger Abhängigkeit beschreibt (s.o.).

kroorganismen in der bisherigen Naturethik, mit Ausnahme der Frage, ob bestimmte Pathogene als Spezies ausgerotten werden dürfen, nicht diskutiert und praktisch ignoriert wird.

7.3.2.4 Anthropozentrischer Ansatz

Bereits bestehende anthropogen verursachte Umweltschäden sollen zukünftig auch mit Techniken der Synthetischen Biologie behoben werden können. Dies jedoch nicht in Form einer Wiederherstellung des ursprünglichen Zustandes, beispielsweise durch die Eindämmung der Schadensursache, sondern mittels Inanspruchnahme zusätzlicher Techniken, durch welche die Umwelt in die gewünschte Richtung verändert werden soll. Nach Brenner (2008, S. 123-124) ist eine Welt denkbar, in der die CO_2-Regeneration auf gänzlich synthetische Weise zu erreichen wäre und somit auf die Regenwälder der Erde verzichtet werden könnte. Wären ästhetische Bedürfnisse des Menschen, die bislang in der Natur erfüllt wurden, auch über virtuelle Erfahrungen kompensierbar, gäbe es, so Brenner (ebd.), aus anthropozentrischer Sicht keinen begründeten Bedarf die Natur zu erhalten.

Allerdings ist nach Eser und Potthast (1999, S. 47) ein derart starker „Anthropozentrismus", dem unter anderem ein rein an ökonomischen Interessen ausgelegtes Nutzenkalkül unterstellt wird, nicht gleichzusetzen mit allen anthropozentrisch begründeten Positionen der Naturethik. Natur sei auch hier nicht nur bloße Ressource, sondern habe eine Bedeutung für den Menschen und sein Naturerleben.

Welcher Wert der Natur allerdings zugeschrieben wird, hängt stark vom jeweiligen Menschen- und Naturbild ab. So wird in anthropozentrischen Argumentationen häufig vorausgesetzt, dass das zu einem gegebenen Zeitpunkt Schützenswerte auch zu einem späteren Zeitpunkt noch als wertvoll erachtet wird. Dass die Interessen des Menschen an der Natur jedoch nicht konstant sind und auch die Erkenntnisse über die Bedeutung der Natur nicht zu jeder Zeit vollständig sind, hat sich im Laufe der Zeit bereits häufig gezeigt. Ein Beispiel führt Brenner (2008, S. 124) an: Bestimmte Kräuter, die eine Zeitlang als Unkräuter vernichtet wurden, da deren heilsame Wirkung in Vergessenheit geraten war, werden heute als Heilpflanzen wiedererhalten.

Demnach zeigt sich, dass sowohl das Vernichten als auch das Herstellen, Manipulieren sowie Instrumentalisieren von lebenden Forschungsobjekten der Synthetischen Biologie, wie Mikroorganismen oder Einzeller, aufgrund der prinzipiellen Verfügbarkeit dieser Entitäten in anthropozentrischen Positionen unter moralischen Gesichtspunkten grundsätzlich gerechtfertigt ist. Eine direkte moralische Berücksichtigung von lebenden Forschungsobjekten der Synthetischen Biologie wird in anthropozentrischen Ansätzen der Naturethik somit nicht begründet. Dennoch sind auch in anthropozentrischen Positionen derlei Handlungen nicht leichtfertig durchzuführen. So sind zahlreiche Implikationen, welche die Forschungshandlungen für den Menschen und seine Umwelt beinhalten, im Einzelfall zu berücksichtigen.

7.3.2.5 Pathozentrischer Ansatz

Lebende Forschungsobjekte der Synthetischen Biologie werden innerhalb des pathozentrischen Ansatzes der Naturethik nicht direkt moralisch berücksichtigt. Bei einzelnen Zellen und Mikroorganismen kann die Möglichkeit zur Empfindungsfähigkeit, nach aktuellem Erkenntnisstand, nicht nachgewiesen werden. Somit gibt es keine moralische Verpflichtung diesen kein Leid zuzufügen. Wie in anthropozentrisch begründeten Positionen sind jedoch auch hier weitere Implikationen von Forschungshandlungen zu beachten.

7.3.2.6 Biozentrischer Ansatz

Auf Basis des Kriteriums „Lebendigkeit" sind lebende Forschungsobjekte der Synthetischen Biologie aus Perspektive der biozentrisch begründeten Position in den Kreis der direkt moralisch zu berücksichtigenden Entitäten einzuschließen. Anhand der hieraus resultierenden prinzipiellen Unverfügbarkeit dieser Objekte wird deutlich, dass das Manipulieren, Instrumentalisieren, Vernichten oder Erzeugen von lebenden Wesen, wie es in der Synthetischen Biologie praktiziert bzw. angestrebt wird, zumindest mit einer egalitären biozentrischen Position grundsätzlich moralisch nicht gerechtfertigt werden kann. So sieht dieser Ansatz eine Pflicht des Menschen vor, Schäden oder Instrumentalisierungen von lebenden Wesen weitestgehend zu vermeiden.

Auch dies kollidiert jedoch häufig mit dem Streben des Menschen nach Selbsterhaltung. So sind lebende Forschungsobjekte der Synthetischen Biologie beispielsweise zur Entwicklung neuer, lebensnotwendiger Medikamente oder Therapiemöglichkeiten für den Menschen teilweise tiefgreifenden Veränderungen durch synthetisch-biologische Techniken unterworfen. Im Falle solcher Dilemmata bei Pflichtenkollisionen ergeben sich auch in den verschiedenen biozentrischen Positionen unterschiedliche Handlungsanweisungen für den Umgang mit lebenden Forschungsobjekten. Die egalitäre biozentrische Position, wie sie beispielsweise von Schweitzer vertreten wurde, besagt, dass wenn sich der Mensch zwischen zwei Leben entscheiden muss, dies tragisch, aber häufig nicht zu vermeiden sei. Der Mensch werde hierbei „schuldig" (Schweitzer 1926 und 1966). Gorke betont in diesem Kontext jedoch, es sollten dabei

> „[…] die Perspektive des *betrachtenden Vernunftwesens* einerseits und die Perspektive des unter kontingenten Randbedingungen *handelnden Lebewesens* andererseits [...] nicht vorschnell miteinander vermengt werden […]". (Gorke 2010, S. 135)

Auch Spaemann (1990, S. 141) argumentiert, dass eine direkte moralische Berücksichtigung aller Wesen nicht allein deshalb widerlegt sei, da diese aus kontingenten Gründen nicht allen Wesen gegenüber umzusetzen ist. Pohl (2014, S. 221-241 und 301-304) zeigt darüber hinaus auf, dass die Annahme, es ergebe sich eine Schuld des Menschen bei einer unumgänglichen, für den Menschen lebensnotwendigen Schädigung eines anderen Lebens, aufgrund eines „nur-naturhaften" Anteils auch im Menschen nicht gerechtfertigt ist. Vielmehr sei hierbei von einer Notwendigkeit auszugehen. Mit der Annahme dieser Notwendigkeit bei der Entscheidung zwischen Leben, könne die häufig angestellte Kritik an der von Schweitzer postulierten unausweichlichen Schuld und der damit einhergehenden Handlungsunfähigkeit des Menschen, zurückgewiesen werden. So komme es zwar unausweichlich zu Schädigungen anderer Lebewesen durch den Menschen. Liegen jedoch schwerwiegende Gründe vor, dieses Leben zu schädigen, beispielsweise die Gefährdung des eigenen Lebens, ermöglichten die Bewusstheit, dass anderes Leben geschädigt wird, und die Abwägung der Mittel, mit denen wir unser eigenes Leben erhalten, eine moralische Entscheidung, im Sinne einer Güterabwägung. Im Kontext von Forschungshandlungen im Bereich der Synthetischen Biologie liegt nach Boldt gerade in der Selbsttätigkeit

> „[…] der normative Kern von Lebewesen, der uns dazu anhält, zunächst in ein Verhältnis zu ihnen zu treten, in dem es um Verstehen geht. Das schließt nicht aus, dass man sich zu Veränderungen des Verhaltens des nicht-menschlichen Lebens genötigt sieht. Solche Veränderungen würden sich aber an der Metaphorik der Kommunikation orientieren und schrittweise Veränderungsimpulse setzen, je nach Art des Organismus zunächst vielleicht über eine Veränderung der Umgebung, über Belohnungen oder über gezielt gesetzte Stimuli. Der Eingriff und die Neuschaffung des Genoms wäre in jedem Fall der letzte Schritt, den man auf diesem Weg einschlagen würde." (Boldt 2011, S. 326)

In abgestuften bzw. hierarchischen biozentrischen Positionen wird Mikroorganismen und einzelnen Zellen hingegen eine geringere moralische Berücksichtigungswürdigkeit zugesprochen als komplexeren Lebewesen. Hierdurch werden unter anderem die bereits angeführten Problematiken bei Pflichtenkollisionen verringert. Eine allgemeine Aussage über die moralische Vertretbarkeit von spezifischen Experimenten an Mikroorganismen und einzelnen Zellen im Forschungskontext der Synthetischen Biologie ist folglich aus biozentrischer Perspektive nicht zu treffen. Die Aspekte und Alternativen sind vielmehr in jedem einzelnen Fall abzuwägen und zu bewerten.

7.3.2.7 Holistischer Ansatz

Zur Bestimmung des moralischen Status von lebenden Forschungsobjekten der Synthetischen Biologie aus holistischer Perspektive ist weniger der Selbstwert einzelner Mikroorganismen oder Zellen als vielmehr der Wert ganzer Arten und deren Teilhabe an Ökosystemen von Bedeutung. Nach Gorke (2010, S. 119-125) bestehen aus pluralistisch-holistischer Perspektive auch hier negative Pflichten des Menschen gegenüber Arten und Ökosystemen in Form eines „Einmischungsverbotes" und eines „Beeinträchtigungsverbotes" sowie eine positive Pflicht zur „Restitution". Darüber hinaus müsse das „Arterhaltungsgebot" beachtet werden. Auch hier können sich Pflichtenkollisionen zwischen der negativen Pflicht des „Einmischungsverbots" und den entgegenstehenden positiven Pflichten der „Restitution" bzw. der „Arterhaltung" ergeben. So könnte zwar die „Wiederbelebung" bereits ausgerotteter Arten mittels Techniken der Synthetischen Biologie zur Erhöhung der Biodiversität beitragen und dem voranschreitenden Artensterben entgegenwirken. Dies würde jedoch eine starke Einmischung in bestehende Ökosysteme darstellen, beispielsweise durch Beeinträchtigung anderer nun etablierter Arten (s. Kap. 2.6.3). Folglich müssten auch hier zahlreiche weitere Implikationen berücksichtigt werden.

Bei Kollisionen zwischen dem menschlichen Streben nach Selbsterhaltung und Pflichten gegenüber lebenden Forschungsobjekten sind auch in diesem Fall die von Gorke (2010, S. 148-214) zur Bewältigung von Zielkonflikten und Pflichtenkollisionen innerhalb der Moralgemeinschaft vorgeschlagenen Prinzipen als relevant einzustufen. Diese sind für Arten und Ökosysteme das Prinzip der „Selbstverteidigung", der „Verhältnismäßigkeit", der „Verteilungsgerechtigkeit" sowie des „kleinsten moralischen Übels". Demnach sei eine Verletzung der Pflichten erster Ordnung auch hier desto unverhältnismäßiger bzw. unverzeihlicher, erstens je weniger stark das eigene Leben in Gefahr ist und verteidigt werden muss und zweitens je weniger notwendig eine Pflichtenverletzung ist, also je mehr sie von Luxusinteressen anstelle von Überlebensinteressen geprägt ist. Drittens sei bei Konflikten zwischen basalen Interessen des Menschen und anderer Arten um Lebensräume und Ressourcen ein gerecht einzuschätzender Anteil zuzusprechen sowie viertens sicherzustellen, dass bei jeder Durchsetzung menschlicher Interessen das moralische Übel so gering wie möglich gehalten werde.

Die pluralistisch-holistische Position postuliert darüber hinaus jedoch auch eine prinzipielle Unverfügbarkeit von individuellen lebenden Wesen. Ähnlich wie in der biozentrischen Position wird auch hier eine Pflicht des Menschen angeführt, Schäden an lebenden Wesen weitestgehend zu vermeiden. Gegenüber Mikroorganismen bestehen nach Gorke (2010, S. 119-125) die negativen Pflichten des Menschen in Form eines „Tötungs-", „Schädigungs-", „Beeinträchtigungs-" sowie eines „Einmischungsverbots". Zudem liege auch hier ein positives „Restitutionsgebot" vor. Weitere positive Pflichten gegenüber Mikroorganismen bestehen in Form eines „Lebenserhaltungs-" und eines „Wohltunsgebots", allerdings nur gegenüber lebenden Wesen in Obhut des Menschen. Dies bedeute, der Mensch habe eine Pflicht gegenüber (Mikro-)Organismen, die beispielsweise für den Laborgebrauch gezüchtet werden, sich bestmöglich um diese zu kümmern. Hilfestellung und Fürsorge gegenüber freilebenden Organismen hingegen sei jedoch unangebracht (ebd., S. 119-137). Auch bei Kollisionen zwischen dem Streben des Menschen nach Selbsterhaltung und Pflichten gegenüber individuellen lebenden Forschungsobjekten der Synthetischen Biologie sind folglich die oben genannten zur Bewältigung von Pflichtenkollisionen vorgeschlagenen Prinzipen als relevant zu erachten.

Bezüglich lebender Forschungsobjekte der Synthetischen Biologie bedeutet dies, dass das Manipulieren, Instrumentalisieren, Vernichten oder Erzeugen innerhalb (pluralistisch-)holistischer Positionen grundsätzlich moralisch nicht gerechtfertigt werden kann. Forschungshandlungen können jedoch in dem Maße moralisch gerechtfertigt werden, wie bei Verletzungen der Prinzipien erster Ordnung die Prinzipien zweiter Ordnung beachtet werden, was auch hier im Einzelfall zu prüfen ist.

7.4 Schlussfolgerungen zum moralischen Status der Forschungsobjekte

Wie sich in den vorangegangenen Abschnitten dieses Kapitels gezeigt hat, kann mit bestimmten naturethischen Positionen auch eine direkte moralische Berücksichtigungswürdigkeit von Forschungsobjekten der Synthetischen Biologie begründet werden. Dieses Ergebnis unterscheidet sich von Achatz' (2013) Untersuchung, in der er zu dem Schluss kommt, dass mit naturethischen Ansätzen nur eine indirekte moralische Berücksichtigung von Forschungsobjekten bzw. Erzeugnissen der Synthetischen Biologie begründet werden kann, jedoch kein über diese indirekte Berücksichtigung hinausgehender intrinsischer Wert aus den Positionen abgeleitet werden könne. Er hält eine Bestimmung des moralischen Status von Erzeugnissen der Synthetischen Biologie auf Basis einer reinen Naturethik daher für unzureichend. Da Forschungsobjekte der Synthetischen Biologie zumeist technischen Eingriffen des Menschen unterworfen sind, erweitert Achatz (2013, S. 159-199) den „Beschreibungs- und Bewertungszugang zu den Erzeugnissen Synthetischer Biologie" um eine technikethische Anschauung. Meine Schlussfolgerungen in diesem Kapitel schließen die von Achatz angestellten notwendigen technikethischen Betrachtungen der Synthetischen Biologie keinesfalls aus, nur mit Bezug auf die Beurteilung des moralischen Status der Forschungsobjekte der Synthetischen Biologie erscheinen sie nicht nötig.

Eine prinzipielle Kritik oder Bewertung einzelner Positionen der Naturethik würde an dieser Stelle weit über den Rahmen dieser Arbeit hinausweisen. Dennoch hat sich für die einzelnen Positionen der Naturethik bezüglich des moralischen Status der Forschungsobjekte der Synthetischen Biologie Folgendes gezeigt: So kann mit anthropozentrischen als auch pathozentrischen Positionen der Naturethik eine direkte moralische Berücksichtigung derzeitiger nichtlebender (v.a. Gegenstände) und lebender (v.a. Mikroorganismen) Forschungsobjekte der Synthetischen Biologie natürlichen und künstlichen Ursprungs nicht begründet werden. Darüber hinaus wird auch aus biozentrischer Perspektive eine direkte moralische Berücksichtigung nichtlebender Forschungsobjekte nicht angenommen. Jedoch sind auf Basis des Kriteriums „Lebendigkeit" lebende Objekte prinzipiell direkt moralisch zu berücksichtigen. In hierarchischen biozentrischen Positionen allerdings wird auch lebenden Forschungsobjekten, mit Blick auf deren Komplexität, eine abgestufte moralische Berücksichtigung zugesprochen. Allein aus holistischer Perspektive sind alle existierenden Entitäten, das heißt sowohl nichtlebende als auch lebende Forschungsobjekte, direkt moralisch zu berücksichtigen.

Rückblickend auf die Frage nach einem verantwortungsvollen Umgang mit Mikroorganismen als lebende Forschungsobjekte sowie nach dem vermeintlichen „Spielcharakter" der Synthetischen Biologie und ob mit den Forschungsobjekten der Synthetischen Biologie „gespielt" werden darf (s. Kap. 3.3.1 und 4) wird nun deutlich, dass in den verschiedenen Positionen der Naturethik unterschiedliche Perspektiven bestehen und auch verschiedene Antworten auf diese Fragen und somit auf die Frage nach dem moralischen Status der Forschungsobjekte gegeben werden (s. Tab. 11).

Auch wenn der Streit um die theoretische Begründung der naturethischen Positionen in dieser Arbeit weder entschieden werden konnte noch sollte, ließen sich dennoch Gemeinsamkeiten und Unterschiede auch bezüglich praktischer Fragen ermitteln: Mit anthropozentrischen und pathozentrischen Positionen sind derzeitige nichtlebende sowie lebende Forschungsobjekte indirekt moralisch zu berücksichtigen, weshalb Forschungshandlungen an diesen Objekten grundsätzlich moralisch gerechtfertigt sind. Manipulationen in Form von künstlichen Eingriffen des Menschen, die Instrumentalisierung sowie die Herstellung und Vernichtung dieser Forschungsobjekte sind innerhalb dieser Positionen grundsätzlich moralisch legitim, wenn auch weitere Aspekte aufgrund einer möglichen indirekten Berücksichtigungswürdigkeit der Entitäten einbezogen werden müssen. Innerhalb biozentrischer Positionen können synthetisch-biologische Veränderungen, die Instrumentalisierung, das Zerstören oder eine möglicherweise zukünftige *De-novo*-Herstellung von lebenden Forschungsobjekten, im Gegensatz zu nichtlebenden Objekten, prinzipiell nicht moralisch gerechtfertigt werden.

Tab. 11: Moralischer Status der Forschungsobjekte der Synthetischen Biologie in den Positionen der Naturethik.

Kategorie		Moralischer Status: Anthrop. Ansatz	Pathoz. Ansatz	Bioz. Ansatz	Holist. Ansatz
(A) Nichtlebende Forschungsobjekte		indirekt	indirekt	indirekt	direkt
(B) Lebende Forschungsobjekte	**natürlichen Ursprungs**	indirekt	indirekt	direkt	direkt
	mit synthetisch-biologischen Veränderungen	indirekt	indirekt	direkt	direkt
	***de novo* synthetisiert**	indirekt	indirekt	direkt	direkt

Mit holistischen Positionen, die eine direkte moralische Berücksichtungswürdigkeit von lebenden und nichtlebenden Objekten postulieren, wurden Forschungshandlungen im Kontext der Synthetischen Biologie an diesen zwar als moralisch nicht gerechtfertigt eingestuft; für diese Entitäten ist jedoch mit holistischen wie auch mit biozentrischen Positionen im Falle schwerwiegender Gründe eine Güterabwägung vorzunehmen und die Forschungshandlungen sind fallspezifisch zu bewerten und können gegebenenfalls auch moralisch legitimiert werden. Forschungshandlungen hingegen, die lediglich mit dem Verweis auf die Lust am „Spiel" begründet werden, wie dies in manchen Forschungsansätzen der Synthetischen Biologie der Fall ist, sind mit diesen Positionen folglich moralisch nicht zu rechtfertigen. Allerdings ergaben sich auch innerhalb der holistischen Positionen der Naturethik aufgrund der zahlreichen Kollisionen von gegensätzlichen Pflichten Schwierigkeiten. Diese Konflikte erschweren häufig eine pragmatische Umsetzung der theoretischen Annahmen in der Praxis.

7.5 Zusammenfassung

In diesem Kapitel habe ich den moralischen Status der von mir in Kapitel 6 kategorisierten Forschungsobjekte der Synthetischen Biologie in den verschiedenen

Positionen der Naturethik bestimmt. Anhand der Zuschreibung einer indirekten bzw. direkten moralischen Berücksichtigung von Forschungsobjekten innerhalb dieser Positionen ergaben sich Berührungspunkte, aber auch je unterschiedliche Regeln für den Umgang mit diesen. Aus einer indirekten moralischen Berücksichtigung resultierte eine prinzipielle Verfügbarkeit der Objekte für die Forschungen zur Synthetischen Biologie. Schäden, Manipulationen, Instrumentalisierungen, Zerstörung, aber auch eine mögliche Herstellung von Entitäten konnten so grundsätzlich moralisch gerechtfertigt werden. Demgegenüber wurden Forschungshandlungen im Falle einer direkten moralischen Berücksichtigung von Forschungsobjekten an diesen als moralisch nicht legitimiert eingestuft. Nur auf Basis zusätzlicher Annahmen wie bestimmter Prinzipien und einer Güterabwägung im Einzelfall konnten Verstöße gegen die aus der direkten moralischen Berücksichtigungswürdigkeit resultierenden prinzipiellen Unverfügbarkeit der Entitäten dennoch moralisch gerechtfertigt werden.

Aus anthropozentrischer, pathozentrischer und biozentrischer Perspektive konnte für Kategorie (A), die „nichtlebenden Forschungsobjekte der Synthetischen Biologie“ sowohl natürlichen als auch künstlichen Ursprungs eine indirekte moralische Berücksichtigung begründet werden. Das synthetisch-biologische Verändern, Instrumentalisieren, Zerstören oder Erzeugen von nichtlebenden Forschungsobjekten der Synthetischen Biologie war, aufgrund der hieraus resultierenden prinzipiellen Verfügbarkeit der Objekte, mit diesen Positionen grundsätzlich moralisch gerechtfertigt. Allerdings hat sich gezeigt, dass bei Forschungshandlungen an diesen Objekten dennoch zahlreiche weitere Aspekte im Einzelfall zu berücksichtigen sind.

Demgegenüber war aus holistischen Positionen der Naturethik eine intrinsischer Wert von nichtlebenden Forschungsobjekten der Synthetischen Biologie natürlicher oder künstlicher Herkunft abzuleiten. Forschungshandlungen an nichtlebenden Objekten konnten aufgrund der prinzipiellen Unverfügbarkeit dieser Entitäten aus holistischer Perspektive somit moralisch nicht legitimiert werden.

Unter Kategorie (B) „lebende Forschungsobjekte der Synthetischen Biologie“ habe ich bereits in Kapitel 6.4.2 die Unterkategorien „lebende Objekte natürlichen Ursprungs“, „lebende Objekte mit synthetisch-biologischen Veränderungen“ und möglicherweise zukünftige „lebende, *de novo* synthetisierte Objekte“ zusammengefasst. Es wurde deutlich, dass derzeit hauptsächlich einzelne Zellen und Mikroorganismen als lebende Forschungsobjekte der Synthetischen Biologie verwendet werden. Da ich herausstellen konnte, dass die herkunftsbezogene „Natürlichkeit“ bzw. „Künstlichkeit“ an sich auch bei einzelnen Zellen jedoch keinen Unterschied in der Beurteilung des moralischen Status nach sich ziehen darf, waren für die Begründung der moralischen Berücksichtigung von lebenden Objekten aller Unterkategorien dieselben Annahmen zugrunde zu legen.

Sowohl aus anthropozentrischer und pathozentrischer Perspektive der Naturethik konnte für diese Objekte eine indirekte moralische Berücksichtigung mit Bezug auf den Menschen begründet werden. Hieraus resultierte, dass Forschungshandlungen an diesen lebenden Objekten mit diesen Positionen moralisch gerechtfertigt sind. Allerdings hat sich auch hier gezeigt, dass weitere Aspekte im Einzelfall einzubeziehen sind. Zudem wurde deutlich, dass eine mögliche Ausweitung der Techniken der Synthetischen Biologie auf komplexere Lebewesen wie Tiere bzw. den Menschen eine direkte moralische Berücksichtigung dieser Objekte aus diesen Perspektiven zukünftig bedingen könnte.

Aus biozentrischer Perspektive war hingegen ein intrinsischer Wert von lebenden Forschungsobjekten anhand des Kriteriums „Lebendigkeit“ abzuleiten. Auch mit holistischen Positionen der Naturethik waren nicht nur alle existierenden Wesen, sondern darüber hinaus auch Ökosysteme und Arten in den Kreis der direkt moralisch zu berücksichtigenden Entitäten einzuschließen. Forschungshandlungen wie Eingriffe, Veränderungen, die Zerstörung oder eine mögliche Erzeugung von lebenden Objekten im Rahmen der Synthetischen Biologie sind somit aus biozentrischer und holistischer Perspektive grundsätzlich moralisch nicht zu rechtfertigen. Jedoch hat sich gezeigt, dass auch in diesen Positionen Forschungshandlungen im Falle schwerwiegender Gründe, beispielsweise einem bedeutenden gesundheitlichen Schaden oder Nutzen für den Menschen, moralisch legitimiert werden können. Auch hier ist der Einzelfall spezifisch zu prüfen und zu bewerten und es ist eine Güterabwägung vorzunehmen.

8 Fazit

Wird es mit den Forschungen zur Synthetischen Biologie tatsächlich gelingen, „neues Leben" im Labor *de novo* herzustellen? Falls ja, würde dies eine wissenschaftliche Revolution und einen Paradigmenwechsel in der Biologie einleiten. Um dieser und weiteren offenen Fragen im Forschungskontext der Synthetischen Biologie nachzugehen, nahm ich zu Beginn dieser Arbeit eine Klassifizierung der verschiedenen Ansätze der Synthetischen Biologie nach konkreten Forschungszweigen vor. Die hierbei unterschiedenen fünf Hauptforschungsansätze waren: Der Minimalorganismenansatz, der Ansatz zur Neusynthese von DNA-Abschnitten und Genomen, der Ansatz zur umfangreichen genetischen Modifikation von Organismen, der Ansatz zur Erzeugung „paralleler organismischer Welten" und der Protozellenansatz. Diese Forschungsbereiche stellten sich als äußerst heterogen dar und waren aus diesem Grunde jeweils im Einzelnen zu untersuchen und zu bewerten. Da bislang keine einheitliche Definition von Synthetischer Biologie etabliert werden konnte, nahm ich eine vorläufige Definition, anhand grundlegender Gemeinsamkeiten der bereits vorliegenden Definitionsansätze und unter Ergänzung wesentlicher Aspekte, in dieser Arbeit vor.

Im Kontext der hierauf folgenden Betrachtungen wurde deutlich, dass es einzig Ziel des Protozellenansatzes ist, lebende Zellen aus nichtlebenden Stoffen von Grund auf herzustellen. Folglich ist dieser Ansatz der bislang einzige und vielversprechendste Forschungszweig der Synthetischen Biologie, der zu einer *De-novo*-Synthese von „neuem Leben" führen könnte und als revolutionärer Durchbruch einen Paradigmenwechsel in der Biologie einleiten könnte. Es hat sich jedoch gezeigt, dass auch mit dem Protozellenansatz bislang nur die Erzeugung rein chemischer Systeme und somit keine Herstellung von „neuem Leben" möglich ist. Daher konnten alle Forschungsansätze der Synthetischen Biologie aktuell vielmehr als „evolutionärer Fortschritt" der Biologie ausgewiesen werden.

Mit dieser Entwicklung ging dennoch die Frage nach der Neuheit des Forschungsfeldes einher. Folglich habe ich die unterschiedlichen Ziele und Visionen, die verschiedenen Techniken, die tatsächlichen und nur eventuell zukünftigen Anwendungen sowie die unterschiedlichen Darstellungen der heterogenen Forschungsansätze der Synthetischen Biologie in der Öffentlichkeit herausgearbeitet. Für alle fünf Hauptforschungsansätze konnten dabei deutliche Neuerungen aufgezeigt werden. So wiesen alle Forschungsansätze methodische, konzeptionelle sowie kulturelle Unterschiede im Vergleich zur klassischen Gentechnik auf. Zudem standen spielerische Elemente sowie Änderungen in der qualitativen und quantitativen Eingriffstiefe im Vordergrund. Hierbei wiesen sich die einzelnen Hauptforschungsfelder der Synthetischen Biologie als geprägt durch Vernetzungen mit anderen Fachbereichen wie der Gentechnologie, den Ingenieurwissenschaften, der Systembiologie oder der Informationstechnologie, aber auch durch Verbindungen untereinander aus. Demzufolge werden im Forschungsfeld nicht nur biologische, sondern vor allem auch technische und bioingenieurwissenschaftliche Methoden und Prinzipien angewendet.

Trotz der hieraus resultierenden Anwendungsorientierung sind erst wenige Anwendungen tatsächlich bis zur Marktreife gelangt. Die meisten Forschungsansätze bewegen sich derzeit noch im Bereich der Grundlagenforschung. Zukünftig soll sich dies jedoch ändern, wenn beispielsweise in der Medizin, der Arzneimittelproduktion, der (Chemischen-)Industrie, der Umwelttechnologie oder der Energieerzeugung zahlreiche Anwendungen zur Verfügung gestellt werden sollen. Dieser derzeitige Mangel an konkreten Anwendungen stellte sich als ein möglicher Grund für die bislang eher geringe Bekanntheit der Synthetischen Biologie in der deutschen Bevölkerung dar.

In einem deutlichen Kontrast hierzu stand jedoch die Prominenz des Synthetischen Biologen Craig Venter, der mit seinen Forschungsprojekten als *visible scientist* weltweit für Aufsehen sorgt. In einem Exkurs konnte ich aufzeigen, dass er geschickt mit den Rollen des Wissenschaftlers, Ökonomen und Medienstars spielt und dabei stark polarisiert: Auf diese Weise erfährt er von Seiten seiner Kritiker zwar Ablehnung, übt aber auch auf viele Menschen eine gewisse Faszination aus. Beides garantiert ihm weltweit das öffentliche Interesse an seiner Person. Dies führt auch zu stärkerer finanzieller Förderung seiner Forschungsprojekte. Nicht nur in diesem Kontext hat sich gezeigt, dass die zahlreichen Verweise auf die Andersartigkeit des Forschungsfeldes auch lediglich dazu dienen können, das Interesse der Öffentlichkeit und der finanziellen Förderer der Projekte zu wecken.

Neue Kenntnisse in der Grundlagenforschung und vielversprechende Anwendungen standen folglich den potentiellen Risiken der Synthetischen Biologie, beispielsweise unerwünschte und nicht kontrollierbare Wechselwirkungen im menschlichen Körper, die Entstehung neuer Pathogene, ein missbräuchlicher Einsatz wie Bioterrorismus oder die Problematik eines *Dual-Use*, gegenüber. Dies warf gesundheitliche, ethische und rechtliche Fragen sowie *Biosecurity-* und *Biosafety*-relevante Sicherheitsfragen auf, die unmittelbar den Menschen und die Umwelt betreffen. Der Ansatz zur Erzeugung „paralleler organismischer Welten" erwies sich dabei als eine Möglichkeit zur Eindämmung dieser Risiken, indem neue Sicherheitstechniken wie die Errichtung einer „genetischen Firewall" entwickelt werden sollen. Dabei habe ich die Debatte über eine mögliche Ausweitung bestehender nationaler sowie internationaler rechtlicher Regelungen, die zum Teil als unzureichend bewertet werden, aufgegriffen. Zudem wären ergänzende Selbstbeschränkungen für wissenschaftlich Forschende und die Industrie sowie Biologenvorbehalte im Bereich der DIY-Biologie zu etablieren. Für spezifische Forschungen der Synthetischen Biologie zu artifiziellen genetischen Elementen wäre zudem ein Moratorium zu erwägen.

Angesichts dieser Problematiken und des Anspruchs der Synthetischen Biologie Leben herzustellen, habe ich ausdrücklich darauf verwiesen, dass die ausführliche und umfassende Untersuchung der weitreichenden Implikationen sowie der potentiellen Chancen und Risiken der Forschungen zur Synthetischen Biologie unabdingbar ist. Für besonders wichtig erachte ich die sachliche mediale Aufklärung und Einbeziehung der Öffentlichkeit. Hierbei sind insbesondere die Vorgehensweisen der aktuellen und der nur vielleicht zukünftig möglichen Ansätze sowie die potentiellen Chancen und Risiken der Synthetischen Biologie auch von Seiten der Synthetischen Biologen selbst transparent zu machen. Zudem hat sich gezeigt, dass öffentliche Diskurse, in die individuelle Synthetische Biologen und weitere Akteure im Wissenschaftsfeld der Synthetischen Biologie, insbesondere wissenschaftliche Institutionen, Forschungsförderer, Industrie, Gesellschaft sowie Politik einbezogen sind, notwendig und zu fördern sind. Dabei ist der institutionelle und rechtliche Rahmen weiter auszubauen, der es individuellen Synthetischen Biologen ermöglicht, ihrer spezifischen Verantwortung angemessen nachkommen zu können. Denn Synthetische Biologen stellten sich aufgrund ihrer Kompetenzen und Ziele individuell und als *scientific community* als in besonderem Maße dafür verantwortlich heraus, die Informationen bereitzustellen, die für einen öffentlichen Diskurs notwendig sind sowie dafür Chancen zu erhöhen und Risiken zu vermeiden.

Auch im Kontext eines vermeintlichen „Spielcharakters“ einiger Forschungsansätze der Synthetischen Biologie haben sich Transparenz und Sachlichkeit als wichtige Aspekte der Wissenschaftskommunikation herausgestellt, um einen verantwortungsvollen Umgang aller Beteiligten in und mit den verschiedenen Forschungsbereichen der Synthetischen Biologie zu ermöglichen. Wie ich aufzeigen konnte, ist „Spiel“ in der Synthetischen Biologie nicht nur ein kreatives Mittel zur Gewinnung neuer wissenschaftlicher Erkenntnisse. Es ließ sich vor allem auch als ein Akteurskonzept ausweisen, das die zunehmende Ökonomisierung und die potentiellen Risiken des Forschungsfeldes verschleiern kann. Damit spielerisch-kreative Elemente weiterhin in den Forschungsbereichen der Synthetischen Biologie als Mittel des Erkenntnisgewinns einfließen können, habe ich folglich eine angemessene Aufklärung der Öffentlichkeit über die verschiedenen Forschungsansätze und deren Implikationen als notwendig herausgestellt.

Eine transparente Aufklärung der Öffentlichkeit erwies sich darüber hinaus auch im Kontext einer möglicherweise zukünftigen *De-novo*-Synthese „neuen Lebens“ als relevant. So wurde deutlich, dass möglicherweise auch die Vorgabe einer Herstellung künstlichen Lebens lediglich finanzielle Förderer locken soll, ohne dass tatsächlich fundamental Neues, im Sinne eines völlig veränderten Paradigmas, betrieben wird. Im Rahmen meiner Untersuchungen waren daher der Lebens- und Naturbegriff und somit Fragen des Lebens- und Naturverständnisses im Bereich der Synthetischen Biologie, die Biofakt-Typologie sowie Frage nach einer möglichen, derzeit als visionär geltenden Erzeugung „neuen Lebens“ aus dem Labor zentral. Diese Überlegungen führten mich zu einer möglichen Systematisierung der Forschungsobjekte der Synthetischen Biologie, die ich anhand der Kriterien „lebend“ und „nichtlebend“ sowie der beiden quer zu diesen stehenden Kriterien „natürlich“ und „künstlich“ aufgestellt habe.

Diese Systematisierung ermöglichte schließlich die Bestimmung des moralischen Status der Forschungsobjekte der Synthetischen Biologie. Die Auseinandersetzung mit den verschiedenen naturethischen Positionen warf die Frage auf, wie die Forschungsobjekte der Synthetischen Biologie als solche ethisch direkt oder indirekt zu berücksichtigen sind. So verwies bereits die Charakterisierung der Synthetischen Biologie als „Spiel“ auf die Frage, ob mit den Forschungsobjekten ohne Weiteres „gespielt“ werden darf. Zur Bewertung des moralischen Status der Forschungsobjekte der Synthetischen Biologie standen sich anthropozentrische und physiozentrische Perspektiven gegenüber. Ich habe folglich dargelegt, dass den nichtlebenden Forschungsobjekten und den lebenden Forschungsobjekten (als solche wurden aktuell hauptsächlich Mikroorganismen und einzelne Zellen begriffen) der Synthetischen Biologie natürlichen bzw. künstlichen Ursprungs in diesen verschiedenen Positionen ein je unterschiedlicher moralischer Status zugesprochen wird. Anhand der direkten oder indirekten moralischen Berücksichtigung der Forschungsobjekte in den verschiedenen Positionen habe ich gemeinsame und unterschiedliche Handlungsanweisungen und Regeln für den Umgang mit den verschiedenen Objekten herausgearbeitet. Mit anthropozentrischen und pathozentrischen Positionen wurden derzeitige nichtlebende sowie lebende Oobjekte natürlichen und künstlichen Ursprungs als indirekt moralisch zu berücksichtigen eingestuft. Daher waren Forschungshandlungen an diesen Objekten aufgrund der prinzipiellen Verfügbarkeit dieser Entitäten grundsätzlich moralisch zu rechtfertigen, wenn auch immer weitere Aspekte zu berücksichtigen sind. Mit biozentrischen und holistischen Positionen, die eine direkte moralische Berücksichtigungswürdigkeit aller lebenden und teilweise auch nichtlebenden Entitäten postulieren, wurden Forschungshandlungen an lebenden und zum Teil auch an nichtlebenden Objekten natürlichen und künstlichen Ursprungs *prima facie* als moralisch nicht zu rechtfertigen eingestuft. Jedoch wurde deutlich, dass Ausnahmen möglich sind, wenn erhebliche Gründe, beispielsweise ein bedeutender gesundheitlicher Nutzen für den Menschen, vorliegen und folglich eine Güterabwägung vorgenommen werden muss. Somit sind auch hier weitere Implikationen im individuellen Fall zu berücksichtigen.

Schließlich ist davon auszugehen, dass zukünftig komplexere Lebewesen wie Tiere oder auch der Mensch zu Forschungsobjekten der Synthetischen Biologie werden könnten. Dies hätte weitreichende Konsequenzen aus Perspektive der Naturethik. Denn der moralische Status dieser Forschungsobjekte verlangt nach deutlich engeren Grenzen des Umgangs mit ihnen. Die Möglichkeit einer Erzeugung von „neuem Leben" aus dem Labor erwies sich somit nicht nur als eine Frage nach der technischen Umsetzung oder der Ebene der Betrachtung der Grenzen des Lebendigen. Sie ist auch eine Suche nach Orientierung in unserem Verhältnis zu und unserem Verständnis von „Leben". Dabei stellt sich die Frage, wie dieses Verhältnis und Verständnis durch die Synthetische Biologie verändert werden. Eine Antwort auf diese komplexe und schwierige Frage muss berücksichtigen, wie wir mit „Leben", den entstehenden Biofakten mit zum Teil unklarem oder strittigen Lebensstatus und den sich bietenden Chancen, aber auch den möglichen Risiken der verschiedenen Forschungsansätze der Synthetischen Biologie heute und in Zukunft umgehen wollen.

9 Literaturverzeichnis

Achatz, J. (2013). *Synthetische Biologie und „natürliche“ Moral: Ein Beschreibungs- und Bewertungszugang zu den Erzeugnissen Synthetischer Biologie*. Freiburg i.B., München: Alber.

Adams, M. D. et al. (2000). The Genome Sequence of Drosophila Melanogaster. *Science* 287 (5461), 2185–2195.

Adams, T. (2003). *The Stuff of Life*. URL: https://www.theguardian.com/education/2003/apr/06/highereducation.uk1, zuletzt geprüft am 01.07.2016.

Ammicht Quinn, R. & Nagenborg, M. (2012). Wissen, was man tut – Ethische Perspektiven auf Fragen ziviler Sicherheit und auf die Sicherheitsforschung in Deutschland. In T. Nielebock et al. (Hrsg.), *Zivilklauseln für Forschung, Lehre und Studium: Hochschulen zum Frieden verpflichtet* (S. 255–269). Baden-Baden: Nomos.

Andersen, E. S. et al. (2009). Self-Assembly of a Nanoscale DNA Box with a Controllable Lid. *Nature* 459 (7243), 73–76.

Andorno, R. (2004). The Precautionary Principle: A New Legal Standard for a Technological Age. *JIBL* 1 (1), 11–19.

Apel, K.-O. (1988a). Diskursethik als Verantwortungsethik und das Problem der ökonomischen Rationalität. In K.-O. Apel (Hrsg.), *Diskurs und Verantwortung* (S. 270–305). Frankfurt a.M.: Suhrkamp.

Apel, K.-O. (1988b). Die ethische Bedeutung des Sports in der Sicht einer universalistischen Diskursethik. In E. Franke (Hrsg.), *Ethische Aspekte des Leistungssports* (S. 105–143). Clausthal-Zellerfeld: Dt. Vereinigung für Sportwissenschaften.

Arber, W. & Linn, S. (1969). DNA Modification and Restriction. *Annual Review of Biochemistry* 38, 467–500.

Aristoteles (1987). *Aristoteles' Physik: Vorlesung über Natur* (Bd. 1: Bücher I(A)–IV(Δ)). Hamburg: Meiner.

Baccini, P. (2004). Innovationen, die Politik und wir. *ProClim-Flash* 31 (1), 1.

Ball, P. (2007). *What is Life? A Silly Question*. URL: http://philipball.blogspot.de/2007_06_01_archive.html, zuletzt geprüft am 01.07.2016.

Bayertz, K. (1995). Eine kurze Geschichte der Herkunft der Verantwortung. In K. Bayertz (Hrsg.), *Verantwortung: Prinzip oder Problem?* (S. 3–71). Darmstadt: Wissenschaftliche Buchgesellschaft.

Beauchamp, T. L. et al. (1995). Informed Consent. In W. T. Reich (Hrsg.), *Encyclopedia of Bioethics* (Bd. 3, S. 1232–1270). New York: Simon & Schuster.

Bedau, M. A. (2003). Artificial Life: Organization, Adaptation and Complexity from the Bottom Up. *Trends in Cognitive Sciences* 7 (11), 505–512.

Bedau, M. A. et al. (2008). *Ethical Guidelines Concerning Artificial Cells.* URL: www.istpace.org/Web_Final_Report/the_pace_report/Ethics_final/PACE_ethics.pdf, zuletzt geprüft am 01.07.2016.

Belt, H. van den (2009). Playing God in Frankenstein's Footsteps: Synthetic Biology and the Meaning of Life. *Nanoethics* 3 (3), 257–268.

Berendes, J. (Hrsg.). (2007). *Autonomie durch Verantwortung: Impulse für die Ethik in den Wissenschaften.* Paderborn: Mentis.

Berg, P. et al. (1975). Asilomar Conference on Recombinant DNA Molecules. *Science* 188 (4192), 991–994.

Bertalanffy, L. von (1937). *Das Gefüge des Lebens.* Leipzig: B.G. Teubner.

Billerbeck, S. & Panke, S. (2012). Synthetische Biologie – Biotechnologie als eine Ingenieurwissenschaft. In J. Boldt et al. (Hrsg.), *Leben schaffen? Philosophische und ethische Reflexionen zur Synthetischen Biologie* (S. 19–40). Paderborn: Mentis.

BioBricks Foundation (2016). *BioBricks Foundation: Mainpage.* URL: www.biobricks.org, zuletzt geprüft am 01.07.2016.

Birnbacher, D. (1983). Hans Jonas: Das Prinzip Verantwortung. *Zeitschrift für Philosophische Forschung* 37, 144–146.

Birnbacher, D. (1988). *Verantwortung für zukünftige Generationen.* Stuttgart: Reclam.

Birnbacher, D. (2006). *Natürlichkeit.* Berlin: De Gruyter.

Birnbacher, D. & Wagner, B. (2003). Risiko. In M. Düwell & K. Steigleder (Hrsg.), *Bioethik: Eine Einführung* (S. 435–446). Frankfurt a.M.: Suhrkamp.

Blattner, F. R. et al. (1997). The Complete Genome Sequence of Escherichia Coli K-12. *Science* 277 (5331), 1453–1462.

Boldt, J. (2011). Natur 2.0? Zur Diskussion um die ethischen Aspekte der synthetischen Biologie. In P. Dabrock et al. (Hrsg.), *Was ist Leben – im Zeitalter seiner technischen Machbarkeit? Beiträge zur Ethik der Synthetischen Biologie* (S. 309–326). Freiburg i.B.: Alber.

Boldt, J. et al. (2009). *Synthetische Biologie: Eine ethisch-philosophische Analyse.* Bern: Bundesamt für Bauten und Logistik, BBL.

Boldt, J. et al. (2013). Der Herstellungsbegriff in der Synthetischen Biologie. *Jahrbuch für Wissenschaft und Ethik* 17 (1), 89–116.

Boldt, J. & Müller, O. (2008). Newtons of the Leaves of Grass. *Nature Biotechnology* 26 (4), 387–389.

Bonß, W. (1995). *Vom Risiko: Unsicherheit und Ungewißheit in der Moderne.* Hamburg: Hamburger Edition.

Borenstein, S. (2007). *Scientists Struggle to Define Life.* URL: http://usatoday30.usatoday.com/tech/science/2007-08-19-life_N.htm, zuletzt geprüft am 01.07.2016.

Boschert, K. (2005). Welches Vorsorgeprinzip? In Gen-ethischer Informationsdienst (GID) 173, 9–10.

Brenner, A. (2007). *Leben: Eine philosophische Untersuchung.* Bern: Bundesamt für Bauten und Logistik, BBL.

Brenner, A. (2008). *Umweltethik: Ein Lehr- und Lesebuch.* Fribourg: Academic Press.

Brenner, A. (2009). *Leben.* Stuttgart: Reclam.

Briseño, C. (2010). *Erster künstlicher Organismus: „Sie sollen tun, was wir wollen“.* URL: http://www.spiegel.de/wissenschaft/natur/erster-kuenstlicher-organismus-sie-sollen-tun-was-wir-wollen-a-696057.html, zuletzt geprüft am 01.07.2016.

Brockhaus (2003). *Der große Brockhaus in einem Band.* Leipzig: Brockhaus.

Budisa, N. (2012). Chemisch-Synthetische Biologie. In K. Köchy & A. Hümpel (Hrsg.), *Synthetische Biologie: Entwicklung einer neuen Ingenieurbiologie?* (Themenband der interdisziplinären Arbeitsgruppe Gentechnologiebericht) (S. 85–116). Dornburg: Forum W (30).

BWÜ (2016). *Übereinkommen über das Verbot der Entwicklung, Herstellung und Lagerung bakteriologischer (biologischer) Waffen und von Toxinwaffen sowie über die Vernichtung solcher Waffen.* URL: http://www.auswaertiges-amt.de/cae/servlet/contentblob/349374/publicationFile/4147/BWUE.pdf, zuletzt geprüft am 01.07.2016.

Callicott, J. B. (1996). Animal Liberation: A Triangular Affair. In R. Elliot (Hrsg.), *Environmental Ethics* (S. 29–59). Oxford: Oxford University Press.

Campbell, N. A. et al. (2003). *Biologie.* Heidelberg u.a.: Spektrum.

Cello, J. et al. (2002). Chemical Synthesis of Poliovirus cDNA: Generation of Infectious Virus in the Absence of Natural Template. *Science* 297 (5583), 1016–1018.

Chadwick, R. F. (1989). Playing God. *Cogito* 3 (3), 186–193.

Chaos Computer Club (CCC) (2016). *Hackerethik.* URL: http://www.ccc.de/de/hackerethik, zuletzt geprüft am 01.07.2016.

Charisius, H. (2010a). *Der Herr der Gene als Hassfigur.* URL: http://www.swp.de/ulm/nachrichten/politik/Der-Herr-der-Gene-als-Hassfigur;art4306,497895, zuletzt geprüft am 01.07.2016.

Charisius, H. (2010b). *Künstliches Leben: Premiere. Craig Venter spielt Gott.* URL: http://www.sueddeutsche.de/wissen/kuenstliches-leben-premiere-craig-venter-spielt-gott-1.945572, zuletzt geprüft am 01.07.2016.

Charisius, H. et al. (2012). Wir Genbastler. *Frankfurter Allgemeine Sonntagszeitung*, 29.04.2012 (17), 57–60.

Charisius, H. et al. (2013). *Biohacking: Gentechnik aus der Garage.* München: Hanser.

Chen, I. A. et al. (2004). The Emergence of Competition between Model Protocells. *Science* 305 (5689), 1474–1476.

Cho, M. K. et al. (1999). Ethical Considerations in Synthesizing a Minimal Genome. *Science* 286 (5447), 2089-2090.

Cleland, C. E. & Chyba, C. F. (2002). Defining "Life". *Origins of Life and Evolution of the Biosphere* (32), 387–393.

Coenen, C. (2011). Extreme Technikvisionen und die gesellschaftliche Verantwortung der Wissenschaft. In U. Bartosch (Hrsg.), *Verantwortung von Wissenschaft und Forschung in einer globalisierten Welt* (S. 231–255). Berlin: LIT.

CoGepedia (2016). *Mycoplasma mycoides JCVI-syn1.0 Decoded.* URL: https://genomevolution.org/wiki/index.php/Mycoplasma_mycoides_JCVI-syn1.0_Decoded, zuletzt geprüft am 01.07.2016.

Cook-Deegan, R. (1994). *The Gene Wars: Science, Politics, and the Human Genome.* New York: W.W. Norton.

Cryo-Brehm (2016). *Deutsche Zellbank für Wildtiere „Alfred Brehm".* URL: http://cryo-brehm.de/, zuletzt geprüft am 01.07.2016.

Cserer, A. et al. (2011). Darstellungen der Synthetischen Biologie: Eine Diskussion der Berichterstattung über Synthetische Biologie in deutschsprachigen Medien und der Äußerungen von SynBio-Experten. In P. Dabrock et al. (Hrsg.), *Was ist Leben – im Zeitalter seiner technischen Machbarkeit? Beiträge zur Ethik der Synthetischen Biologie* (S. 369–386). Freiburg i.B.: Alber.

Cserer, A. & Seiringer, A. (2009). Pictures of Synthetic Biology: A Reflective Discussion of the Representation of Synthetic Biology (SB) in the German-Language Media and by SB Experts. *Systems and Synthetic Biology* 3 (1-4), 27–35.

Dabrock, P. (2012). Wird in der Synthetischen Biologie „Gott gespielt"? Theologische und ethische Perspektiven. In J. Boldt et al. (Hrsg.), *Leben schaffen? Philosophische und ethische Reflexionen zur Synthetischen Biologie* (S. 195–215). Paderborn: Mentis.

Davies, P. (2010). Fremdes Leben: Aliens auf der Erde? *Spektrum der Wissenschaft, Dossier* (3), 38–45.

Deamer, D. W. & Dworkin, J. P. (2005). Chemistry and Physics of Primitive Membranes. *Topics in Current Chemistry* 259, 1–27.

Descartes, R. & Wohlers, W. (Hrsg.). (2011). *Discours de la Méthode.* Hamburg: Meiner.

Deutsche Forschungsgemeinschaft (DFG) et al. (2009). *Synthetische Biologie: Stellungnahme.* Weinheim: Wiley-VCH.

Deutscher Ethikrat (Hrsg.). (2011). *Mensch-Tier-Mischwesen in der Forschung: Stellungnahme.* Berlin: AZ Druck und Datentechnik.

Deutscher Ethikrat (Hrsg.). (2014). *Biosicherheit: Freiheit und Verantwortung in der Wissenschaft.* Berlin: Deutscher Ethikrat.

Diamond vs. Chakrabarty (1980). *United States Supreme Court: Diamond vs. Chakrabarty.* URL: http://caselaw.findlaw.com/us-supreme-court/447/303.html, zuletzt geprüft am 01.07.2016.

Diekämper, J. (2012). Die Synthetische Biologie in den Medien. In K. Köchy & A. Hümpel (Hrsg.), *Synthetische Biologie: Entwicklung einer neuen Ingenieurbiologie?* (Themenband der interdisziplinären Arbeitsgruppe Gentechnologiebericht) (S. 215–233). Dornburg: Forum W (30).

Drexler, K. E. (1986). *Engines of Creation.* Garden City u.a.: Anchor Press/Doubleday.

Düwell, M. (2002). Moralischer Status. In M. Düwell et al. (Hrsg.), *Handbuch Ethik* (S. 417–423). Stuttgart u.a.: Metzler.

Düwell, M. et al. (2002). Einleitung. Ethik: Begriff – Geschichte – Theorie – Applikation. In M. Düwell et al. (Hrsg.), *Handbuch Ethik* (S. 1–23). Stuttgart u.a.: Metzler.

Duff, R. A. (1998). Responsibility. In E. Craig (Hrsg.), *Routledge Encyclopedia of Philosophy* (Bd. 8, S. 290–294). London: Routledge.

Dupuy, J.-P. (2011). *Cybernetics is an Antihumanism: Advanced Technologies and the Rebellion against the Human Condition.* URL: http://www.metanexus.net/essay/h-cybernetics-antihumanism-advanced-technologies-and-rebellion-against-human-condition, zuletzt geprüft am 01.07.2016.

Eigen, M. & Winkler, R. (1975). *Das Spiel: Naturgesetze steuern den Zufall.* München u.a.: Piper.

Elowitz, M. B. & Leibler, S. (2000). A Synthetic Oscillatory Network of Transcriptional Regulators. *Nature* 403 (6767), 335–338.

Enard, W. et al. (2009). A Humanized Version of Foxp2 Affects Cortico-Basal Ganglia Circuits in Mice. *Cell* 137 (5), 961–971.

Engelhard, M. (2010). Biosicherheit in der Synthetischen Biologie: Die Unterschiede zur Gentechnik erfordern neue Sicherheitsstandards. *Die Politische Meinung* (493), 17–22.

Engelhard, M. (2011). Die Synthetische Biologie geht über die klassische Gentechnik hinaus. In P. Dabrock et al. (Hrsg.), *Was ist Leben – im Zeitalter seiner technischen Machbarkeit? Beiträge zur Ethik der Synthetischen Biologie* (S. 43–59). Freiburg i.B.: Alber.

Engels, E.-M. (1982). *Die Teleologie des Lebendigen: Eine historisch-systematische Untersuchung*. Berlin: Duncker & Humblot.

Engels, E.-M. (1994). Die Lebenskraft: Metaphysisches Konstrukt oder methodologisches Instrument? Überlegungen zum Status von Lebenskräften in Biologie und Medizin im Deutschland des 18. Jahrhunderts. In K. T. Kanz (Hrsg.), *Philosophie des Organischen in der Goethezeit: Studien zu Werk und Wirkung des Naturforschers Carl Friedrich Kielmeyer (1765-1844)* (S. 127–152). Stuttgart: Franz Steiner.

Engels, E.-M. (2003). Die Rolle der Bioethik für Politik und Forschungsförderung – Meine Erfahrungen im Nationalen Ethikrat. In H. Haf (Hrsg.), *Ethik in den Wissenschaften: Beiträge einer Ringvorlesung der Universität Kassel* (S. 43–59). Kassel: Kassel University Press.

Engels, E.-M. (2011). Ziel/Zweck. In P. Kolmer et al. (Hrsg.), *Neues Handbuch philosophischer Grundbegriffe* (S. 2646–2662). Freiburg i.B. u.a.: Alber.

Epping, B. (2010). Leben vom Reißbrett, ein bisschen zumindest. *Spektrum der Wissenschaft, Dossier* (3), 70–77.

Eser, U. (1999). *Der Naturschutz und das Fremde: Ökologische und normative Grundlagen der Umweltethik.* Frankfurt a.M.: Campus.

Eser, U. & Potthast, T. (1999). *Naturschutzethik: Eine Einführung für die Praxis.* Baden-Baden: Nomos.

European Commission (2014). *Opinion on Synthetic Biology I: Definition.* URL: http://ec.europa.eu/health/scientific_committees/emerging/docs/scenihr_o_044.pdf, zuletzt geprüft am 01.07.2016.

Ewald, G. (1971). *Der Mensch als Geschöpf und kybernetische Maschine.* Wuppertal: Theologischer Verlag Rolf Brockhaus.

Ferris, J. P. (1999). Prebiotic Synthesis on Minerals: Bridging the Prebiotic and RNA Worlds. *Biological Bulletin* 196 (3), 311–314.

Feynman, R. P. et al. (1985). *"Surely you're joking, Mr. Feynman!": Adventures of a Curious Character.* New York: W.W. Norton.

Fischer, E. (1907). Synthetical Chemistry in its Relation to Biology (Faraday Lecture). *Journal of the Chemical Society, Chemical Communications* 91, 1749–1765.

Fischer, E. (1924). Die Kaiser-Wilhelm-Institute und der Zusammenhang von organischer Chemie und Biologie. In E. Fischer (Hrsg.), *Untersuchungen aus verschiedenen Gebieten: Vorträge und Abhandlungen allgemeinen Inhalts* (S. 796–809). Berlin: Springer.

Fleck, L. (1935). *Entstehung und Entwicklung einer wissenschaftlichen Tatsache: Einführung in die Lehre vom Denkstil und Denkkollektiv*. Basel: Schwabe.

Fleischmann, R. D. et al. (1995). Whole-Genome Random Sequencing and Assembly of Haemophilus Influenzae Rd. *Science* 269 (5223), 496–512.

Franklin, R. E. & Gosling, R. G. (1953). Molecular Configuration in Sodium Thymonucleate. *Nature* 171 (4356), 740–741.

Fraser, C. M. et al. (1995). The Minimal Gene Complement of Mycoplasma Genitalium. *Science* 270 (5235), 397–403.

FREDsense Technology (2016). *FREDsense Technology: Mainpage*. URL: http://www.fredsense.com/, zuletzt geprüft am 01.07.2016.

Frey, W. & Lösch, R. (2004). *Lehrbuch der Geobotanik: Pflanze und Vegetation in Raum und Zeit*. München: Elsevier.

Fritsche, O. (2013). *Die neue Schöpfung: Wie Gen-Ingenieure unser Leben revolutionieren*. Hamburg: Rowohlt.

Frozen Ark Project (2016). *The Frozen Ark: Saving the DNA of Endangered Species*. URL: http://www.frozenark.org/, zuletzt geprüft am 01.07.2016.

Gaisser, S. et al. (2008). *TESSY: Towards a European Strategy in Synthetic Biology*. URL: http://www.eurosfaire.prd.fr/7pc/doc/1245144155_tessy_final_report_d5_3.pdf, zuletzt geprüft am 01.07.2016.

Gamborg, O. L. (1975). Plant Tissue Culture Methods in Somatic Hybridization by Protoplast Fusion and Transformation. *Advances in Experimental Medicine and Biology* 62, 45–63.

Gánti, T. (2003). *The Principles of Life*. Oxford u.a.: Oxford University Press.

Gardner, T. S. et al. (2000). Construction of a Genetic Toggle Switch in Escherichia Coli. *Nature* 403 (6767), 339–342.

Garfinkel, M. S. et al. (2007). Synthetic Genomics: Options for Governance. *Biosecurity and Bioterrorism* 5 (4), 359–362.

Genspace (2016). *Genspace: New York City's Community Biolab*. URL: http://genspace.org/, zuletzt geprüft am 01.07.2016.

Gent, R. M. & Roth, M.-L. (2012). *Diskussionspapier der Deutschen Industrievereinigung Biotechnologie (DIB) zum Stand und Entwicklungen der Synthetischen Biologie*. URL: https://www.vci.de/langfassungen-pdf/diskussionspapier-synthetische-biologie.pdf, zuletzt geprüft am 01.07.2016.

Gethmann, C. F. (1995). Revolution, wissenschaftliche. In J. Mittelstraß (Hrsg.), *Enzyklopädie Philosophie und Wissenschaftstheorie* (Bd. 3, S. 609–611). Stuttgart u.a.: Metzler.

Gibbs, W. W. (2010). Mikroorgansimen aus der Retorte. *Spektrum der Wissenschaft, Dossier* (3), 54–61.

Gibson, D. G. et al. (2008a). Complete Chemical Synthesis, Assembly, and Cloning of a Mycoplasma Genitalium Genome. *Science* 319 (5867), 1215–1220.

Gibson, D. G. et al. (2008b). One-Step Assembly in Yeast of 25 Overlapping DNA Fragments to form a Complete Synthetic Mycoplasma Genitalium Genome. *PNAS* 105 (51), 20404–20409.

Gibson, D. G. et al. (2010). Creation of a Bacterial Cell Controlled by a Chemically Synthesized Genome. *Science* 329 (5987), 52–56.

Giersch, G. & Schmidt, M. (2010). Neue Kriegsführung durch DNA-Synthese? Sicherheitspolitische Herausforderungen durch die Synthetische Biologie. *Die Politische Meinung* 493, 23–28.

Gil, R. et al. (2004). Determination of the Core of a Minimal Bacterial Gene Set. *Microbiology and Molecular Biology Reviews* 68 (3), 518–537.

Gillis, J. (1999). Will this MAVERICK Unlock the Greatest Scientific Discovery of His Age? Copernicus, Newton, Einstein and VENTER? *USA Weekend*, 29.01.1999.

GinkgoBioworks (2016). *GinkgoBioworks: Mainpage*. URL: http://ginkgobioworks.com/, zuletzt geprüft am 01.07.2016.

Ginsberg, A. et al. (Hrsg.) (2014). *Synthetic Aesthetics: Investigating Synthetic Biology's Designs on Nature*. Cambridge u.a.: MIT Press.

Glass, J. I. et al. (2006). Essential Genes of a Minimal Bacterium. *PNAS* 103 (2), 425–430.

Göbel, E. (2013). *Unternehmensethik: Grundlagen und praktische Umsetzung*. Konstanz u.a.: Universitäts-Verlag Konstanz.

Goeddel, D. V. et al. (1979). Expression in Escherichia Coli of Chemically Synthesized Genes for Human Insulin. *PNAS* 76 (1), 106–110.

Goodell, R. (1977). *The visible scientists*. Boston: Little Brown.

Gorke, M. (2010). *Eigenwert der Natur: Ethische Begründung und Konsequenzen*. Stuttgart: Hirzel.

Grunwald, A. (2011). Synthetische Biologie: Gesellschaftliche Verantwortung der Wissenschaft. In A. Pühler et al. (Hrsg.), *Synthetische Biologie: Die Geburt einer neuen Technikwissenschaft* (S. 103–109). Berlin u.a.: Springer.

Grunwald, A. (2012). Synthetische Biologie: Verantwortungszuschreibung und Demokratie. In J. Boldt et al. (Hrsg.), *Leben schaffen? Philosophische und ethische Reflexionen zur Synthetischen Biologie* (S. 81–102). Paderborn: Mentis.

Grupe, O. (1982). *Bewegung, Spiel und Leistung im Sport: Grundthemen der Sportanthropologie*. Schorndorf: Karl Hofmann.

Grupe, O. (2001). Spiel / Spiele / Spielen. In O. Grupe & D. Mieth (Hrsg.), *Lexikon der Ethik im Sport* (S. 466–469). Schorndorf: Karl Hofmann.

Gschmeidler, B. & Seiringer, A. (2012). "Knight in Shining Armour" or "Frankenstein's Creation"? The Coverage of Synthetic Biology in German-Language Media. *Public Understanding of Science* 21 (2), 163–173.

Güldenpfennig, S. (1996). *Sport: Autonomie und Krise. Soziologie der Texte und Kontexte des Sports.* Sankt Augustin: Academia.

Hacker, J. (2012). *Am Reißbrett des Lebens.* URL: http://www.sueddeutsche.de/wissen/synthetische-biologie-am-reissbrett-des-lebens-1.1471855, zuletzt geprüft am 01.07.2016

Hampel, J. (2012). Synthetische Biologie – eine unbekannte Technologie. In K. Köchy & A. Hümpel (Hrsg.), *Synthetische Biologie: Entwicklung einer neuen Ingenieurbiologie?* (Themenband der interdisziplinären Arbeitsgruppe Gentechnologiebericht, S. 237–255). Dornburg: Forum W (30).

Hansen, U. & Schrader, U. (1999). Zukunftsfähiger Konsum als Ziel der Wirtschaftstätigkeit. In W. Korff (Hrsg.), *Handbuch der Wirtschaftsethik* (Bd. 3, S. 463–486). Gütersloh: Gütersloher Verlags-Haus.

Harris, A. F. et al. (2011). Field Performance of Engineered Male Mosquitoes. *Nature Biotechnology* 29 (11), 1034–1037.

Hartung, G. (2015). Über den Begriff des Lebens – in unterschiedlichen Gebrauchsweisen. In F. Voigt (Hrsg.), *Grenzüberschreitungen – Synthetische Biologie im Dialog* (S. 33–51). Freiburg, München: Alber.

Hazen, R. M. (2010). Was ist Leben? Ein schwer fassbares Phänomen. *Spektrum der Wissenschaft, Dossier* (3), 78–82.

Heiland, S. (1992). *Naturverständnis: Dimensionen des menschlichen Naturbezugs.* Darmstadt: Wissenschaftliche Buchgesellschaft.

Hershey, A. D. & Chase, M. J. (1952). Independent Functions of Viral Protein and Nucleic Acid in Growth of Bacteriophage. *General Physiology* 36 (1), 39–56.

Hirsch Hadorn, G. (2006). Kommentar. In Ethikkommission der Universität Zürich (Hrsg.), *Ethische Verantwortung in den Wissenschaften* (S. 143–150). Zürich: Vdf Hochschulverlag.

Höflinger, L. (2012). *Forschung im Grenzbereich: Keine Angst, wir schaffen Leben.* URL: http://www.spiegel.de/unispiegel/jobundberuf/0,1518,803952,00.html, zuletzt geprüft am 01.07.2016.

Honnefelder, L. (2002). Sittlichkeit / Ethos. In M. Düwell et al. (Hrsg.), *Handbuch Ethik* (S. 491–496). Stuttgart u.a.: Metzler.

Hooshangi, S. et al. (2005). Ultrasensitivity and Noise Propagation in a Synthetic Transcriptional Cascade. *PNAS* 102 (10), 3581–3586.

Horneck, G. (1999). Leben, ein kosmisches Phänomen? *DLR Nachrichten* (94), 16–25.

Hotz, N. & Weber, W. (2012). Therapeutische Perspektiven der Synthetischen Biologie. In K. Köchy & A. Hümpel (Hrsg.), *Synthetische Biologie: Entwicklung einer neuen Ingenieurbiologie?* (Themenband der interdisziplinären Arbeitsgruppe Gentechnologiebericht, S. 117–132). Dornburg: Forum W (30).

Hoyningen-Huene, P. (2011). Zur Verantwortung von Wissenschaftlern. Folgeabschätzung in der Wissenschaft: Aufklärung und Transparenz als gesellschaftliche Verantwortung von Forschern. *Unimagazin Leibniz Universität Hannover* (3), 4–6.

Hümpel, A. & Diekämper, J. (2012). Daten zu ausgewählten Indikatoren. In K. Köchy & A. Hümpel (Hrsg.), *Synthetische Biologie: Entwicklung einer neuen Ingenieurbiologie?* (Themenband der interdisziplinären Arbeitsgruppe Gentechnologiebericht, S. 257–285). Dornburg: Forum W (30).

Hugenholtz, P. (2002). Exploring Prokaryotic Diversity in the Genomic Era. *Genome Biology* 3 (2), reviews0003.1–0003.8.

Huizinga, J. (1987). *Homo ludens: Vom Ursprung der Kultur im Spiel.* Reinbek bei Hamburg: Rowohlt.

Human Longevity, Inc. (2016). *Human Longevity, Inc.: Mainpage.* URL: http://www.humanlongevity.com/, zuletzt geprüft am 01.07.2016.

Hung, A. M. et al. (2009). Large-Area Spatially Ordered Arrays of Gold Nanoparticles Directed by Lithographically Confined DNA Origami. *Nature Nanotechnology* 5 (2), 121–126.

Hutchison III, C. A. et al. (1999). Global Transposon Mutagenesis and a Minimal Mycoplasma Genome. *Science* 286 (5447), 2165–2169.

Hutchison III, C. A. et al. (2016). Design and Synthesis of a Minimal Bacterial Genome. *Science* 351 (6280), 1414.

iGEM (2016). *About iGEM.* URL: http://igem.org/About, zuletzt geprüft am 01.07.2016.

Ingensiep, H. W. (2003). Pflanzenchimären als klassische und moderne Biofakte. In N. C. Karafyllis (Hrsg.), *Biofakte: Versuch über den Menschen zwischen Artefakt und Lebewesen* (S. 155–177). Paderborn: Mentis.

Ingold, T. (1990). An Anthropologist looks at Biology. *Man* 25, 208–229.

Ingold, T. (1991). Becoming Persons: Consciousness and Sociality in Human Evolution. *Cultural Dynamics* 4, 355–378.

Ingold, T. (1996). The Optimal Forager and Economic Man. In P. Descola & G. Pálsson (Hrsg.), *Nature and Society: Anthropological Perspectives* (S. 25–44). London u.a.: Routledge.

J. Craig Venter Institute (2010a). *First Self-Replicating Synthetic Bacterial Cell: Press Release.* URL: http://www.jcvi.org/cms/press/press-releases/fulltext/article/first-self-replicating-synthetic-bacterial-cell-constructed-by-j-craig-venter-institute-researcher/home, zuletzt geprüft am 01.07.2016.

J. Craig Venter Institute (2010b). *First Self-Replicating Synthetic Bacterial Cell: Overview.* URL: http://www.jcvi.org/cms/research/projects/first-self-replicating-synthetic-bacterial-cell/overview, zuletzt geprüft am 01.07.2016.

J. Craig Venter Institute (2010c). *Fact Sheet: Background/Rationale for Creation of a Synthetic Bacterial Cell.* URL: http://www.jcvi.org/cms/fileadmin/site/research/projects/first-self-replicating-bact-cell/fact-sheet2.pdf, zuletzt geprüft am 01.07.2016.

J. Craig Venter Institute (2010d). *First Self Replicating Synthetic Bacterial Cell: Frequently Asked Questions.* URL: http://www.jcvi.org/cms/research/projects/first-self-replicating-synthetic-bacterial-cell/faq#q11, zuletzt geprüft am 01.07.2016.

J. Craig Venter Institute (2016a). *About the J. Craig Venter Institute.* URL: http://www.jcvi.org/cms/about/overview/, zuletzt geprüft am 01.07.2016.

J. Craig Venter Institute (2016b). *Biographies: J. Craig Venter, Ph.D.* URL: http://www.jcvi.org/cms/about/bios/jcventer/, zuletzt geprüft am 01.07.2016.

J. Craig Venter Institute (2016c). *Microbial & Environmental Genomics.* URL: http://www.jcvi.org/cms/research/groups/microbial-environmental-genomics/, zuletzt geprüft am 01.07.2016.

J. Craig Venter Institute (2016d). *The J. Robert Beyster and Life Technologies 2009-2010 Research Voyage of the Sorcerer II Expedition.* URL: http://www.jcvi.org/cms/fileadmin/site/research/projects/gos/Beyster-Life-factsheet3.pdf, zuletzt geprüft am 01.07.2016.

Jacob, F. (1977). Evolution and Tinkering. *Science* 196 (4295), 1161–1166.

Jacob, F. (1983). *Das Spiel der Möglichkeiten: Von den offenen Geschichten des Lebens.* München u.a.: Piper.

Jacob, F. (1998). *Die Maus, die Fliege und der Mensch: Über die moderne Genforschung.* Berlin: Berlin-Verlag.

Jalas, J. (1955). Hemerobe und hemerochore Pflanzenarten: Ein terminologischer Reformversuch. *Acta Societatis pro Fauna et Flora Fennica* 72 (11), 1–15.

Jewett, M. C. & Forster, A. C. (2010). Update on Designing and Building Minimal Cells. *Current Opinion in Biotechnology* 21 (5), 697–703.

Jönsson, K. I. et al. (2008). Tardigrades Survive Exposure to Space in Low Earth Orbit. *Current Biology* (18), R729-R731.

Jonas, H. (1979). *Das Prinzip Verantwortung: Versuch einer Ethik für die technologische Zivilisation.* Frankfurt a.M.: Suhrkamp.

Jonas, H. (1985). *Technik, Medizin und Ethik: Zur Praxis des Prinzips Verantwortung.* Frankfurt a.M.: Suhrkamp.

Jones, R. A. L. (2004). *Soft Machines: Nanotechnology and Life.* Oxford: Oxford University Press.

Joyce, G. (1994). Foreword. In D. W. Deamer & G. R. Fleischaker (Hrsg.), *Origins of Life: The Central Concepts* (S. xi–xii). Boston: Jones and Bartlett.

Kaebnick, G. E. (2012). Ethische Fragen zur Synthetischen Biologie: Zwischen Folgenbewertung und intrinsischen Normen. In J. Boldt et al. (Hrsg.), *Leben schaffen? Philosophische und ethische Reflexionen zur Synthetischen Biologie* (S. 51–64). Paderborn: Mentis.

Kambartel, F. (1996). Normative Bemerkungen zum Problem einer naturwissenschaftlichen Definition des Lebens. In A. Barkhaus et al. (Hrsg.), *Identität, Leiblichkeit, Normativität: Neue Horizonte anthropologischen Denkens* (S. 109–114). Frankfurt a.M.: Suhrkamp.

Kant, I. (2006). *Kritik der Urteilskraft.* Hamburg: Meiner.

Kant, I. (2008). *Metaphysische Anfangsgründe der Tugendlehre.* Hamburg: Meiner.

Karafyllis, N. C. (2001). *Biologisch, natürlich, nachhaltig: Philosophische Aspekte des Naturzugangs im 21. Jahrhundert.* Tübingen: Francke.

Karafyllis, N. C. (2003). Das Wesen der Biofakte. In N. C. Karafyllis (Hrsg.), *Biofakte: Versuch über den Menschen zwischen Artefakt und Lebewesen* (S. 11–26). Paderborn: Mentis.

Karafyllis, N. C. (2006). Biofakte – Grundlagen, Probleme, Perspektiven. *Erwägen, Wissen, Ethik* 17 (4), 547–558.

Kato, H. et al. (2009). Recovery of Cell Nuclei from 15,000 Years Old Mammoth Tissues and its Injection into Mouse Enucleated Matured Oocytes. *Proceedings of the Japan Academy Series B, Physical and Biological Sciences* 85 (7), 240–247.

Keim, B. (2008). *From Artificial Genome to Artificial Life: Hold Your (Synthetic) Horses.* URL: http://www.wired.com/2008/01/from-artificial/, zuletzt geprüft am 01.07.2016.

Kemmer, C. et al. (2010). Self-Sufficient Control of Urate Homeostasis in Mice by a Synthetic Circuit. *Nature Biotechnology* 28 (4), 355–360.

Kemmer, C. et al. (2011). A Designer Network Coordinating Bovine Artificial Insemination by Ovulation-Triggered Release of Implanted Sperms. *Controlled Release* 150 (1), 23–29.

Kirkham, G. (2006). “Playing God” and “Vexing Nature”: A Cultural Perspective. *Environmental Values* (15), 173–195.

Kluge, F. & Seebold, E. (2011). *Etymologisches Wörterbuch der deutschen Sprache.* Berlin u.a.: De Gruyter.

Koçer, A. et al. (2006). Rationally Designed Chemical Modulators Convert a Bacterial Channel Protein into a pH-Sensory Valve. *Angewandte Chemie* 45 (19), 3126–3130.

Koçer, A. et al. (2007). Synthesis and Utilization of Reversible and Irreversible Light-Activated Nanovalves Derived from the Channel Protein MscL. *Nature Protocols* 2 (6), 1426–1437.

Köchy, K. (2008). *Biophilosophie zur Einführung*. Hamburg: Junius.

Köchy, K. (2012a). Was ist Synthetische Biologie? In K. Köchy & A. Hümpel (Hrsg.), *Synthetische Biologie: Entwicklung einer neuen Ingenieurbiologie?* (Themenband der interdisziplinären Arbeitsgruppe Gentechnologiebericht, S. 33–49). Dornburg: Forum W (30).

Köchy, K. (2012b). Philosophische Implikationen der Synthetischen Biologie. In K. Köchy & A. Hümpel (Hrsg.), *Synthetische Biologie: Entwicklung einer neuen Ingenieurbiologie?* (Themenband der interdisziplinären Arbeitsgruppe Gentechnologiebericht, S. 137–161). Dornburg: Forum W (30).

Köchy, K. & Hümpel, A. (2012). Zusammenfassung. In K. Köchy & A. Hümpel (Hrsg.), *Synthetische Biologie: Entwicklung einer neuen Ingenieurbiologie?* (Themenband der interdisziplinären Arbeitsgruppe Gentechnologiebericht, S. 11–28). Dornburg: Forum W (30).

Kolisnychenko, V. et al. (2002). Engineering a Reduced Escherichia Coli Genome. *Genome Research* 12 (4), 640–647.

Koonin, E. V. et al. (1997). Comparison of Archaeal and Bacterial Genomes: Computer Analysis of Protein Sequences Predicts Novel Functions and Suggests a Chimeric Origin for the Archaea. *Molecular Microbiology* 25 (4), 619–637.

Korff, W. (1999). Neue Dimensionen der bedürfnisethischen Frage. In W. Korff (Hrsg.), *Handbuch der Wirtschaftsethik* (Bd. 1, S. 309–322). Gütersloh: Gütersloher Verlags-Haus.

Krebs, A. (1997). Naturethik im Überblick. In A. Krebs (Hrsg.), *Naturethik: Grundtexte der gegenwärtigen tier- und ökoethischen Diskussion* (S. 337–379). Frankfurt a.M.: Suhrkamp.

Krebs, A. (1999). *Ethics of Nature: A Map*. Berlin: De Gruyter.

Krebs, A. (2000). Teleologie versus Funktionalität. Eine Kritik des teleologischen Argumentes in der Naturethik. *Philosophia Naturalis* 37, 45–58.

Kronberger, N. et al. (2009). Communicating Synthetic Biology: From the Lab via the Media to the Broader Public. *Systems and Synthetic Biology* 3 (1-4), 19–26.

Künsting, W. (1990). *Spiel und Wissenschaft: Versuch einer Synthese naturwissenschaftlicher und geisteswissenschaftlicher Anschauungen zur Funktion des Spiels.* Sankt Augustin: Academia.

Kuhn, T. (1962). *The Structure of Scientific Revolutions.* Chicago, IL, USA: Chicago University Press.

Kusmierz, S. (2011). Leben: I. allgemein. In P. Kolmer et al. (Hrsg.), *Neues Handbuch philosophischer Grundbegriffe* (S. 1383–1394). Freiburg i.B. u.a.: Alber.

Lakatos, I. (1976). *The Methodology of Scientific Research Programmes.* Philosophical Papers, Vol 1. Cambridge, UK: Cambridge University Press.

La Mettrie, J. O. de & Laska, B. A. (Hrsg.) (1988). *Der Mensch als Maschine.* Nürnberg: LSR.

Lam, C. M. C. et al. (2009). An Introduction to Synthetic Biology. In M. Schmidt et al. (Hrsg.), *Synthetic Biology: The Technoscience and its Societal Consequences* (S. 23–48). Dordrecht u.a.: Springer.

Lander, E. S. et al. (2001). Initial Sequencing and Analysis of the Human Genome. *Nature* 409 (6822), 860–921.

Langton, C. G. (1986). Studying Artificial Life with Cellular Automata. *Physica D: Nonlinear Phenomena* 22 (1-3), 120–149.

Langton, C. G. (1989). *Artificial Life.* Redwood City u.a.: Addison-Wesley.

Lartigue, C. et al. (2007). Genome Transplantation in Bacteria: Changing One Species to Another. *Science* 317 (5838), 632–638.

Ledford, H. (2010). Garage Biotech: Life Hackers. *Nature* 467 (7316), 650–652.

Leduc, S. (1912). *La biologie synthétique.* Paris: Poinat.

Lehmkuhl, M. (2011). *Die Repräsentation der synthetischen Biologie in der deutschen Presse: Abschlussbericht einer Inhaltsanalyse von 23 deutschen Pressetiteln.* URL: http://www.ethikrat.org/dateien/pdf/lehmkuhl-studie-synthetische-biologie.pdf, zuletzt geprüft am 01.07.2016.

Lenk, H. (1992). *Zwischen Wissenschaft und Ethik.* Frankfurt a.M.: Suhrkamp.

Lenk, H. (1996). Zur Verantwortung des Forschers: Verantwortungsdimensionen und externe Verantwortlichkeit in den Wissenschaften. In C.F. Gethmann & L. Honnefelder (Hrsg.), *Jahrbuch für Wissenschaft und Ethik* (Bd. 1, S. 29–71). Berlin, New York: De Gruyter.

Lenk, H. (1997). *Einführung in die angewandte Ethik: Verantwortlichkeit und Gewissen.* Stuttgart u.a.: Kohlhammer.

Leonard, E. et al. (2008). Engineering Microbes with Synthetic Biology Frameworks. *Trends in Biotechnology* 26 (12), 674–681.

Leopold, A. (1992). *Am Anfang war die Erde: Plädoyer zur Umwelt-Ethik.* München: Knesebeck.

Leopoldina & Institut für Demoskopie (IfD) Allensbach (2015). *Die Synthetische Biologie in der öffentlichen Meinungsbildung. Überlegungen im Kontext der wissenschaftsbasierten Beratung von Politik und Öffentlichkeit.* URL: http://www.leopoldina.org/uploads/tx_leopublication/2015_Synthetische_Biologie_DE.pdf, zuletzt geprüft am 01.07.2016.

Lévi-Strauss, C. (1968). *Das wilde Denken.* Frankfurt a.M.: Suhrkamp.

Levy, S. (1984). *Hackers: Heroes of the Computer Revolution.* New York: Anchor Press/Doubleday.

Levy, S. et al. (2007). The Diploid Genome Sequence of an Individual Human. *PLoS Biology* 5 (10), E254.

Lincoln, T. A. & Joyce, G. F. (2009). Self-Sustained Replication of an RNA Enzyme. *Science* 323 (5918), 1229–1232.

Linkola, K. (1916). Studien über den Einfluss der Kultur auf die Flora in den Gegenden nördlich vom Ladogasee. *Acta Societatis pro Fauna et Flora Fennica* 45 (1), 1–429.

Linn, S. & Arber, W. (1968). Host Specificity of DNA Produced by Escherichia Coli, X. In Vitro Restriction of Phage fd Replicative Form. *PNAS* 59 (4), 1300–1306.

Löw, R. (1994). Zur Wiederbegründung der organischen Naturphilosophie durch Hans Jonas. In D. Böhler (Hrsg.), *Ethik für die Zukunft: Im Diskurs mit Hans Jonas* (S. 68–79). München: Beck.

Lonkar, P. et al. (2009). Targeted Correction of a Thalassemia-Associated β-globin Mutation Induced by Pseudocomplementary Peptide Nucleic Acids. *Nucleic Acids Research* 37 (11), 3635–3644.

Lorenz, K. (1983). *Der Abbau des Menschlichen.* München u.a.: Piper.

Lovelock, J. (1991). *Das Gaia-Prinzip: Die Biographie unseres Planeten.* Zürich u.a.: Artemis & Winkler.

Madigan, M. T. & Martinko, J. M. (2006). *Brock Mikrobiologie.* München u.a.: Pearson Studium.

Mammoth Genome Project (2016). *Mammoth Genome Project: Main Page.* URL: http://mammoth.psu.edu/index.html, zuletzt geprüft am 01.07.2016.

Marlière, P. et al. (2011). Chemical Evolution of a Bacterium's Genome. *Angewandte Chemie* 50 (31), 7109–7114.

Martin, V. J. et al. (2003). Engineering a Mevalonate Pathway in Escherichia Coli for Production of Terpenoids. *Nature Biotechnology* 21 (7), 796–802.

Maturana, H. R. & Varela, F. J. (1992). *The Tree of Knowledge: The Biological Roots of Human Understanding.* Boston u.a.: Shambhala.

Maxam, A. & Gilbert, W. (1977). A New Method of Sequencing DNA. *PNAS* 74 (2), 560–564.

Max-Planck-Gesellschaft (2010). *Hinweise und Regeln zum verantwortlichen Umgang mit Forschungsfreiheit und Forschungsrisiken.* URL: http://www.mpg.de/200127/Regeln_Forschungsfreiheit.pdf, zuletzt geprüft am 01.07.2016.

Mayr, E. (1974). Teleological and Teleonomic: A new Analysis. In R. S. Cohen & M. W. Wartofsky (Hrsg.), *Boston Studies in the Philosophy of Science* (S. 91–117). Boston: Reidel.

Meisch, S. (2012). Verantwortung für den Frieden: Welche Fragen stellen sich Hochschulen bei der Umsetzung von Zivilklauseln? In T. Nielebock et al. (Hrsg.), *Zivilklauseln für Forschung, Lehre und Studium: Hochschulen zum Frieden verpflichtet* (S. 23–52). Baden-Baden: Nomos.

Mejias, J. (2010). Wir wollen die Grippe beherrschen. Praktische Folgen des synthetischen Chromosoms: Ein Gespräch mit Craig Venter. *Frankfurter Allgemeine Zeitung*, 25.05.2010 (118), 31.

Merkel, L. & Budisa, N. (2006). Veränderung des genetischen Codes. *BIOspektrum* 12 (1), 41–43.

Merton, R. K. (1985). *Entwicklung und Wandel von Forschungsinteressen.* Frankfurt a.M: Suhrkamp.

Meyer-Abich, K. M. (1997). *Praktische Naturphilosophie: Erinnerung an einen vergessenen Traum.* München: Beck.

Miller, S. L. (1953). A Production of Amino Acids under Possible Primitive Earth Conditions. *Science* 117 (3046), 528–529.

Miller, S. L. & Urey, H. C. (1959). Organic Compound Synthesis on the Primitive Earth. *Science* 130 (3370), 245–251.

Miller, W. et al. (2008). Sequencing the Nuclear Genome of the Extinct Woolly Mammoth. *Nature* 456 (7220), 387–390.

MiniBacillus (2016). *The Minimal Genome Project at the University of Göttingen.* URL: http://www.minibacillus.org/, zuletzt geprüft am 01.07.2016.

Møbjerg, N. et al. (2011). Survival in Extreme Environments – On the Current Knowledge of Adaptations in Tardigrades. *Acta Physiologica* 202 (3), 409–420.

Mohr, H. (1996). Das Expertendilemma. In H.-U. Nennen & D. Garbe (Hrsg.), *Das Expertendilemma: Zur Rolle wissenschaftlicher Gutachter in der öffentlichen Meinungsbildung* (S. 3–24). Berlin u.a.: Springer.

Mushegian, A. R. (1999). The Minimal Genome Concept. *Current Opinion in Genetics & Development* 9 (6), 709–714.

Mushegian, A. R. & Koonin, E. V. (1996). A Minimal Gene Set for Cellular Life Derived by Comparison of Complete Bacterial Genomes. *PNAS* 93 (19), 10268–10273.

Mutschler, E. et al. (2013). *Mutschler Arzneimittelwirkungen: Pharmakologie, Klinische Pharmakologie, Toxikologie.* Stuttgart: Wissenschaftliche Verlagsgesellschaft.

Naess, A. (1973). The Shallow and the Deep: Long-Range Ecology Movement. *Inquiry* (16), 95–100.

Naess, A. (1997). Die tiefenökologische Bewegung: Einige philosophische Aspekte. In A. Krebs (Hrsg.), *Naturethik: Grundtexte der gegenwärtigen tier- und ökoethischen Diskussion* (S. 182–210). Frankfurt a.M.: Suhrkamp.

National Academy of Sciences (NAS) (2007). *The Limits of Organic Life in Planetary Systems.* Washington, D.C.: National Academies Press.

Nature Editorials (2010). Garage Biology: Amateur Scientists Who Experiment at Home Should be Welcomed by the Professionals. *Nature* 467 (7316), 634.

Neandertal Genome Project (2016). *Neandertal Genome Project: Mainpage.* URL: http://www.eva.mpg.de/neandertal/index.html, zuletzt geprüft am 01.07.2016.

Neumann, H. et al. (2010). Encoding Multiple Unnatural Amino Acids via Evolution of a Quadruplet-Decoding Ribosome. *Nature* 464 (7287), 441–444.

Newbury, D. F. & Monaco, A. P. (2010). Genetic Advances in the Study of Speech and Language Disorders. *Neuron* 68 (2), 309–320.

Ng, E. W. et al. (2006). Pegaptanib, a Targeted Anti-VEGF Aptamer for Ocular Vascular Disease. *Nature Reviews Drug Discovery* 5 (2), 123–132.

Nida-Rümelin, J. (2011). *Verantwortung.* Stuttgart: Reclam.

Nielsen, P. E. (2010). Peptidnukleinsäuren: Ein neues Molekül des Lebens? *Spektrum der Wissenschaft, Dossier* (3), 46–53.

Nielsen, P. E. & Egholm, M. (1999). An Introduction to Peptide Nucleic Acid. *Current Issues in Molecular Biology* 1 (2), 89–104.

Nirenberg, M. W. (2004). Historical Review: Deciphering the Genetic Code – A Personal Account. *Trends in Biochemical Sciences* 29 (1), 46–54.

Norton, B. G. (1987). *Why Preserve Natural Variety?* Princeton: Princeton University Press.

Norton, B. G. (1991). *Toward Unity Among Environmentalists.* New York: Oxford University Press.

Noxxon (2016). *Anti-CCL2/MCP-1 Spiegelmer® Emapticap Pegol (NOX-E36) for Diabetic Nephropathy.* URL: http://www.noxxon.com/index.php?option=com_content&view=article&id=20&Itemid=477, zuletzt geprüft am 01.07.2016.

Oelmüller, W. (1988). Hans Jonas: Mythos – Gnosis – Prinzip Verantwortung. *Stimmen der Zeit* 206, 343–351.

Oldemeyer, E. (1983). Entwurf einer Typologie des menschlichen Verhältnisses zur Natur. In G. Grossklaus et al. (Hrsg.), *Natur als Gegenwelt: Beiträge zur Kulturgeschichte der Natur* (S. 15–42). Karlsruhe: Von Loeper.

OpenPCR (2016). *OpenPCR: Mainpage*. URL: http://openpcr.org/, zuletzt geprüft am 01.07.2016.

Ostwald, G. (2011). *Wie Gen-Pionier Craig Venter die Welt retten will*. URL: http://www.welt.de/gesundheit/article13651535/Wie-Gen-Pionier-Craig-Venter-die-Welt-retten-will.html, zuletzt geprüft am 01.07.2016.

Ott, K. (1997). *Ipso facto: Zur ethischen Begründung normativer Implikate wissenschaftlicher Praxis*. Frankfurt a.M.: Suhrkamp.

Pasek, M. A. & Lauretta, D. S. (2005). Aqueous Corrosion of Phosphide Minerals from Iron Meteorites: A Highly Reactive Source of Prebiotic Phosphorus on the Surface of the Early Earth. *Astrobiology* 5 (4), 515–535.

Passmore, J. A. (1974). *Man's Responsibility for Nature: Ecological Problems and Western Traditions*. London: Duckworth.

Pasteur Vallery-Radot, L. (Hrsg.). (1922). *Oeuvres de Pasteur: Réunies par Pasteur Vallery-Radot*. Paris: Masson.

Peters, H. P. (1999). Das Bedürfnis nach Kontrolle der Gentechnik und das Vertrauen in wissenschaftliche Experten. In J. Hampel & O. Renn (Hrsg.), *Gentechnik in der Öffentlichkeit: Wahrnehmung und Bewertung einer umstrittenen Technologie* (S. 225–245). Frankfurt a.M. u.a.: Campus.

Peters, T. (2006). Contributions from Practical Theology and Ethics. In P. Clayton & Z. Simpson (Hrsg.), *The Oxford Handbook of Religion and Science* (S. 372–387). Oxford: Oxford University Press.

Pinheiro, V. B. et al. (2012). Synthetic Genetic Polymers Capable of Heredity and Evolution. *Science* 336 (6079), 341–344.

Pittendrigh, C. S. (1967). Adaptation, Natural Selection, and Behavior. In A. Roe & G. G. Simpson (Hrsg.), *Behavior and Evolution* (S. 390–416). New Haven: Yale University Press.

Pleistocene Park (2016). *Restoration of the Mammoth Steppe Ecosystem*. URL: http://www.pleistocenepark.ru/en/, zuletzt geprüft am 01.07.2016.

Pohl, S. (2014). *Albert Schweitzers Ethik als Kulturphilosophie: Kann die Ehrfurcht vor dem Leben Maßstab einer Bioethik sein?* Tübingen: Francke.

Posfai, G. et al. (2006). Emergent Properties of Reduced-Genome Escherichia Coli. *Science* 312 (5776), 1044–1046.

Potthast, T. (2002). Umweltethik. In M. Düwell et al. (Hrsg.), *Handbuch Ethik* (S. 286–290). Stuttgart u.a.: Metzler.

Potthast, T. (2009). Paradigm Shifts Versus Fashion Shifts? Systems and Synthetic Biology as New Epistemic Entities in Understanding and Making "Life". *EMBO Reports* (10), 42–45.

Potthast, T. (2011). Philosophische Perspektiven einer umweltgerechten Landwirtschaft. In C.-F. Gethmann (Hrsg.), *Lebenswelt und Wissenschaft* (XXI. Deutscher Kongress für Philosophie, 15.-19. September 2008. Deutsches Jahrbuch für Philosophie 2, S. 1249–1268). Hamburg: Meiner.

Potthof, C. (2013). Open Source Biologie. *Gen-ethischer Informationsdienst (GID)* (221), 16–17.

Powner, M. W. et al. (2009). Synthesis of Activated Pyrimidine Ribonucleotides in Prebiotically Plausible Conditions. *Nature* 459 (7244), 239–242.

Prüfer, K. et al. (2014). The Complete Genome Sequence of a Neanderthal from the Altai Mountains. *Nature* 505 (7481), 43–49.

Rasmussen, S. et al. (2004). Transitions from Nonliving to Living Matter. *Science* 303, 963–965.

Rasmussen, S. et al. (2008). *Protocells: Bridging Nonliving and Living Matter.* Cambridge u.a.: MIT Press.

Rawls, R. L. (2000). "Synthetic Biology" Makes its Debut. *Chemical & Engineering News* 78 (17), 49–53.

Registry of Standard Biological Parts (2016). *Registry of Standard Biological Parts: Mainpage.* URL: http://parts.igem.org/Main_Page, zuletzt geprüft am 01.07.2016.

Reynolds, T. (2000). Pricing Human Genes: The Patent Rush Pushes On. *Journal of the National Cancer Institute* 92 (2), 96–97.

Ricardo, A. & Szostak, J. W. (2010). Der Ursprung des irdischen Lebens. *Spektrum der Wissenschaft, Dossier* (3), 6–13.

Ried, J. et al. (2011). Unbehagen und kulturelles Gedächtnis: Beobachtungen zur gesellschaftlichen Deutungsunsicherheit gegenüber Synthetischer Biologie. In P. Dabrock et al. (Hrsg.), *Was ist Leben – im Zeitalter seiner technischen Machbarkeit? Beiträge zur Ethik der Synthetischen Biologie* (S. 345–367). Freiburg i.B.: Alber.

Ro, D.-K. et al. (2006). Production of the Antimalarial Drug Precursor Artemisinic Acid in Engineered Yeast. *Nature* 440 (7086), 940–943.

Rödder, S. (2009). *Wahrhaft sichtbar: Humangenomforscher in der Öffentlichkeit.* Baden-Baden: Nomos.

Rödder, S. (2010). Der Wellenmacher muss kein Schaumschläger sein. *Frankfurter Allgemeine Zeitung*, 30.06.2010 (148), N5.

Rojahn, J. (2010). *Fair Shares or Biopiracy? Developing Ethical Criteria for the Fair and Equitable Sharing of Benefits from Crop Genetic Resources.* URL: https://publikationen.uni-tuebingen.de/xmlui/bitstream/handle/10900/49393/pdf/Komplettext_16_04_10_Veroeffentlichung_interaktiv.pdf?sequence=1&isAllowed=y, zuletzt geprüft am 01.07.2016.

Ropohl, G. (2009). Verantwortung in der Ingenieurarbeit. In M. Maring (Hrsg.), *Verantwortung in Technik und Ökonomie* (S. 37–54). Karlsruhe: Universitätsverlag Karlsruhe.

Rothemund, P. W. K. (2006). Folding DNA to Create Nanoscale Shapes and Patterns. *Nature* 440 (7082), 297–302.

Ruhenstroth, M. (2009). *Nediljko Budisa: Eine neue Chemie des Lebens*. URL: https://www.biotechnologie.de/BIO/Navigation/DE/Aktuelles/menschen,did=95256.html, zuletzt geprüft am 01.07.2016.

Rusch, D. B. et al. (2007). The Sorcerer II Global Ocean Sampling Expedition: Northwest Atlantic Through Eastern Tropical Pacific. *PLoS Biology* 5 (3), e77.

Sanderson, K. (2010). What to Make with DNA Origami. *Nature* 464 (7286), 158-159.

Sanger, F. et al. (1977). Nucleotide Sequence of Bacteriophage phi X174 DNA. *Nature* 265 (5596), 687–695.

Sanofi (2013). *Sanofi und PATH geben Start der Großproduktion von halbsynthetischem Artemisinin gegen Malaria bekannt.* URL: http://www.sanofi.de/l/de/de/layout.jsp?cnt=F564A55C-AE0D-4E52-B87C-D9412E657AB7, zuletzt geprüft am 01.07.2016.

Scarab Genomics (2016). *Corporate Overview.* URL: http://www.scarabgenomics.com/t-support-corporate-overview.aspx, zuletzt geprüft am 01.07.2016.

Schark, M. (2005). *Lebewesen versus Dinge: Eine metaphysische Studie.* Berlin: De Gruyter.

Scheler, M. (1972). *Vom Umsturz der Werte: Abhandlungen und Aufsätze.* Bern u.a.: Francke.

Schiller, F. (2004). *Sämtliche Werke.* München: Dt. Taschenbuch-Verlag.

Schmidt, J. C. (2012). Selbstorganisation als Kern der Synthetischen Biologie. Ein Beitrag zur „Prospektiven Technikfolgenabschätzung“. *Technikfolgenabschätzung – Theorie und Praxis* 21 (2), 29–35.

Schmidt, M. (2010). Xenobiology: A New Form of Life as the Ultimate Biosafety Tool. *BioEssays* 32 (4), 322–331.

Schmidt, M. (2013). Inszenierung der Synthetischen Biologie in Wissenschaft, Medien, Film und Kunst. In Deutscher Ethikrat (Hrsg.), *Tagungsdokumentation: Werkstatt Leben. Bedeutung der Synthetischen Biologie für Wissenschaft und Gesellschaft* (S. 33–50). Berlin: Heenemann.

Schöning, K. et al. (2000). Chemical Etiology of Nucleic Acid Structure: The Alpha-Threofuranosyl-(3'->2') Oligonucleotide System. *Science* 290 (5495), 1347–1351.

Schrauwers, A. & Poolman, B. (2013). *Synthetische Biologie: Der Mensch als Schöpfer?* Berlin u.a.: Springer Spektrum.

Schummer, J. (2011). *Das Gotteshandwerk: Die künstliche Herstellung von Leben im Labor*. Berlin: Suhrkamp.

Schweitzer, A. (1926). *Kultur und Ethik*. München: Beck.

Schweitzer, A. & Bähr, H. W. (Hrsg.). (1966). *Die Lehre von der Ehrfurcht vor dem Leben: Grundtexte aus fünf Jahrzehnten*. München: Beck.

Schwille, P. (2013a). Mehr Chemie bitte: Synthesebiologie als neuer Impuls für die Interdisziplinarität. *Angewandte Chemie*. 125 (10), 2678–2679.

Schwille, P. (2013b). Synthetische Biologie – Konstruktionsansätze für Lebensprozesse? In Deutscher Ethikrat (Hrsg.), *Tagungsdokumentation: Werkstatt Leben. Bedeutung der Synthetischen Biologie für Wissenschaft und Gesellschaft* (S. 9–19). Berlin: Heenemann.

Shapiro, R. (2010). Reaktionsnetze: Kam erst der Stoffwechsel? *Spektrum der Wissenschaft, Dossier* (3), 14–22.

Shreeve, J. (2004). *Craig Venter's Epic Voyage to Redefine the Origin of the Species*. URL: http://archive.wired.com/wired/archive/12.08/venter.html, zuletzt geprüft am 01.07.2016.

Sleator, R. D. (2010). The Story of Mycoplasma Mycoides JCVI-syn1.0: The Forty Million Dollar Microbe. *Bioengineered Bugs* 1 (4), 229–230.

Smith, H. O. et al. (2003). Generating a Synthetic Genome by Whole Genome Assembly: ϕX174 Bacteriophage from Synthetic Oligonucleotides. *PNAS* 100 (26), 15440–15445.

Smuts, J. C. (1926). *Holism and Evolution*. New York: Macmillan.

Spaemann, R. (1990). *Glück und Wohlwollen: Versuch über Ethik*. Stuttgart: Klett Cotta.

Spiegel-Online (2013). *Wiedergeburt des Neandertalers: „Vielleicht sind sie intelligenter als wir"*. URL: http://www.spiegel.de/wissenschaft/medizin/genforscher-george-church-will-neandertaler-klonen-a-877554.html, zuletzt geprüft am 01.07.2016.

Staudinger, H. (1984). Forschung – ein Spiel? In E. Ströker (Hrsg.), *Ethik der Wissenschaften? Philosophische Fragen* (S. 27–42). München: Fink & Schöningh.

Steen, E. J. et al. (2010). Microbial Production of Fatty-Acid-Derived Fuels and Chemicals from Plant Biomass. *Nature* 463 (7280), 559–562.

Steinhauer, C. et al. (2009). DNA Origami as a Nanoscopic Ruler for Super-Resolution Microscopy. *Angewandte Chemie* 48 (47), 8870–8873.

Synthetic Aesthetics (2011). *Synthetic Aesthetics. Mainpage*. URL: http://www.syntheticaesthetics.org/, zuletzt geprüft am 01.07.2016.

Synthetische Biologie. Leben – Kunst (2011). *Synthetische Biologie. Leben – Kunst: Internationale wissenschaftlich-künstlerische Tagung*. URL: http:

//jahresthema.bbaw.de/2011_2012/veranstaltungen/2011/dezember/synthetische-biologie-leben-kunst, zuletzt geprüft am 01.07.2016.

Szostak, J. W. et al. (2001). Synthesizing Life. *Nature* 409 (6818), 387–390.

Taubenberger, J. K. et al. (2005). Characterization of the 1918 Influenza Virus Polymerase Genes. *Nature* 437 (7060), 889–893.

Taylor, P. W. (1986). *Respect for Nature: A Theory of Environmental Ethics.* Princeton u.a.: Princeton University Press.

Then, C. (2010). Was ist biologische Integrität? *Gen-ethischer Informationsdienst (GID)* (Spezial 10), 23–36.

TIME100 (2007). *The 2007 TIME100.* URL: http://content.time.com/time/specials/2007/completelist/0,29569,1595326,00.html, zuletzt geprüft am 01.07.2016.

TIME100 (2008). *The 2008 TIME100.* URL: http://content.time.com/time/specials/2007/completelist/0,29569,1733748,00.html, zuletzt geprüft am 01.07.2016.

Töpfer, G. (2011). *Historisches Wörterbuch der Biologie: Geschichte und Theorie der biologischen Grundbegriffe* (Bd. 2). Stuttgart: Metzler.

Tröhler, U. (2000). Die legendäre Asilomar-Konferenz zur Sicherheit in der Gentechnik von 1975 in der Rückschau und im Ausblick. *Ethik in der Medizin* 12 (2), 109–111.

Tucker, J. B. & Zilinskas, R. A. (2006). The Promise and Perils of Synthetic Biology. *The New Atlantis* 12, 25–45.

Tumpey, T. M. et al. (2005). Characterization of the Reconstructed 1918 Spanish Influenza Pandemic Virus. *Science* 310 (5745), 77–80.

Uexküll, J. von (1973). *Theoretische Biologie.* Berlin: Springer.

Universität Tübingen (2015). *Grundordnung.* URL: https://www.uni-tuebingen.de/index.php?eID=tx_nawsecuredl&u=0&g=0&t=1468002296&hash=ab6c5d619351342a3427ddf98f7f37f24f24102f&file=fileadmin/Uni_Tuebingen/Dezernate/Dezernat_I/Dokumente/Grundordnung_08_2015.pdf, zuletzt geprüft am 01.07.2016.

Venter, J. C. (2008). *A Life Decoded: My Genome, my Life.* London: Penguin.

Venter, J. C. (2009). *Entschlüsselt: Mein Genom, mein Leben.* Frankfurt a.M.: Fischer.

Venter, J. C. (2014). *Leben aus dem Labor: Die neue Welt der synthetischen Biologie.* Frankfurt a.M.: Fischer.

Venter, J. C. et al. (2001). The Sequence of the Human Genome. *Science* 291 (5507), 1304–1351.

Venter, J. C. et al. (2004). Environmental Genome Shotgun Sequencing of the Sargasso Sea. *Science* 304 (5667), 66–74.

Vogel, B. (2010). Kommen Sie, lassen Sie uns Synthetische Biologie betreiben! *Gen-ethischer Informationsdienst (GID)* 26 (Spezial 10), 14–22.

Vreeland, R. H. et al. (2000). Isolation of a 250 Million-Year-Old Bacterium from a Primary Salt Crystal. *Nature* 407 (6806), 897–900.

Wachter, F. de (1983). Spielregeln und ethische Problematik. In H. Lenk (Hrsg.), *Aktuelle Probleme der Sportphilosophie* (S. 278–294). Schorndorf: Karl Hofmann.

Wagner, H. & Morath, V. (2012). iGEM – Eine studentische Ideenwerkstätte der Synthetischen Biologie. In K. Köchy & A. Hümpel (Hrsg.), *Synthetische Biologie: Entwicklung einer neuen Ingenieurbiologie?* (Themenband der interdisziplinären Arbeitsgruppe Gentechnologiebericht, S. 134–135). Dornburg: Forum W (30).

Wagner, R. (2013). Umgang mit Chancen und Risiken der Synthetischen Biologie. In Deutscher Ethikrat (Hrsg.), *Tagungsdokumentation: Werkstatt Leben. Bedeutung der Synthetischen Biologie für Wissenschaft und Gesellschaft* (S. 117–121). Berlin: Heenemann.

Walde, P. (2010). Building Artificial Cells and Protocell Models: Experimental Approaches with Lipid Vesicles. *BioEssays* 32 (4), 296–303.

Walde, P. et al. (1994). Autopoietic Self-Reproduction of Fatty Acid Vesicles. *Journal of the American Chemical Society* 116 (26), 11649–11654.

Wang, H. et al. (2009). Programming Cells by Multiplex Genome Engineering and Accelerated Evolution. *Nature* 460 (7257), 894–898.

Wang, Q. et al. (2009). Expanding the Genetic Code for Biological Studies. *Chemistry & Biology* 16 (3), 323–336.

Watson, J. D. & Crick, F. H. C. (1953). Molecular Structure of Nucleic Acids: A Structure for Deoxyribose Nucleic Acid. *Nature* 171 (4356), 737–738.

Weber, M. (2010). *Politik als Beruf.* Berlin: Duncker & Humblot.

Weingart, P. (2001). *Die Stunde der Wahrheit? Zum Verhältnis der Wissenschaft zu Politik, Wirtschaft und Medien in der Wissensgesellschaft.* Weilerswist: Velbrück Wissenschaft.

Weingart, P. et al. (2000). Risks of Communication: Discourses on Climate Change in Science, Politics and the Mass Media. *Public Understanding of Science* (9), 261–283.

Werner, M. H. (2002). Verantwortung. In M. Düwell et al. (Hrsg.), *Handbuch Ethik* (S. 521–527). Stuttgart u.a.: Metzler.

Werner, M. H. (2003). Hans Jonas' Prinzip Verantwortung. In M. Düwell & K. Steigleder (Hrsg.), *Bioethik: Eine Einführung* (S. 41–56). Frankfurt a.M.: Suhrkamp.

Wieser, W. (1959). *Organismen, Strukturen, Maschinen: Zu einer Lehre vom Organismus.* Frankfurt a.M.: Fischer.

Wiesing, U. (1995). *Zur Verantwortung des Arztes.* Stuttgart: Frommann.

Wilkins, M. H. et al. (1953). Molecular Structure of Deoxypentose Nucleic Acids. *Nature* 171 (4356), 738–740.

Wilson Center (2015). *U.S. Trends in Synthetic Biology Research Funding*. URL: http://www.synbioproject.org/site/assets/files/1386/final_web_print_sept2015.pdf, zuletzt geprüft am 01.07.2016.

Wimmer, R. (2011). Verantwortung. In P. Kolmer et al. (Hrsg.), *Neues Handbuch philosophischer Grundbegriffe* (S. 2309–2320). Freiburg i.B. u.a.: Alber.

Witt, E. (2012). *Konzepte und Konstruktionen des Lebenden: Philosophische und biologische Aspekte einer künstlichen Herstellung von Mikroorganismen.* Freiburg i.B.: Alber.

Wittgenstein, L. (1977). *Philosophische Untersuchungen.* Frankfurt a.M.: Suhrkamp.

Wöhler, F. (1828). Über künstliche Bildung des Harnstoffs. *Annual Review of Physical Chemistry* 88 (2), 253–256.

Wolf, J.-C. (1992). Hans Jonas: Eine naturphilosophische Begründung der Ethik. In A. Hügli & P. Lübcke (Hrsg.), *Philosophie im 20. Jahrhundert* (S. 214–236). Reinbek bei Hamburg: Rowohlt.

World Health Organization (WHO) (2013). *World Malaria Report 2013.* URL: http://www.who.int/malaria/publications/world_malaria_report_2013/report/en/, zuletzt geprüft am 01.07.2016.

World Health Organization (WHO) (2015). *Overview of Malaria Treatment.* URL: http://www.who.int/malaria/areas/treatment/overview/en/, zuletzt geprüft am 01.07.2016.

World Health Organization (WHO) (2016). *Withdrawal of Oral Artemisinin-Based Monotherapies.* URL: http://www.who.int/malaria/areas/treatment/withdrawal_of_oral_artemisinin_based_monotherapies/en/, zuletzt geprüft am 01.07.2016.

XB2 (2016). *Zweite Konferenz zur Xenobiologie.* URL: http://www.xb2berlin.com/, zuletzt geprüft am 01.07.2016.

Yang, Z. et al. (2011). Amplification, Mutation, and Sequencing of a Six-Letter Synthetic Genetic System. *Journal of the American Chemical Society* 133 (38), 15105–15112.

Yooseph, S. et al. (2007). The Sorcerer II Global Ocean Sampling Expedition: Expanding the Universe of Protein Families. *PLoS Biology* 5 (3), e16.

Yu, H. et al. (2012). Darwinian Evolution of an Alternative Genetic System Provides Support for TNA as an RNA Progenitor. *Nature Chemistry* 4 (3), 183–187.

Yus, E. et al. (2009). Impact of Genome Reduction on Bacterial Metabolism and its Regulation. *Science* 326 (5957), 1263–1268.

Zhu, T. F. & Szostak, J. W. (2009). Coupled Growth and Division of Model Protocell Membranes. *Journal of the American Chemical Society* 131 (15), 5705–5713.

Zimmerman, M. J. (1992). Responsibility. In L. C. Becker & C. B. Becker (Hrsg.), *Encyclopedia of Ethics* (Bd. 2, S. 1089–1095). New York u.a.: Garland.

Zimov, S. A. (2005). Pleistocene Park: Return of the Mammoth's Ecosystem. *Science* 308 (5723), 796–798.

Zoglauer, T. (1997). Das Natürliche und das Künstliche: Über die Schwierigkeit einer Grenzziehung. In B. Baumüller et al. (Hrsg.), *Inszenierte Natur: Landschaftskunst im 19. und 20. Jahrhundert* (S. 145–161). Stuttgart: Deutsche Verlags-Anstalt.